AKAFLIEG

DIE BERÜHMTEN FLUGZEUGE DER AKADEMISCHEN FLIEGERGRUPPEN

Alexander Willberg

Motor
buch
Verlag

Einbandgestaltung: Frank Zähringer

ISBN 978-3-613-04250-6

1. Auflage 2021

Sie finden uns im Internet unter
www.motorbuch-verlag.de

Lektorat: Alexander Burden
Innengestaltung: Günther Nord, 69434 Heddesbach
Druck und Bindung: Conzella, 85609 Aschheim-Dornach
Printed in Germany

INHALT

GELEITWORT

Mittlerweile können wir auf eine etwa 100-jährige Tradition von studentischen Gruppen in Deutschland zurückblicken, die sich der Entwicklung von Segelflugzeugen und vereinzelt auch Motorflugzeugen verschrieben haben.

Die akademischen Fliegergruppen (Akaflieg) hatten Ihren Ursprung in der Zeit nach dem Ersten Weltkrieg, als der Motorflug in Deutschland verboten war.

Schon davor hatten Darmstädter Schüler die Rhön als Übungsgelände entdeckt und so begann man sich regelmäßig auf der Rhön zu treffen, um Eigenbauten an den Hängen auszuprobieren.

Dieses Buch zeigt den Werdegang von Akafliegs, von den Projekten und von den Studenten, die später eine Industrie beflügelt haben, welche Deutschland zum herausragenden Herstellungsland von Segelflugzeugen gemacht haben.

Der Bogen erstreckt sich vom ersten einholmigen Flügel mit Torsionsnase am »Vampyr«, weiter über eingestrakte Rümpfe, Entwicklung von Funkgeräten bis hin zu den komplexen Verwendungen von Kunststoffen.

Es wird gezeigt, woher die erfolgreichen Piloten in den Anfangsjahren der Gleitfliegerei am Hang kamen, ebenso die freie kreative Schaffenszeit der Akafliegs bevor der Nationalsozialismus die Hand auf die Gruppen legen konnte. Die »Entdeckung« der Thermik war zudem im wahrsten Sinne des Wortes beflügelnd für die Entwicklung.

1951, mit der Wiederzulassung vom Segelflug in Deutschland, etablierten sich neben vielen Vereinen auch die Akafliegs wieder. In vielen Gruppen wurden zuerst bekannte Muster nachgebaut, um etwas zum Fliegen zu haben und um Baupraxis zu sammeln.

Es wird im Buch dargestellt, welche rasanten Entwicklungsfortschritte dann einsetzten. Mit dem Aufkommen der Kunststoffe begann eine neue, große Blütezeit der Akademischen Fliegergruppen.

Durch die Unterstützung von Hochschulen und Forschungsaufträgen vom Bund konnten die Akafliegs frei Projekte angehen, die für jedes kommerzielle Unternehmen zu risikoreich gewesen wären.

Das wesentliche Ausbildungsplus von Studenten und Studentinnen, die aktiv in den Akafliegs mitarbeiten, drückte sehr deutlich Professor Hermann Schlichting in seinem Geleitwort zum 45. Jubiläum der Akaflieg Braunschweig im Jahre 1967 aus:

»Die Neuentwicklung eines Großflugzeuges erstreckt sich heutzutage oft über nahezu ein Jahrzehnt. Dabei haben von den zahlreichen daran beteiligten Ingenieuren meist nur sehr wenige die Gelegenheit, das Flugzeug durch all seine Entwicklungsphasen vom ersten Projekt bis zur Flugerprobung verfolgen zu können.

Der Bau eines neuen Segelflugzeuges dagegen fordert von seinen Schöpfern, dass sie gleichzeitig die Tätigkeit und Risiken des Projektingenieurs, des Aerodynamikers, des Konstrukteurs, des Versuchsingenieurs, des Herstellers und schließlich des Testpiloten übernehmen. Für einen zukünftigen Luftfahrtingenieur ist eine solche vielseitige Betätigung eine außerordentlich wertvolle Ergänzung seiner Hochschulausbildung, denn das Abwägen aller für den Bau eines Flugzeuges wichtigen Aspekte kann in keiner Vorlesung mit einer solchen Konsequenz vermittelt werden, wie sie die Eigenentwicklung eines Flugzeuges verlangt.«

Aus den Akafliegs kamen dann auch die leitenden Ingenieure, die mit der Nutzung der neuen Werkstoffe alte eingesessene Segelflugzeugbetriebe belebten und sogar neue Firmen gründeten.

Obwohl die großen Zeiten (vornehmlich die 60er bis 80er Jahre) von revolutionären Segelflugzeugentwicklungen vorbei sind, gibt es auch bis heute in den Akafliegs stets neue, innovative Projektideen.

Die Zeiten bis zu deren Fertigstellung werden allerdings länger, werden doch oft die Projektinhalte komplexer und zugleich der Studiendauer Beschränkungen auferlegt. Das hat zur Folge, dass die Übertragung von Bauwissen in den Gruppen nicht mehr kontinuierlich gewährleistet werden kann. Ein Austausch zwischen den Gruppen und Baupraktika bei den Herstellern sind hilfreiche Maßnahmen.

Es bleibt zu hoffen, dass in der heutigen Zeit, mit den vielfältigsten Möglichkeiten von attraktiven und leichten Freizeitbeschäftigungen, es weiterhin engagierte Studenten und Studentinnen in den Akafliegs gibt, die sich selber herausfordernde Projektaufgaben stellen und diese dann auch gemeinsam bewältigen. Das eigene Produkt dann selbst in der Luft zu erfahren, sollte der große Reiz sein.

Diesem Buch wünsche ich, dass es bei den Leserinnen und Lesern Interesse und Begeisterung für die Arbeiten und Leistungen der akademischen Fliegergruppen weckt. Überdies lohnt es, die Internetauftritte der Akafliegs zu beachten, werden doch dort die aktuellen Projekte sehr gut dargestellt.

Bernd Junker
Braunschweig im Januar 2021

EINLEITUNG

Die akademischen Fliegergruppen – kurz Akafliegs – in Deutschland sind eine Besonderheit, verknüpfen sie doch im Bereich der Luftfahrt die Forschung und Ausbildung mit dem baupraktischen Handwerk sowie den fliegerischen Fähigkeiten. Oder anders ausgedrückt: Akafliegs planen, rechnen und konzipieren ein Flugzeug inklusive der zu verwendenden Materialen, bauen es und ihre Mitglieder setzen sich am Ende hinein und fliegen es. Dies ist nicht nur ein erhebliches Vertrauen in die eigenen vielfältigen Tätigkeiten, sondern auch eine sehr stabile Festigung von im Studium erlernten Wissen. Akafliegs entwickeln und bauen Prototypen, keine Serienmodelle. Dass es – wie zahlreiche Beispiele belegen – später zu einer industriellen Serienfertigung kommt, belegt die besondere Qualität der akademischen Leistung.

Theoretische akademische Wissensvermittlung wird hier, gerade auf dem Gebiet der Luftfahrt, auf den Boden der Tatsachen geholt. Dies ist gepaart mit einer manchmal fast unbändigen Neugier auf Grenzerprobung und Grenzüberschreitung. Gemeint sind damit nicht flugphysikalische Grenzen, sondern die bestehenden Grenzen in den Köpfen.

Denn oft hinterfragen Akafliegs die herrschenden Lehrmeinungen und setzen Ideen in reale Planung um. Sie sind kein verlängerter Arm abstrakter, manchmal akademischer Ausbildungstraditionen; vielmehr steuern die Studierenden sich selbst und treiben mit ihren Fragen manchmal die Forschung voran.

Die Anfänge der Akafliegs liegen mehr als 100 Jahre zurück. Sie haben ganz reale und weniger idealistische Hintergründe. Schon vor dem Ersten Weltkrieg bauten ab 1909 Darmstädter Schüler einfache Gleiter. Sie »entdeckten« die Rhön und die Wasserkuppe als Erprobungsgelände. Das geschah nicht unabhängig von der gesellschaftlichen und politischen Situation.

Europa steuerte auf einen aufreibenden Krieg zu und es gab durchaus ein Verlangen, als Pilot eines Motorflugzeugs mit dabei sein zu dürfen. So war auch die Fliegerei nicht frei von einem Hurrapatriotismus.

Dieser fand mit dem Ende des Ersten Weltkriegs (1914-1918) keinen Abschluss. So war es eine Folge des Versailler Friedensvertrages, der am 10. Januar 1920 in Kraft trat, dass Deutschland jeglicher Motorflug untersagt war. Erst recht alle Formen militärischer Luftfahrt. Stellten doch im Ersten Weltkrieg die gerade erst entwickelten frühen Motorflugzeuge eine aus Sicht der Alliierten wesentliche Bedrohung dar.

In dieses Verbot waren Flugzeuge ohne Motor nicht einbezogen, da sie nicht der ernsthaften Luftfahrt zugeordnet wurden. Nun kamen aus dem Krieg zahlreiche junge Piloten arbeitslos zurück.

Eine ganze Reihe von ihnen nahm entweder das vor dem Krieg begonnene Studium wieder auf oder begann erstmalig eine universitäre Ausbildung. Sowohl Universität als auch Fliegerei konnten sich eher nur Kinder

Die Einweihung des Denkmals auf der Wasserkuppe am 30. August 1923 während des laufenden Rhönwettbewerbs. Laut Berichten waren 100.000 Besucher erschienen. Unter den Ehrengästen befanden sich Prinz Heinrich von Preußen, Großadmiral Tirpiz und Erich Ludendorff, Otto Boelitz (Kultusminister der Weimarer Republik) sowie zahlreiche »Pour le Mérite« Piloten und ehemalige Generäle. Es handelte sich also nicht um einen zufälligen »Sommerausflug«.

aus finanziell bessergestellten Familien leisten. Zwischen diesem Personenkreis und den ersten Akademischen Fliegergruppen ergaben sich geradezu zwangsläufig Verbindungen. Wenn das Fliegen mit Motor nicht möglich war, weshalb es dann nicht ohne Motor unternehmen? Zugleich stellte der motorlose Flug einen Ausweg zum Erhalt der Fliegerei und der Flugpraxis dar. Galt es doch, die fehlenden motorisierten Vortriebskräfte durch aerodynamische Qualität auszugleichen. Entwickelt werden sollten »echte« Flugzeuge, keine Gleiter. Und diese Konstruktionen sollten sich zumindest im Hangaufwind halten können, denn in den Anfängen des Segelflugs war die »Thermik noch nicht erfunden«.

Für die erfolgreiche Konstruktion solcher Flugzeuge benötigte man wissenschaftliche Forschung, die zur Erprobung neuer Entwürfe führte. Die ehemaligen Kriegspiloten verfügten hierfür über hinreichende Flugerfahrung, gepaart mit genügendem Selbstbewusstsein. Die von ihnen mit aufgebauten oder stark beeinflussten akademischen Fliegergruppen fanden deshalb die organisatorische Form unabhängiger Vereine, die in Verbindung zu Hochschulen standen, aber von ihnen nicht geleitet wurden. Diese Selbstständigkeit kennzeichnet bis heute den Kern aller Akafliegs. Im Gegensatz hierzu standen die flugtechnischen Ingenieurschulen, hier war der Flugzeugbau Teil der Ausbildung und des Stundenplans.

In den frühen Jahren war es schwer sich von patriotischen Gedanken abzusetzen. Ein erstes, eher personenbezogenes Denkmal auf der Wasserkuppe (1920) entstand kurz vor dem Abschluss des ersten Rhönwettbewerbs auf Betreiben von Paul Gutermuth und Oskar Ursinus, zwei Pionieren des Segelflugs. Das zweite Denkmal[1] von 1923 fiel hingegen ungleich nationaler aus. Seine Einweihung war eine organisierte Massenveranstaltung. Die Wettbewerbe auf der Rhön und die Orientierung der Akaflieger zur Vorstellung, Erprobung und Leistungsvergleiche ihrer Konstruktionen beim jährlichen Wettbewerb konnte sich anfänglich diesem Eindruck nicht entziehen.

Im Lauf der Jahre lösten sich die Akafliegs von diesem äußeren Druck. Ihr Motto »Forschen-Bauen-Fliegen« gibt recht gut wieder, was gerade für ihre Anfänge stand. Nach und nach machten die ursprünglichen Piloten (und Konstrukteure) Karrieren bei den Hochschulen – so Roland Eisenlohr, Gründer der Akaflieg Berlin, Verfasser des Buchs »Der motorlose Flug« (1922) und spätere Hochschulprofessor in Karlsruhe – oder in Industrie oder Verbänden, wie der »Rhön-Rossitten-Gesellschaft« RRG. Viele von ihnen blieben als »Alte Herren«[2] den Akafliegs verbunden.

Etwa ab 1924/25 wurde der Segelflug für ehemalige Kriegspiloten uninteressant, denn Motorflug war wieder erlaubt und sogar verdeckte militärische Unternehmungen (Fliegerschule Lipezk 1925) fanden statt. Also mussten die Akafliegs verstärkt eigene Piloten schulen. In der Zeit zwischen 1925 bis 1933 waren sie zunehmend auf eigene Kräfte und Energien angewiesen, sie wurden technikorientierter und experimenteller. Die sich abzeichnende Weltwirtschaftskrise zwang sie zu höchster Kreativität für benötigte materielle und finanzielle Unterstützung. Zunehmend entwickelten sich auf der Basis neu gewonnener Erkenntnisse innovative Konstruktionen und Fertigungstechniken, die fliegerische Leistungen in bisher ungekannten Dimensionen erlaubten.

Diese Phase endete mit der »Machtergreifung« der Nationalsozialisten: Die Akafliegs verloren ihren Vereinsstatus, gingen entweder ganz unter oder fanden sich als eine »Flugtechnische Fachgruppe« (FFG) in Form einer Außenstelle der Deutschen Versuchsanstalt für Luftfahrt (DVL) zusammen. Gleichwohl erlebten in der Zeit vor dem Zweiten Weltkrieg Forschung und Entwicklung durchaus Höhepunkte, deren Spitze markierte wohl die D-30 der Akaflieg Darmstadt im Jahr 1938. Mit Kriegsende, wenige Jahre, später verloren die FFGs ihr komplettes fliegendes Material sowie die Werkstätten, viele ihrer Mitglieder hatten den Krieg nicht überlebt.

Der Rumpf der FAB 2 war mit vorgeformten Pertinaxplatten verkleidet. Das kunststoffverkleidete Flugzeug der FAG Berlin (Flugtechnische Arbeitsgemeinschaft an der Ingenieurschule Beuth) hob zum ersten Mal 1939 ab. Die Konstruktion zeigt den damals weiten Entwicklungsstand, auch wenn die FAG Berlin kein Idaflieg-Mitglied war.

Die Stunde »Null« begann für die am Flugsport interessierten Studenten tatsächlich mit leeren Händen. Nach und nach begannen die Hochschulen damit, ihren Lehrbetrieb aufzunehmen. So organisierten sich die akademischen Fliegergruppen nach 1945 erst einmal pragmatisch. Mit der Verwendung modernerer Werkstoffe und neuen Verfahren geriet die Finanzierung ihrer Projekte immer aufwendiger.[3] So waren auch praxisbezogene Forschungsaufträge zum Beispiel aus dem Bundesverteidigungsministerium in Kooperation mit den Hochschulen gewünscht und erforderlich. Die Frage der Unabhängigkeit von Lehre und Forschung macht auch vor den Akafliegs nicht halt.

Ihre dynamischste Zeit lag etwa zwischen den Jahren 1960 und 1980. Für die Entwicklung und der Berechnung neuer Flugzeuge war eine hohe Fachkenntnis erforderlich. Berechnungen erfolgten noch »per Hand«. Die Forschung lotete die Bandbreite aerodynamischer Möglichkeiten experimentell aus und die Akafliegs nutzten sehr schnell industriell neu hergestellte Werkstoffe. Die Ergebnisse von komplexen Computerprogrammen geben heute einen sehr schnellen Überblick über die Sicherheitswerte der Konstruktion und ersparen mühsame Detailberechnungen.

Für den Bau von Prototypen sind viele der neuen Bau- und Konstruktionsverfahren allerdings zeitaufwendiger und dies scheint mit ein Grund für die zu beobachtenden längeren Bauphasen zu sein. Auftretende Änderungen im Projekt sind normale Entwicklungsabläufe und bringen weitere Zeitverzüge. Zusätzlich erstrecken sich lange Projektphasen auf unterschiedliche Studentengenerationen, die ihrerseits möglicherweise zu anderen Schlussfolgerungen kommen und nicht einfach »Vorgängermodelle« abarbeiten. Ob die Zeit der Gesamtkonstruktionen in den nächsten Jahrzehnten ausläuft und sich die akademischen Fliegergruppen vielleicht auf spezielle Teilentwicklungen beschränken werden, wird sich zeigen.

Akafliegs sind viel zu spannend und interessant, um nur als Fußnote abgehandelt zu werden. Sie verdienen weit stärkere Aufmerksamkeit, zumal manch heutigem Segelflieger (oder auch Passagier in einem Verkehrsflugzeug) nicht bekannt ist, dass die Beiträge der Akafliegs überall vorhanden sind. Je tiefer ich selbst in das Material für dieses Buch einstieg, desto mehr weitete sich das zu bearbeitende Feld; immer neue Zusammenhänge tauchten auf. Letztlich musste ich das Forschungsgebiet einschränken und nur auf die Akafliegs reduzieren, die Mitglieder in der Interessengemeinschaft der Akademischen Fliegergruppen (Idaflieg) waren und sind. Damit fielen die Gruppen an den Ingenieurschulen heraus. Weil sie keine akademischen Einrichtungen waren, hatten sie keinen Zugang zur Idaflieg. Sie wurden 1933 zu Flugtechnischen Fachgruppen (FAG). Nur die FTAG Esslingen fand nach dem Ende des Zweiten Weltkriegs die Aufnahme in die Idaflieg.

Spiritus Rector dieses Buches ist Bernd Junker, Alter Herr der Akaflieg Braunschweig und mitbeteiligt an der Konstruktion und dem Bau der SB 10 – dem Segelflugzeug, das die meisten Flieger heute gedanklich mit dem Thema Akaflieg verbinden. Er regte mich nicht nur zu diesem Buch an, sondern war stets bereit alle Texte durchzulesen, zu korrigieren und unterstützte mich bei mancher Recherche. Bewundernswert seine Geduld, wenn er mir bei Nachfragen half. Das von ihm zur Verfügung gestellte Bildmaterial und die Dokumentationen machten es schwer, bei dem qualitativen Umfang hier eine richtige Auswahl zu treffen.

Bei der Idee zu diesem Buch ahnte ich zwar den Umfang der notwendigen Recherchen, aber nicht die großen Schwierigkeiten, welche durch die Einschränkungen der Covid-19- Pandemie, durch den unmöglich gewordenen Zugang zu Archiven und Museen entstanden. So war ursprünglich geplant, das Buch bereits 2020 zu veröffentlichen. Doch zog sich die Recherchen wegen Covid-19 und den damit verbundenen Beschränkungen in die Länge, recht oft musste ich die Fernleihe bemühen. Nach Möglichkeit habe ich versucht, Originalquellen zu finden und nicht dem Fehler zu unterliegen, voneinander »abzuschreiben« und eventuelle Unkorrektheiten nur zu wiederholen.

Ein zweiter wirklich großer Dank geht an die einzelnen Akafliegs selbst. Sie stellten das Material zur Verfügung, das nach Sichtung und Überprüfung hier Verwendung findet. Stellvertretend für viele möchte ich einige von ihnen kurz erwähnen: Burkhard Wittje sandte umfangreiches Bild- und Textmaterial über die Akaflieg Hannover, steuerte einige der frühen Farbbilder (auch zur Idaflieg) bei und verbrachte viel Zeit damit, systematisch und chronologisch die Entwicklung dieser Akaflieg darzustellen. Michael Ewig und Oliver Oettinger stellten für die Akaflieg Karlsruhe eine lückenlose Dokumentation zusammen - wirklich alle (!) Jahresberichte. Michael Mittermaier begab sich für die Akaflieg München ins Archiv, gleiches tat Martin Stenger für die Akaflieg Darmstadt. Julia Grünewald von der RWTH Aachen besorgte so viel Material, dass dies allein für ein Buch gereicht hätte. Walter Gronbach von der FTAG Esslingen trug wertvolle Unterlagen bei und spendete sogar das Buch zu Jubiläum der FTAG. Charifan Osso lieferte die Informationen zur Akaflieg Stuttgart, Tobias Kemmer (Akaflieg Frankfurt) half mit Fotos und Plänen zur bis dato vollkommen unbekannten »F1«. Siegfried Piontkowski steuerte Fotos und Hintergrundmaterial für die Akaflieg Köln bei. Lutz Müller ergänzte für die Akaflieg Dresden (tolle, sehr gute Fotos) und half mit wichtigem Material, die Zeit nach 1945 bis zur Wiedervereinigung nachzuvollziehen. Und Carsten Karge mit seinem wirklich umfangreichen Wissen und Archivmaterial gab nicht nur für die Akaflieg Berlin wichtige Hinweise, sondern unterstützte das Projekt mit Literatur und weiterem historischen Material. Last but not least war es Katharina Diehn als Vorsitzende der Idaflieg, die mit ihrer freundlichen und kooperativen Unterstützung das Buch auf die Zielgerade brachte.

Auch wenn ich viele von den Aufgezählten wegen Corona bisher nicht persönlich treffen konnte, freue ich mich auf ihre persönliche Bekanntschaft. Sie alle waren und sind sehr kollegial und hilfsbereit! Alle sind Teamplayer und vertreten die Stärken des Segelflugs: Handeln in der Gemeinschaft.

Ein großer Dank geht an den Motorbuchverlag Stuttgart. Nicht nur weil er dieses Buch ermöglicht hat, sondern weil er auch unendliche Geduld bewies, als uns Corona bei der Terminplanung immer wieder einen Strich durch die Rechnung zu machen drohte.

Alexander Willberg
Giesensdorf im Januar 2021

[1] Tucholski schrieb dazu in der „Weltbühne“:
„Diese Jungen da freuen sich an einem Sport, das geschieht in jedem Lande, und es sei ihnen gern gegönnt. Wozu muß in diese, wie man denken sollte, harmlose Betätigung das Gift des Nationalismus hineingetragen werden? Weil in Deutschland keine Verdauungsstörung vor sich geht, ohne daß nicht einer dazu brüllt: »Im Felde unbesiegt! Trotz allem! Hurra!« Sie bekommen es sogar fertig, ein Fliegerdenkmal zu errichten, auf dem diese Unwahrheit prangt: »Wir Toten Flieger Blieben Sieger Durch Uns Allein. Volk Fliege Wieder Und Du Wirst Sieger Durch Dich Allein.« Schön, aber falsch. Die toten Flieger sind jene, die abgeschossen, also unterlegen sind - was ihnen gewiß nicht zur Schande gereicht. Aber aus einem Abschuß, den man im umgekehrten Fall als Glorie feiert, einen Sieg zu konstruieren, das geht doch wohl nicht an.“

[2] Zum einen waren die frühen Akafliegs rein männliche Vereine, zum anderen sieht man aus der Verwendung des Begriffs, dass die studentischen Fliegergruppen eine Form studentischer Verbindungen darstellten.

[3] Dies kann leicht auch außerhalb von Akafliegs beobachtet werden. Schon Fred Weinholtz (Der Pädagoge unter den Segelfliegern) beklagte 1986 (!), dass sich pro Jahrzehnt die Beschaffungskosten für ein Segelflugzeug verdoppeln.

EINIGE BEGRIFFSERKLÄRUNGEN

VEREINIGUNGEN, VERBÄNDE UND INSTITUTIONEN DES LUFTSPORTS UND DER LUFTFAHRT

Hier einige Begriffserklärungen, damit die historischen Zusammenhänge und die Orte der Entwicklung von Flugzeugen und der akademischen Fliegergruppen besser nachvollziehbar sind. Die Vielzahl der Akteure ist bisweilen unübersichtlich und dies wurde insbesondere von den Nationalsozialisten im Sinne einer Vereinheitlichung genutzt. Tatsächlich entstanden aber zusätzliche Einrichtungen, die nationalsozialistische Gleichschaltung der Luftfahrtorganisationen führte nicht zu einer Weiterentwicklung bestehender Strukturen. Bisweilen gab es auch »Rollen rückwärts«.

AVA (Aerodynamische Versuchsanstalt) wurde von Ludwig Prandtl 1907 in Göttingen gegründet. Ihre Aufgabe war die wissenschaftliche Grundlagenforschung auf dem Gebiet der Strömungslehre. Die bis nach dem Krieg noch verwendeten Gö-Profile wurden dort entwickelt.

Deutscher Aero-Club Gegründet 1907, bestand auch nach 1933. Bereits 1932 gab es Überlegungen, alle 60.000 Mitglieder des Deutschen Luftfahrt Verbands mit dem 1.000 Mitgliedern des Deutschen Aeroclubs zu verschmelzen. Am 25. März 1933 hatte Staatssekretär Milch alle Luftfahrtverbände in das Flugverbandshaus des Aeroclubs mit dem Ziel einer Neuordnung eingeladen. Teilnehmer waren der Deutsche Luftfahrt Verband (DLV, siehe unten), das Nationalsozialistische Fliegerkorps (N.S.F.K.), die Rhön-Rossitten-Gesellschaft (RRG) und der Aero-Club von Deutschland. An diesem Tag beschlossen – außer dem Aero Club – alle Verbände ihre Auflösung und gründeten den Deutschen-Luftsport-Verband (DLV). Der Deutsche Aero Club war zu dieser Zeit nicht ein Zusammenschluss von Luftsportvereinen, sondern eine Personengesellschaft. Er sollte den Luftsport dem Ausland – eher als Feigenblatt – gegenüber repräsentieren.

DFL (Deutsche Forschungsanstalt für Luftfahrt) entstand 1936 in Braunschweig-Völkenrode. Ihre Aufgabe war intensive wissenschaftlich-militärische Forschung auf dem Gebiet der Flugkörperentwicklung und Flugmechanik. Große und sehr schnelle Windkanäle wurden dort errichtet. Der epochale Pfeilflügel wurde von Adolf Busemann entwickelt. Zwei Jahre nach ihrer Gründung wurde DFL in »Luftfahrtforschungsanstalt Hermann Göring« (LFA) umbenannt. Die Einrichtung überstand den Krieg unbeschadet und die Technik der Windkanäle wurde demontiert, die Reste gesprengt. Erhalten blieben die Verwaltungsgebäude und Werkstätten. Neu eingerichtet wurde sie 1953 in Braunschweig am Flughafen Waggum. Auf dem damaligen Forschungsgelände befindet sich heute die Physikalisch-Technische Bundesanstalt (PTB) und die Bundesforschungsanstalt für Landwirtschaft (FAL).

DFS (Deutsche Forschungsanstalt Segelflug) ging 1927 aus der Rhön-Rossitten-Gesellschaft hervor und hatte bis 1933 ihren Sitz auf der Wasserkuppe in der Rhön (noch als Deutsches Forschungsinstitut für Segelflug). Anschließend wurde sie nach Darmstadt verlegt. Leiter wurde Walter Georgii, für den Bereich der Entwicklung von Segelflugzeugen zeichnete Hans Jacobs verantwortlich. Mit Kriegsbeginn erfolgte die Verlegung nach Braunschweig, kurz vor Kriegsende nach

Reichenhall/Berchtesgaden. Sie wurde 1945 aufgelöst. Die DFS gab die Bauvorschriften für Segelflugzeuge (BVS) heraus, die Anforderungsprofile gelten teilweise noch heute.

D.M.S.V. (Deutscher Modell- und Segelflugverband) war unter dem Vorsitz von Prof. Walter Georgii (Darmstadt) und förderte unter anderem Segelflugwettbewerbe. Sein Organ war die Zeitschrift »Flugsport«, herausgegeben von Oskar Ursinus. Ursinus war innerhalb des DMSV der Vorsitzende des Segelfliegerrings.

DVL (Deutsche Versuchsanstalt für Luftfahrt), gegründet 1912 hatte ihren Sitz in Berlin Johannisthal-Adlershof (Bezirk Treptow). Als Ersatz für den verlorenen Standort im Ostteils Berlins (nach der Aufteilung von Berlin in vier Sektoren) wurde die DVL bis 1958 nach Essen-Mühlheim, später nach Köln-Porz verlegt. Zusammen mit der AVA (Aerodynamische Versuchs Anstalt) in Göttingen wurden DFL und DVL im Jahr 1969 in der ***DFVLR*** (Deutsche Forschungs- und Versuchsanstalt für Luft- und Raumfahrt) zusammengeführt. Die Umbenennung in DLR (Deutsche Forschungsanstalt für Luft- und Raumfahrt) geschah 1989. Das Institut für Kosmosforschung (IKF) der ehemaligen DDR wurde 1992 integriert, 1997 erfolgte die Fusion mit der Deutschen Agentur für Raumfahrtangelegenheiten (DARA). Seitdem steht Bezeichnung ***DLR*** für Deutsches Zentrum für Luft- und Raumfahrt. Das DLR ist heute an 27 Standorten in Deutschland vertreten.

DLV (Deutscher Luftfahrt Verband) bestand von 1911 bis 1933 und löst sich im September 1933 auf. Vorläufer war der Deutsche Luftschiffer Verband von 1902.

DLV (Deutscher Luftsport Verband) wurde direkt nach der Machtergreifung von den Nationalsozialisten im März 1933 gegründet. Der Segelflug war nur eine Unterabteilung der Gruppe IV (Luftsport), ihr stand Professor Georgii vor. Noch immer galt das Verbot militärischer Luftfahrt nach dem Versailler Vertrag, der DLV besaß durchaus die Funktion einer Tarnorganisation. Eingegliedert wurden die SA und SS-Fliegerstürme, auch wenn der DVL direkt der SA unterstellt blieb. Komplett wurden alle Luftsportvereine, die Akademischen Fliegergruppen, Flugschulen und Verbände zwangsweise in den DLV eingegliedert. Sie sollten den Grundstock neuer »Fliegerstürme« bilden. Vorsitzender des DVL war Hermann Göring (Stellvertreter Röhm), 1937 löste er den Verband (offiziell »Führererlass«) auf und leitet ihn in den Nationalsozialistische Fliegerkorps über. Bereits ab 1935 diente der DLV nur als »Flugreserve«, denn mit der Enttarnung der Luftwaffe am 10. März 1935 stand eine Trennung zwischen den militärischen und übrigen (solange sie es noch gab) Bereichen an. Aus den Protokollen der Nürnberger Prozesse geht hervor, dass zwischen 1937 und 1939 mehr als 50.000 junge Menschen (meist über die Hitlerjugend) beginnend mit dem Segelflug für militärische Zwecke geschult wurden.

D.V.S. (Deutsche Verkehrsflieger Schule) wurde 1925 in Berlin Staaken gegründet, später nach Braunschweig verlegt. Sie war unterschwellig auch Teil der »Schwarzen Luftwaffe«, deren Offiziere und Piloten sich nicht mit den Ergebnissen des Versailler Vertrags zufriedengaben. Insbesondere der Segelflug (schon mit dem ersten Rhönwettbewerb 1920) wurde als Inübunghalten genutzt. So wurde vom Reichsverkehrsministerium der Segelflug genutzt um neue Entwicklungen voranzutreiben, da erst 1923 Deutschland wieder die Lufthoheit (ohne militärische Luftfahrt) erhielt.

F.A.I. (Fédération Aéronautique Internationale) wurde am 14. Oktober 1905 gegründet. Sie ist eine nichtstaatliche Organisation und besteht bis heute, ihr Sitz ist seit 1999 in Lausanne (Schweiz). Ab 1926 entstand auf nationaler Ebene in Deutschland der »Deutsche Luftrat«.

ISTUS (Internationale Studienkommission für motorlosen Flug) wurde 1930 gegründet. Bis zum Kriegsbeginn 1939 war Walter Georgii der Präsident. Die ISTUS wurde durch die internationale Segelflugkommission (IGC) der F.A.I. abgelöst.

N.S.F.K. (Nationalsozialistisches Fliegerkorps), gegründet auf Befehl Hitlers am 1.1.1932 als eingetragener Verein. Präsident war Herrmann Göring und Ernst Röhm sein Stellvertreter und Geschäftsführer. Das N.S.F.K. war direkt der SA unterstellt. Es wurde mit Wirkung vom 15. Mai 1933 aufgelöst und vollständig in den D.L.V. überführt.

NS-Fliegerkorps wurde auf Befehl vom 17. April 1937 bei gleichzeitiger Auflösung des D.L.V. gegründet. Unter dieser Hülle waren nur noch die Teile zusammengefasst, die nicht in die Luftwaffe übergegangen waren.

RRG (Rhön Rossitten-Gesellschaft) wurde am 31. August 1924 am Ende der »5. Rhön« auf Betreiben von »Rhönvater« Oskar Ursinus gegründet. 1933 wurde die RRG aufgelöst und in den DLV integriert. Die noch bestehenden Forschungseinrichtung der RRG überführte man in die DFS.

Sturmvogel – Flugverband der Werktätigen e.V. stand politisch der SPD nahe und wurde 1929 gegründet. In Berlin-Adlershof eröffnete der Sturmvogel eine Motorflugschule mit fünf Klemm-Flugzeugen. Am 12. Juli 1933 wurde der Sturmvogel aufgelöst, das gesamte Fluggerät beschlagnahmt.

FLUGWISSENSCHAFTLICHE VEREINIGUNG AACHEN (1920) e.V.

DIE FVA BIS 1945

Die FVA gehört zu den akademischen Fliegergruppen, die sich am ersten Rhönwettbewerb beteiligten. Ihre Anfänge sind verknüpft mit dem Leiter des Aerodynamischen Institutes an der Technischen Hochschule Aachen, Professor Theodore von Kármán sowie Wolfgang Klemperer, der nach seinem Studium in Dresden nach Aachen kam[1]. Die Gründung der Flugwissenschaftlichen Vereinigung Aachen erfolgte 1. Juli 1920[2]. Die ersten Jahre war Paul Stock ihr erster Vorsitzender. 1920 meldete sich die FVA mit Klemperer und einem Junkers-Typ[3] mit freitragender Fläche zum 1. Wettbewerb an[4]. Nach einer abenteuerlichen Anreise kamen sie verspätet auf der Wasserkuppe an und erstaunten die anderen Studenten mit Probestarts am Gummiseil. Bisher mussten die Gleiter beständig an einem Seil gezogen werden. Diese »Erfindung« der FVA wurde von nun an als Startart beibehalten. Am 4. September gelang Klemperer mit der **FVA-1 (Schwatze Düvel)** ein Flug über 1830 Meter und die FVA gewann die erste Rhön. Als andere Studenten aus Aachen ebenfalls das Flugzeug steuern wollten, ging es zu Bruch und konnte auf der Wasserkuppe nicht mehr instandgesetzt werden. Der Gewinn des Wettbewerbs in Höhe von 11.500 Reichsmark ließ dies aber verschmerzen.

Klemperer entwickelte die FVA-1 weiter und so entstand die **»Blaue Maus« (FVA-2)**. Es gab Ähnlichkeiten, doch saß der Pilot nun tiefer, die Spannweite vergrößerte sich und die Flächenbelastung reduzierte sich auf 8,26 kg/m^2. Tatsächlich unterlag er mit dieser Konstruktion auf dem nächsten Rhönwettbewerb 1921 Arthur Martens mit dem Vampyr, doch überbot er dessen Rekord nach dem Ende des Treffens. Am 30. August blieb er nicht mehr am Hang, sondern flog mit der Blauen Maus in 13 Minuten bis nach Gersfeld. Dies war der erste Streckenflug in der Geschichte des Segelflugs und er führte über eine Distanz von 4,6 Kilometer.[5] Die Blaue Maus wurde 1922 bei einer Flugvorführung in Zürich weitgehend zerstört, als Klemperer mit ihr an einem Ballon hängend auf 250 Meter aufstieg und sie nach Abkopplung in ein Flachtrudeln überging. Das Flugzeug schlug mit der Fläche auf, Klemperer kam mit leichten Blessuren davon.

FVA-1 und 2 »Schwatze Düvel« *1920* **»Blaue Maus«** *1921*

	Schwatze Düvel	Blaue Maus
Spannweite	9,5 m	9,7 m
Länge	5 m	9,7 m
Höhe	1,5 m	1,7 m
Flügelfläche	15 m^2	15,5 m^2
Streckung	6,02	6,07
Rüstgewicht	62 kg	53 kg
Fluggewicht	137 kg	128 kg
Flächenbelastung	9,13 kg/m^2	8,26 kg/m^2

Die schwarze Bespannung gab den Namen für »Schwatze Düvel«. Hinter der FVA-1 steht die FVA-2 »Blaue Maus«.

Die FVA-2 in der Werkstatt der Akaflieg.

Die »Blaue Maus« 1921 bei ihrem Flug von der Wasserkuppe nach Gersfeld.

Die nächste Konstruktion der Flugwissenschaftlichen Vereinigung Aachen wurde ein Doppelsitzer **»FVA-3 »Ente«** auf konstruktiver Basis der Blauen Maus. Schnell zeigte sich, dass diese Konstruktion anderen Flugzeugen wie der Darmstädter »Margarethe« unterlegen waren, der Widerstand des doppelten Fahrwerks erwies sich als ungünstig und es brach bei Schiebelandungen leicht ab. Wie bei anderen Akafliegs auch gab es einen Mangel an guten Piloten. So war es folgerichtig, dass man mit der **FVA-4 »Pipö«** einen einfachen Schuldoppeldecker entwarf, während die FVA-5 »Rheinland«[6] bereits einen sehr fortschrittlichen Hochdecker darstellte. Das Segelflugzeug blieb aber unter seinem Leistungsvermögen, insgesamt blieb der Rhönwettbewerb 1923 ohne herausragende Leistungen. Zudem emigrierte Klemperer 1924 in die USA.

Die allgemeine Entwicklung, dass sich etwa 1925 die ehemaligen Militärpiloten aus dem Segelflug zurückzogen, traf auch die FVA[7]. Weil auch die sportlichen Erfolge eher übersichtlich blieben, wandte sich die FVA in den nächsten Jahren dem Motorflug zu. Dies lag durchaus nahe, war doch der Betrieb von Motorflugzeugen wieder erlaubt[8]. Der Segelflug bewegte sich zu dieser Zeit überwiegend noch im Hangflug. Erst mit der »Entdeckung« der Thermik (insbesondere Georgii und Kronfeld) endete der Streckenflug nicht mit einer Gebirgs- oder Hügelkette. Die Erhebungen um Aachen waren alle erprobt und vielfach abgeflogen, so lag es nahe, mit dem Motorflug neue Freiheiten zu gewinnen. 1926 konstruierten Ilse Kober und Theodor Bienen den abgestrebten Doppeldecker **FVA 6**. Jedoch stimmt der Schwerpunkt nicht und die Maschine stürzte bei ihrem Erstflug 1926 ab. So erwarb man in der Folge mehrere Motorflugzeuge. Zeitgleich mit dem Ende der Besetzung des Rheinlands (zum 30. Juni 1930) nahm die Akaflieg Aachen mit mehreren Flugzeugen am Rheinland Befreiungsflug teil[9]. Im gleichen Jahr veranstaltete die Idaflieg in Travemünde ein Flugtreffen (1930 hatte die FVA den Vorsitz in der Idaflieg inne). Bei beiden Wettbewerben waren die Aachener mit ihren Motorflugzeugen recht erfolgreich.

Nicht zuletzt durch den ersten 100 Kilometerflug mit einem Segelflugzeug durch Robert Kronfeld rückte der Segelflug wieder in das Blickfeld der FVA, Unterstützung erhielten sie zudem durch Hermann Mayer, der 1929 ein eigenes Segelflugzeug, die M1 konstruierte. Gebaut wurde es in der Werkstatt des Aerodynamischen Institutes von der Segelfliegergruppe des Luftfahrt-Vereins Aachen. Bereits beim Rhönwettbewerb 1929 flog Mayer am 23. Juli mit der Konstruktion eines abgestrebten Hochdeckers eine Zeit von 4 Std 16 min. Angespornt hiervon bauten die Mitglieder der FVA ihre eigene **M1a** mit vergrößerter Spannweite[10]. Mit diesem Flugzeug nahm die FVA nach langer Pause 1930

Anthony Fokker gratuliert Wolfgang Klemperer nach dessen Flug.

Paul Stock (links) und Karl Köhler im Rohbau der FVA-3 »Ente« im Jahr 1922.

Die FVA-3 auf der Wasserkuppe beim Rhönwettbewerb 1922.

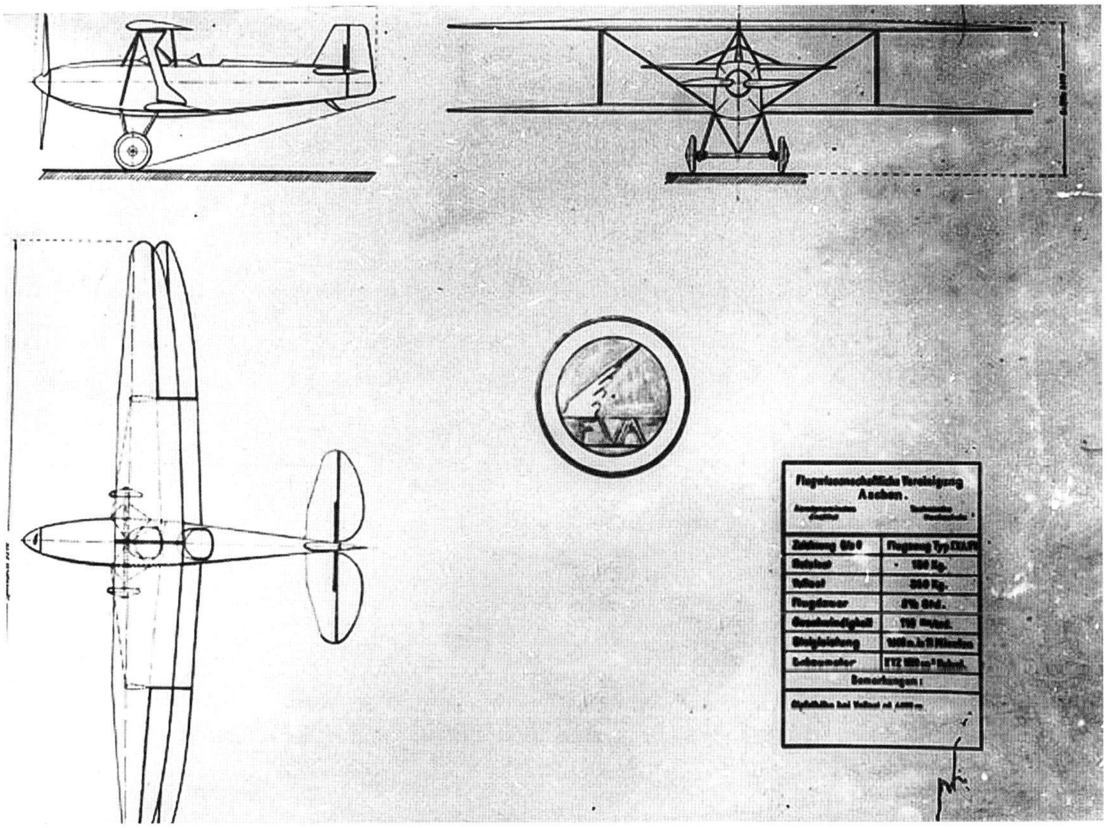

Drei-Seiten-Riss des Doppeldeckers FVA-6.

Hermann Mayer in seiner MS II, mit der er in Borkenberge abstürzte. Gebaut hatte er sie als Mitglied der Staatlichen Ingenieurschule Stettin »Testaflieg«.

»Blaue Maus II« FVA-9 über der Rhön.

an der nächsten »Rhön« teil. Immerhin gelang es Preise für Dauerflüge zu ergattern. Die Stars der Rhön waren aber andere wie Groenhoff (Fafnir) und Kronfeld (Wien). Es ist aber Hermann Mayer zu verdanken, dass die Flugwissenschaftliche Vereinigung Aachen das Interesse am Segelflug wiederfand[11].

Ab 1931 waren auf dem Flugfeld in Merzbrück Autoschlepps mit der M1a der FVA möglich. So konnten einige Mitglieder zumindest die B-Prüfung abzulegen. Im Folgejahr gab es dort schon Flugzeugschlepps, später kam eine Winde hinzu. Schließlich begann man 1933 wieder mit einer eigenen Konstruktion. Entworfen wurde ein leichter Thermiksegler, der sich auch für schnellere Flüge eignete. Diese **FVA-9 »Blaue Maus II«**[12] war ein einholmiger Hochdecker mit holzbeplankter Torsionsnase.

Nach der Regierungsübernahme durch die Nationalsozialisten und der Auflösung aller Vereine 1933 konnte die Akaflieg Aachen erst Ende 1934 in eine Flugtechnische Fachgruppe (FFG Aachen) bei der Deutschen Versuchsanstalt für Luftfahrt (DVL) überführt werden. Wie bei den anderen Akafliegs musste das Fluggerät die jeweiligen Landesgruppen des Deutschen Luftsport Verbands übertragen werden. Jedoch löste man die »Akademische Fliegergruppe Aachen, Untertitel: Flugwissenschaftliche Vereinigung« nicht auf, sondern benannte sie in »Flugwissenschaftliche Vereinigung Aachen e. V.« um. Mit diesem Kunstgriff gab es die FVA (alle Flugzeuge wurden auch fortwährend so benannt) weiter, in ihr waren die Alten Herren der Gruppe. Der aktive fliegerische Teil fand in der FFG statt. Als Teil der Landesgruppe im DLV erhielt auch die FFG eine deutlich verbesserte Finanzausstattung. So erhielt man neue Räume, ein eigenes Konstruktionsbüro und sogar eine festangestellte Sekretärin. Zumindest in den ersten Jahren verschleierten diese »Wohltaten« den dahinterliegenden Zweck.[13]

Ermutigt durch die erfolgreiche Konstruktion der FVA-9 »Blaue Maus II« entwarf man 1935 ein weiteres Segelflugzeug. Diesmal war an ein Hochleistungs- und weniger an ein Schulflugzeug gedacht. Zur Ermittlung

FVA-9 »Blaue Maus II« *1932*

Spannweite	15 m
Länge	6,66 m
Höhe	1,70 m
Flügelfläche	12,60 m²
Streckung	17,85
Rüstgewicht	88,6 kg
Fluggewicht	173,6 kg
Flächenbelastung	13,76 kg/m²
Gleitzahl	25 bei 72 km/h

Die FVA-10a »Theodor Bienen« nach einem Rumpfbruch auf einem abschüssigen Feld.

eines optimalen Rumpf-Flügelübergang dienten Versuche im Windkanal. Zudem sollte das Flugzeug von nur drei Personen in fünf Minuten aufgebaut werden können. Der dreiteilige Knickflügel sah Querruder über die volle Länge der Außenflügel vor. Eine große, eingestrakte Haube sorgte für eine sehr gute Sicht, allerdings war der Platz für Piloten beengt. Eine Handradsteuerung kam bei den Querrudern zum Einsatz, denn sonst wäre jeder größere Ruderausschlag durch die Knie des Piloten begrenzt gewesen. Eine weitere Besonderheit waren die verstellbaren Seitenruder sowie eine Zwillingsbereifung für das starre Hauptrad. Getauft auf den Namen **»Theodor Bienen«** hob (noch ohne Haube) im Spätsommer 1935 die **FVA 10** zum ersten Mal ab [14].

Im Rahmen der Erprobung wurde die neue Konstruktion in vielen Bereichen weiterentwickelt. Weil ihre Landegeschwindigkeit zu hoch lag[15], erhielt die neue Konstruktion **FVA-10b** Luftbremsen auf der Ober- und Unterseite der Tragflächen, ein Einziehfahrwerk, eine verbesserte Rumpfform sowie eine normale Steuerung. In Aachen-Merzbrück war für die FAV-10b **»Rheinland«** am 13. Mai 1937 der Erstflug. Gleich anschließend wurde sie für die ISTUS Tagung nach Prien verladen. Und noch bevor der Monat zu Ende gegangen war, schaffte Felix Kracht mit der »Rheinland« die erste vollstände Überquerung der Alpen mit einem Segelflugzeug am 30. Mai bis nach Udine in Italien.[16]

Im Sommer folgte die Teilnahme am Rhönwettbewerb, den Kracht wiederum mit der Rheinland als zweiter hinter der Mü 10 »Milan« der FFG München abschloss. Mit nach Hause brachte er indes den Preis für die fortschrittlichste Konstruktion des gesamten Wettbewerbs.

Der Erfolg der »Rheinland« spornte zwei ihrer Konstrukteure an, das Flugzeug kommerziell im eigenen Werk zu bauen. In Gesprächen mit der DFS eröffnete sich Möglichkeit, das Flugzeug an Luftsportgruppen zu verkaufen. So gründeten sie 1938 die Schmetz/Kracht GmbH und es entstanden in einer kleinen Serie 29 Stück der FVA 10b.[17] In diesem Jahr trafen sich die akademischen Fliegergruppen zur Vorbereitung auf den Deutschlandflug in zwei Fliegerlagern mit ihren Motorflugzeugen in Aachen-Merzbrück. Immerhin war dies eine gute Gelegenheit für ein Typenfliegen und einige 5-Stunden Flüge.

Ende 1937 nahmen die Planungen für ein neues Leistungsflugzeug Gestalt an. Das Lastenheft war anspruchsvoll: Reisegeschwindigkeit 80 km/h bei einem Sinken von maximal 0,6 m/s (tatsächlich wurden es 0,7 m/s). Kurvenflug noch mit 50 km/h und eine Landegeschwindigkeit noch darunter. Der Bau der **FVA-11 »Eifel«** begann dann im Februar 1938. Jedoch ließ die Spannweite von 18 Metern bei einer Flächen-

Eine FVA-10b im Deutschen Segelflugmuseum mit Modellflug auf der Wasserkuppe.

belastung von 21 kg/m² nur eine Mindestgeschwindigkeit von 56 km/h zu. Also waren zusätzliche Lösungen nötig. Gefunden wurde sie in Fowlerklappen[18] von 30% Tiefe im Innenfeld zwischen Rumpf und Querruder. Bei eingefahrenen Klappen ragten keine Bedienteile aus dem Profil. Waren die Klappen (jeweils in 5 Grad Schritten bis 40 Grad) ausgefahren, schlugen die Querruder nur noch nach oben aus.

Der Plan einer Fertigstellung bis zum Rhönwettbewerb scheiterte an fehlendem Material und dem erhöhten Konstruktionsaufwand. Eingeflogen wurde sie am 24. Juli 1938 in Aachen. Während die Landegeschwindigkeit nur 50 km/h betrug, war ein Kurvenflug mit ausgefahrenen Fowlerklappen nicht unter 70 km/h möglich. Der Landeanflug war sehr steil (ähnlich der SB 10 der Akaflieg Braunschweig 34 Jahre später). Insgesamt unternahm FVA-11 nicht viele Flüge, da einige Nachbesserungen notwendig waren und sie sehr bald bei einem ersten Luftangriff auf Aachen 1941 zerstört wurde.

Etwa zur gleichen Zeit entstanden Pläne für ein leichtes Motorflugzeug **FVA-12**, welches jedoch unter dem Druck der Ausschreibung für ein Einheitsflugzeug für die nächste Olympiade 1940 nicht weiterverfolgt wurde. Viel interessanter ist hingegen, dass die Akaflieg Aachen ab 1937 eine »mobile Bruchklinik« mit einem Werkstattwagen besaß. In dem Anhänger befanden sich je eine Werkbank für Holz- und Metallarbeiten. Die Seitenwände ließen sich heruntergeklappt. Wurde eine Tragfläche hindurchgeschoben, waren selbst bei schlechtem Wetter Reparaturen regenfest möglich.

1938 wurde die FVA aufgefordert, sich mit einer Konstruktion für den ersten olympischen Segelflugwettbewerb im Jahr 1940 zu beteiligen. Die Vorgaben waren recht genau, zwei Versuchsmaschinen sollten bis zum 1.Januar 1939 fertiggestellt sein. Dabei kooperierte die Akaflieg Aachen für die **FVA-13 »Olympia-Jolle«** mit der Flugtechnischen Arbeitsgruppe (FAG der Ingenieurschule) Darmstadt, dort wurde die Version 2 (V2) gebaut. Als Anhaltspunkt für das zu entwerfende Segelflugzeug diente der »Rhönbussard« von Hans Jacobs[19]. Wegen der Kürze der Zeit wollte man auf Bewährtes zurückgreifen, Baupläne und Materiallisten sollten so beschaffen sein, dass das Flugzeug von anderen Natio-

FVA-10b »Rheinland« *1937*

Spannweite	16 m
Länge	7,04 m
Höhe	0,97 m
Flügelfläche	11,70 m²
Streckung	21,9
Rüstgewicht	142 kg
Fluggewicht	240 kg
Flächenbelastung	20,6 kg/m²
Gleitzahl	28 bei 60 km/h

Felix Kracht in der FVA-10b »Rheinland«.

Die FVA-10b in Prien.

Die FVA-11 »Klapperkiste« mit ausgefahrenen Fowlerklappen.

Die mobile Bruchklinik der FVA Aachen.

FVA-11 »Eifel« *1938*

Spannweite	18 m
Länge	7,20 m
Höhe	1,85 m
Flügelfläche	14 m²
Streckung	23,15
Rüstgewicht	255 kg
Fluggewicht	350 kg
Flächenbelastung	25 kg/m²
Gleitzahl	33 bei 85 km/h

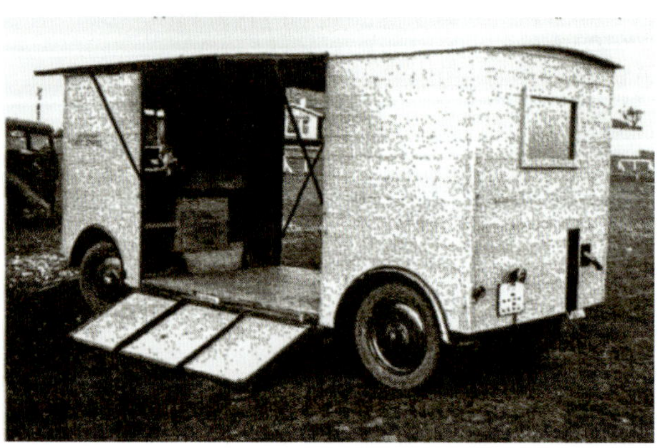

nen nachgebaut werden konnte. So lehnte man sich an die FVA-9 zwar an, sah aber einen freitragenden zweiteiligen Flügel vor. Recht clever war die Flügelverbindung: Der linke Flügel wurde zuerst eingeführt und mit dem Rumpf verbunden, sein Holm ragte ein Stück nach rechts hinaus. In diese Führung wurde dann der rechte Flügel geschoben. Im Konstruktionswettbewerb setzte sich jedoch die »Meise« von Hans Jacobs durch, deren Gleitzahl betrug 25,5 statt 20 bei der FVA 13. So blieben die beiden Versionen der Segelflugzeuge im Vereinsbesitz, bis sie im Krieg zerstört wurden.

Die FVA 13 bei ihrem Erstflug im Winter noch ohne Lackierung.

FVA-13 Olympiajolle V2 auf dem Rhönwettbewerb 1939.

DIE FVA NACH 1945

Das Flugverbot der Alliierten für Deutschland war auch das Ende der Flugwissenschaftlichen Vereinigungen (FFG). Dennoch gab es in Aachen immer noch die FVA und trotz einer ersten Hauptversammlung 1948 bereits wartete man notgedrungen mit ihrer Neuauflage, da unklar war, ob man nicht mit den Gesetzen der britischen Militärregierung kollidieren würde[20]. Damit der Kontakt zwischen den Fliegern nicht verloren ging, veranstaltete man ab Karneval 1950 den Fußgängerball (ihn Fliegerball zu nennen, wäre eher gescheitert)[21, 22]. So fand am 15. November 1950 im Hörsaal der Technischen Hochschule eine Versammlung aller ehemaligen Mitglieder verschiedener Luftsportgruppen statt. In diesem Rahmen wurde die »Akademische Flugsportvereinigung Aachen«, abgekürzt AFVA gegründet. Beim zweiten Treffen auf der Wasserkuppe 1951 sollte auch die Wiedergründung der Idaflieg verhandelt werden. Nachdem der Bau von Segelflugzeugen wieder gestattet war, beschloss eine Hauptversammlung der AFVA ihre geschlossene Überführung in die immer noch bestehende FVA einschließlich des bisher angesammelten Vermögens. Die Satzung wurde verschlankt und auf den Zustand vor 1933 zurückgeführt. Als neuer Name wurde: »Flugwissenschaftliche Vereinigung Aachen (1920) e.V.«. Unter diesem Namen erfolgte dann der Eintrag ins Vereinsregister.

Die Akaflieg erhielt von Seiten der Hochschulleitung große Unterstützung und nachdem ihre Ansprüche im »Restitutionsfonds« (Wiederherstellungsfonds)[23] anerkannt worden waren, gab es wieder eine finanzielle Grundlage für neue Aktivitäten[24]. Erstes Bauprojekt wurde ein Grunau Baby III. Somit verfügte die Akaflieg neben einem Doppelsitzer (Mü 13E »Professor Junkers«) und einem SG 38 noch über eine Startwinde. Als wieder ein Lehrstuhl für Flugzeugbau an der TH eingerichtet wurde, nahmen sich erste Studenten in der Akaflieg ein sehr ambitioniertes Projekt mit der **FVA-14** vor.

Durch die Konstruktion eines Ringflügels wollte man den induzierten Widerstand durch diesen endlosen Flügel überwinden. Ein Modell flog zufriedenstellend, Windkanalmessungen folgten erst 1955. Mittlerweile war der praktische Bau des Flugzeugs weiter fortgeschritten, als die theoretischen Berechnungen folgen konnten. Die Untersuchungen im Windkanal ergaben, dass es für ein solches Flugzeug Vor- und Nachteile gab. Es zeigte sich, dass im Schnellflug ein so starkes Nickmoment entstehen kann, dass das Segelflugzeug auf den Rücken gedreht werden könnte. Änderungen waren in der Konstruktion möglich, allerdings hätten dadurch die Flugleistungen stark gelitten. Weil der Rohbau fast fertig war und ein Umbau zu erheblichen Kosten geführt hätte, verzichtete die FVA auf die Fertigstellung. Weil der Ringflügler mit über 10 Meter Spannweite zu viel Platz in der Werkstatt einnahm, wurde er von den Mitgliedern mit Beilhieben nach zwei weiteren Jahren zerlegt.

Kleine Aachener Luftsport-Zeitung

VEREINSNACHRICHTEN

herausgegeben vom Luftsport-Verein Aachen e. V.
und der Flugwissenschaftlichen Vereinigung Aachen (1920) e. V.
Redaktion: Dr. Joseph Dabrock, Aachen, Pontstraße 180

Sonderdruck

Satzung
der
Flugwissenschaftlichen Vereinigung Aachen (1920) e. V.

In der kleinen Aachener Luftsportzeitung vom September 1951 findet sich die Satzung der Neugründung.

Ein Foto des Modells der FVA-14.

Es blieb nicht beim Modell, die FVA-14 wurde gebaut fast im Rohbau fertiggestellt.

Die Durchblassteuerung am Tragflügel des Grunau Baby III. Angebracht sind Meßarme für die Sichtbarmachung des Strömungsverlaufs.

Ein weiteres 1952 begonnenes Projekt **FVA-15** knüpfte an Versuche vor den 2. Weltkrieg an. Als Ersatz der Querruder sollte eine Durchblassteuerung entwickelt und erprobt werden. Die Idee dahinter war, die ungewollte Drehung um die Hochachse bei Querruderausschlägen zu vermeiden. Berechnet und erprobt wurde diese Technik am eigenen Grunau Baby III, dessen Flügel bauten im Außenbereich die Akaflieger um. Statt eines Querruderausschlag wurde einseitig die Auslassklappe geöffnet und der Luftstrom auf die Oberseite der Flügel im Außenbereich gelenkt. Der Erstflug im Herbst 1953 bewies die Wirksamkeit, auch wenn zur Sicherheit noch Querruder vorhanden waren. Normale Kurvenlagen benötigten zudem kein Seitenruder. Allerdings gab es keine Reserven für kräftige Drehungen um die Längsachse. Zumindest zeigte das Projekt die prinzipielle Wirksamkeit, allerdings wäre eine weitere Anpassung der Profile notwendig gewesen.

Ein großes Problem stellte die Beschlagnahme des Aachener Flugplatzes durch die belgische Armee dar. Zwar gelang es eine Zusicherung für Segelflug zu verhandeln, die Betriebszeiten waren aber eingeschränkt. So ruhte zwischen Oktober 1956 und Mai 1957 der Flugbetrieb für zivile Luftfahrzeuge vollkommen. Das war mit einer der Gründe, weshalb die FVA das Gelände »Dahlemer Binz« in der Eifel in 70 Kilometer Entfernung erschloss. Sie rodeten das mit Ginster überwucherte Gelände, 1957 wurde der Platz dann eröffnet.

1955 forschte die Gruppe im Projekt **FVA-16** an der Fertigung eines Flügels, der nur aus einer Haut aus Duralblech bestand und von der Fa. Bayer-Leverkusen mit Schaum ausgefüllt wurde. Das Blech lag dazu in Formmulden. Bei den Belastungsversuchen löste sich das Blech vom Schaum und begann zu beulen. Das Vorhaben wurde eingestellt.

Die Übernahme eines Forschungsauftrags des Bundesverkehrsministeriums im Jahre 1954 besaß durchaus auch wirtschaftliche Aspekte für die Aka-

FVA-17
»Horten 33 V1
1957 (motorisiert)

Spannweite	19,2 m
Länge	4,85 m
Höhe	2 m
Flügelfläche	35,6 m²
Streckung	10,07
Rüstgewicht	430 (620) kg
Fluggewicht	650 (850) kg
Flächenbelastung	18 (23,22) kg/m²
Gleitzahl	26 bei 90 km/h

Die Horten 33 in der Version 1

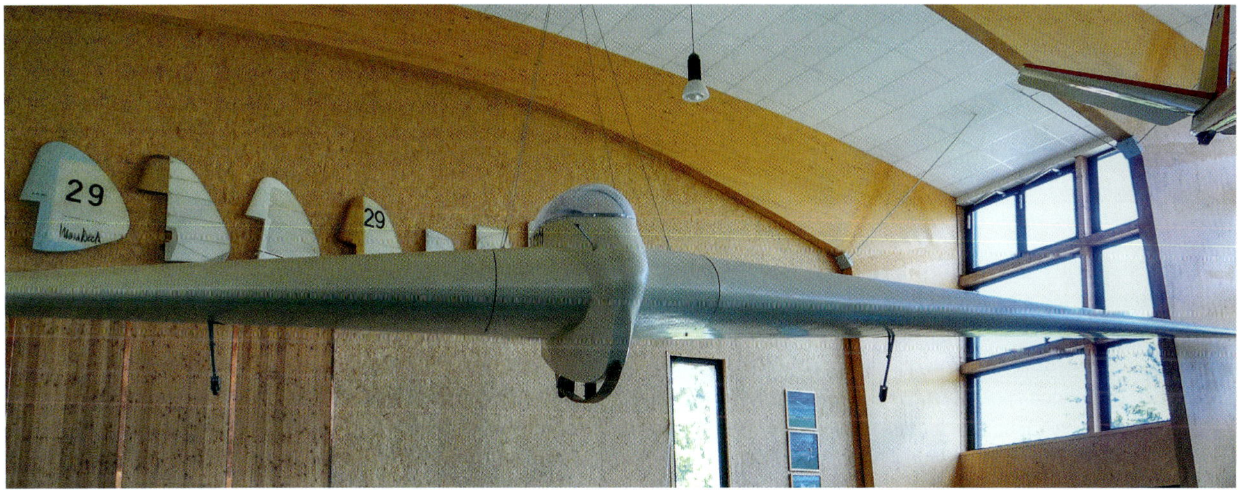

Die auf die Version 1 zurückgebaute V2 der Horten 33 im Deutschen Segelflugmuseum mit Modellflug auf der Wasserkuppe

flieg Aachen. Unter dem Projektnamen **FAV-17** sollte die Musterzulassung des Nurflüglers Horten Ho-33 V1 zum Motorflugzeug betrieben werden. Die Firma Alfons Pützer KG[25] in Bonn baute die ersten beiden Versuchsmuster des Doppelsitzers (V1 und V2), wobei die V1 zunächst noch als reines Segelflugzeug entworfen wurde, da der Motorflugzeugbau noch nicht gestattet war (im Rumpfheck war aber die spätere Aufnahme eines Triebwerks bereits vorgesehen). Ende 1955 kam die V1 nach Aachen. Der Einbau eines Zündapp-Motors erfolgte durch die FVA. Zuvor hatte man die notwendige Festigkeit des Motorträgers im Rahmen einer Studienarbeit nachgewiesen. Doch stieg nun das Leergewicht auf 620 Kilogramm und der Festigkeitsnachweis war für ein Flugzeug mit 850 Kilogramm notwendig geworden. Weil das Fluggelände in Aachen-Merzbrück zu kurz war, fand der Erstflug am 26. März 1957 in Nörvenich statt. Allerdings neigte die Horten beim Start zum seitlichen Ausbrechen und die Akaflieg beklagte, dass mehr repariert, als geflogen wurde.

Mit den nun vermessenen Flugwerten errechneten die Akaflieger die Hauptlasten für die Flugzeugbaugruppen neu. Es erwies sich aber, dass die Festigkeiten der Horten-33 unterdimensioniert waren. Insbesondere das Fahrwerk knickte ab (nur 66% der Sollfestigkeit). So gab man das Flugzeug schließlich nach Bonn zurück, da weitere Flugerprobungen und Berechnungen nicht sinnvoll erschienen[26] und der weitere Aufwand deutlich die Bundesmittel überschritten hätten.

Die Rheinisch-Westfälische Technische Hochschule in Aachen erweiterte und ein neues Institut für Luftfahrt entstand[27]. Zu den Vorbereitungen gehörte, dass zunächst die angeschlossene Institutswerkstatt mit den bisherigen Werkräumen der FVA zusammengelegt wurde. Neue Maschinen konnten angeschafft werden. Die Hochschule richtete je eine Planstelle für einen Werkstattleiter und einen Flugzeugwart ein. So entstand für die Schulung im Teilbau eine Ka7[28], Rumpfgerüst und Holme bezog man 1958 von der Firma Schleicher. Ab 1961 beteiligte sich die Akaflieg wieder an Segelflugwettbewerben. Die Winde erhielt einen neuen alten Antrieb, kurzerhand erhielt sie den Motor des Vorkriegs-Maybach, der als Auto nicht mehr genutzt werden konnte.

Anfang 1960 gab es einen Plan, nach dem nicht nur die Mitglieder der Akaflieg Aachen, sondern eigentlich alle Studenten der Fachrichtung Flugzeugbau die Möglichkeit geboten werden sollte, am Ende ihres Studiums den Privatpilotenschein zu haben.

Die FVA-18 würde heute als Ultraleichtflugzeug betrachtet werden

Um die Kosten hierfür niedrig zu halten, entstand der Entwurf für ein leichtes, einfaches und preiswertes Motorflugzeug. Mit der **FVA-18 »Primitivkrähe«** wurde dieses Vorhaben umgesetzt, auch wenn bis zu ihrem Erstflug am 16. September 1965 noch zahlreiche Semester vergingen.

Äußerlich waren Ähnlichkeiten mit der Piper J 3C unverkennbar. Der Kauf eines amerikanischen Flugmotor schien zu teuer und man entschied sich für einen Motor auf VW-Basis von Pollmann. Dieser verfügte allerdings nur über 30 PS. Also musste der Propellerwirkungsgrad sehr gut sein, damit sich die Motorleistung optimal nutzen ließ. Jedes Gramm Gewicht wurde gespart und letztlich wogen Zelle und Flügel nur 250 Kilogramm. Die Luftschraube besaß einen Durchmesser von 2,15 Meter, die Drehzahl wurde über ein Getriebe auf 1100 U/min reduziert. Die Flugerprobungen führten zu einer Änderung im Untersetzungsgetriebe, die Luftschraube erhielt eine höhere Steigung. Die Kühlung wurde verbessert, trotzdem mussten für größere Höhen zwischendurch Horizontalflüge für die notwendige Kühlung eingeschoben werden.

Die Festigkeitsnachweise betrugen mehr als 300 Seiten. Der tatsächliche Erstflug am 16. September 1965[29] fand ungeplant statt. Da der Leerlauf zu hoch eingestellt war, kam es zu einer ungewollten verkürzten Platzrunde (nur durch zeitweises Ausschalten der Zündung bekam man das Flugzeug wieder an den Boden). Die Flugleistungen waren durchaus ansprechend, lag doch die Strecke bis zum Abheben bei nur 40 Meter (!) bei einer Steiggeschwindigkeit von 2,1 m/s^2. Tatsächlich wurde die FVA-18 eher wenig genutzt, da man den Motor am Propeller anreißen musste.

1972 ergab sich für die Akaflieger die Gelegenheit, recht günstig einen Limbach 1700EA Motor zu erstehen. So erhielt die »Primitivkrähe« einen neuen Motorträger. Die Endrohre des Auspuffs wurden nach unten verlängert, damit die heißen Abgase von der Zelle ferngehalten werden konnten. Erst als der Umbau vollendet und der Erstflug am 17. Mai 1972 durchgeführt war, fiel den Behörden auf, dass es sich nicht um eine »kleine Änderung« handelte. Also erhielt die **FVA-18b** für die Flugerprobung nachträglich eine erneute vorläufige Verkehrszulassung.

Für die Akaflieger waren die erreichten Verbesserungen jedoch deutlich. So gab es nun einen elektrischen Anlasser, das Flugzeug geriet durch die Abgasanlage deutlich leiser, das Getriebe entfiel und die Reisegeschwindigkeit stieg um 20 km/h. Außerdem besaß die neue Luftschraube eine größere Bodenfreiheit. Immerhin konnte man mit der FVA-18b sogar in der Thermik kurbeln.

Das nächste Projekt **FVA-19** beschäftigte sich mit der Auslegung eines Schleppflugzeuges auf der Basis eines Wirtschaftlichkeitsvergleichs zwischen Winden- und Flugzeugschleppstarts. Die Untersuchungen kamen zu dem Ergebnis, dass bei Erfüllung gewisser Anforderungen und effektiver Ausnutzung ein Schleppflugzeug günstiger als eine Startwinde sein kann. Weil die FVA zu dieser Zeit noch stark in die Entwicklung der »Primitivkrähe« eingebunden war, kam es nicht zum Erstellen

FVA-18 »Primitivkrähe« *1965*

Spannweite	10,50 m
Länge	6,70 m
Höhe	2 m
Flügelfläche	15,75 m^2
Sitze	1 + 1
Rüstgewicht	265 kg
Fluggewicht	450 kg
Flächenbelastung	28,5 kg/m^2
Standschub	135 kg

eines Lastenhefts für ein Schleppflugzeug. Einen Bericht präsentierte die Gruppe beim Idafliegtreffen 1964 in Braunschweig. Dessen Umsetzung geschah durch die Flugwissenschaftliche Arbeitsgemeinschaft Bremen mit der einsitzigen ESS 641, die am 17. September 1971 Erstflug hatte.

Durch Vermittlung einiger Alter Herren erwarb die FVA mit der Basten B4 ein Segelflugzeug[30] in Metallbauweise sowie eine VFW-Fokker FK-3. Doch waren auf der anderen Seite mittlerweile leider die Alten Herren ausgeschieden, die bereits konstruktiv an dem neuen Leistungssegelflugzeug **FVA-20** mitgearbeitet hatten. So mussten sich neue Konstrukteure einarbeiten. Der Rumpf war bereits Anfang 1968 fertig. Bei seinem Entstehen wurde die Bauweise (GFK-Balsa-Sandwich) der Akaflieg Braunschweig (Stahlrohr, aufgeklebte Pappspanten) genutzt. Der Einsitzer mit Einziehfahrwerk erhielt ein Wortmann-Profil für den Rechteck-Trapez-Flügel.

1

3

2

4

5

Eine gut dokumentierte Bilderserie vom Positiv-Sandwich-Bau der FVA-20. Zunächst wurden Pressspanten formgebend auf ein Stahlrohr als Helling gezogen. Auf diesen Kern wurden Balsaleisten verklebt. Nach Abschluss erfolgte die Oberflächenbehandlung in Vorbereitung auf das Laminieren (Januar 1968)

Schließlich erhielt der Balsakern seinen GFK-Überzug. Das Rumpfvorderteil wurde feingespachtelt, um die Haubenform abzunehmen.

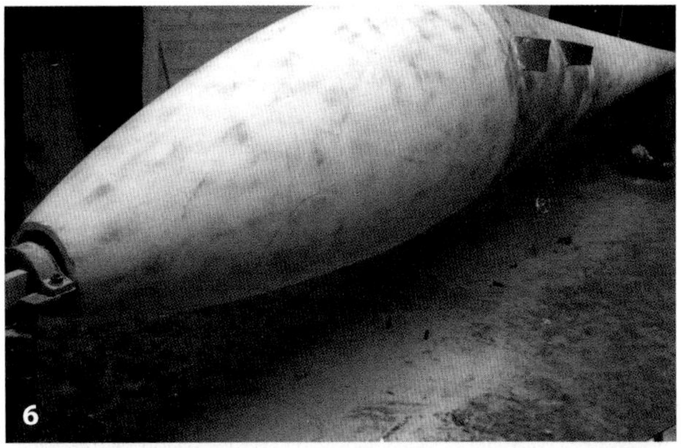
6

7

Die Pressspanten mussten wieder entfernt werden und ein Student rutschte über das Hellingrohr als »Spantenmaus« in den Rumpf. Eine nach der anderen kam so an das Tageslicht. Am Ende wurde das Nabelrohr entfernt und sah man einen »richtigen Rumpf«.

8

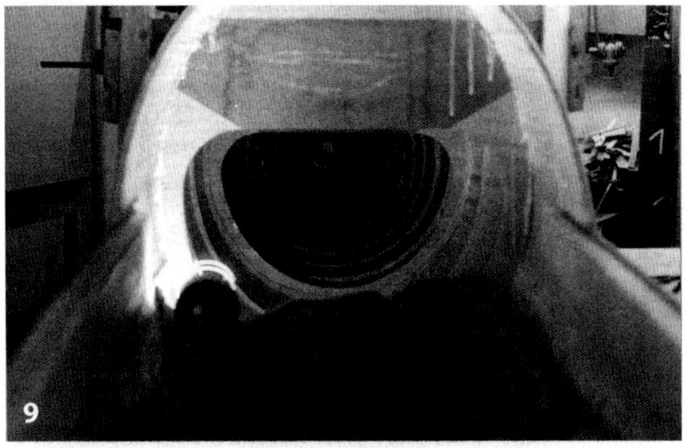
9

Am Ende erfolgte der erste Ausflug des Rumpfs hinüber zur Lehrstuhlwerkstatt, wo er noch ein Jahr blieb.

10

Frisch aufgebaut harrt die FVA-20 vor dem Karman Auditorium der RWTH, bereit zur 60 Jahresfeier am 15.06.1980...

Doch erlitt man immer wieder Rückschläge. Für den Bau der Flügeloberfläche wurde die Negativbauweise gewählt, allerdings waren die Erfahrungen in der GFK-Bauweise noch gering. So versagte der Bruchflügel 1973 im ersten Test statt der geforderten 150% Festigkeit bereits bei 110%. Die Akaflieger ließen sich nicht entmutigen und nach einem erneuten, diesmal erfolgreichen Bruchversuch konnte 1976 mit dem Bau der originalen Flügel begonnen werden. Der Bau erfolgte in Negativformen der Ober und der Unterseite, die anschließend zusammengefügt wurden.

Als dann am 28.November 1979 die (noch unlackierte) FVA-20 nach vielen Jahren erfolgreich abhob, waren in ihr zahlreiche Neuerungen gegenüber der ursprünglichen Konstruktion eingeflossen[31].

Einige Jahre vor der Fertigstellung der FVA-20 konnte mit dem Projekt **FVA-21** eine Wölbklappenautomatik umgesetzt und abgeschlossen werden. Entscheidend war, dass der Akaflieg Aachen ein Forschungsantrag bei der Deutschen Forschungsgemeinschaft für eine »Automatische Wölbklappenverstellung für Segelflugzeuge« genehmigt wurde. Das Konzept sah die automatische Verstellung in Abhängigkeit des Anstellwinkels vor. Ein Messfühler am Flügel regelte elektrisch einen hydraulischen Arbeitszylinder, bis gemessene Werte und Sollwerte übereinstimmten. Versuchsträger war die FK-3. Am 22. August 1974 wurde die Automatik erstmalig im Flug erprobt. Das Flugzeug konnte wie ein Segelflugzeug ohne Wölbklappen geflogen werden.[32]

Die Projekte **FVA-22** (Papierrakete) und **FVA-23** (Abgasanlage) beschäftigten sich weniger mit Entwicklungen im Flugzeugbau. Hingegen widmete sich die einziehbare Seileinzugsvorrichtung (**FVA-24**) »Wickelmimik« (kurz WiM) einem bis dahin großen Ärgernis im Segelflug. Weil das Seil des Schleppflugzeugs in aller Regel vor der Landung abzuwerfen und vor dem nächsten Start neu auszulegen ist, ergaben sich für die schnelle Startabfolge (z.B. in der Schu-

FVA-20
»Ferdinand Bernhard Schmetz«
1979

Spannweite	15 m
Länge	7 m
Höhe	0,90 m
Flügelfläche	12,80 m²
Streckung	17,6
Rüstgewicht	280 kg
Fluggewicht	380 kg
Flächenbelastung	26,8 kg/m²
Gleitzahl	37 bei 90 km/h

...und wird anschließend im Festakt durch das Ehrenmitglied Prof. Quick getauft.

Eines der wenigen Fotos der UL-Ente FVA- 25 der Akaflieg während der Erprobung.

lung) Nachteile. Mit der einziehbaren Schleppseilvorrichtung wurde ein praktischer Fortschritt erzielt. Das Projekt selbst erlebte unterschiedliche Konstruktionsstadien[33], während sich am Prinzip des Aufrollens des Schleppseils im Motorflugzeug mit einer Motorwinde nichts änderte. Gegen ein ungewolltes Ausrollen des Seils ist es (nach dem Einzug) durch eine Magnetkupplung gesichert. Die Einzugsvorrichtung mit Motor sitzt im Gepäckfach des Schleppflugzeugs.[34] Die Lastaufnahme des Schleppseils erfolgt an einer Zughülse unmittelbar vor der Kappvorrichtung. In der letzten Version wurde mit der Verwendung von Kohlefaser (insbesondere für die Seiltrommel) eine deutliche Gewichtsersparnis erzielt, die einen Einbau auch in UL-Flugzeuge ermöglicht.

Eine besondere Anschubvorrichtung hingegen benötigte der in die Jahre gekommene VW-Bus, er verschlang zu viele Arbeitsstunden und man konnte nicht sicher sein, auch da anzukommen wo man ursprünglich hinwollte. So schildert ein Bericht, dass beim Halt an einer roten Ampel die Schiebetür aufging, ein Haufen Studenten heraussprang und das Auto bei »grün« wieder anschob.

Planung, Entwurf, Bau und Fertigstellung eines Projekts innerhalb eines »Studentenlebens« zu erfüllen, ist sehr erstrebenswert, aber in der Neuzeit für jede Akaflieg schwer zu erreichen. Dies war aber eine Ausgangsüberlegung für das Ultraleichtflugzeug **FVA-25 »UL-Ente«**. Die neue Klasse der Luftsportgeräte besaß geringere Anforderungen und sollte zügiger in ihrer Entwicklung umzusetzen sein. Mit der Verwendung von Kohlefaser für Flügelholme und Rippen (Hauptflügel und Canard) sowie Motorträger und Fahrwerk sollte extremer Leichtbau betrieben werden. 1989 erfolgte die Änderung einer zulässigen Leermasse von 150 Kilogramm auf 400 Kilogramm maximale Abflugmasse. Dies machte es für die Akaflieg um einiges leichter.[35] Trotz einer Stahlrohrkonstruktion wog der Rumpf lediglich 23 kg. Der Motor mit 50 PS brachte allerdings weitere 40 Kilo auf die Waage (man wünschte sich schon einen leichteren Motor). 1991 hob dann die UL-Ente zum ersten Mal zwischen zwei Hallen bei Rollversuchen ab[36]. Als dann die Zulassung für UL-Flugzeuge 1993 vom LBA zum DAeC wechselte, zerschlugen sich die positiven Erwartungen der Akaflieger recht bald. Der DAeC veranschlagte die Zulassungskosten auf mindestens 10.000 DM[37]. Das Projekt, was kurz vor dem Erstflug stand, wurde deshalb von der Gruppe aufgegeben und von einem Fliegerfreund aus Belgien übernommen. 1997 kam es dort zum Erstflug.

Zeitgleich mit der UL-Ente wurde die Entwicklung eines einsitzigen Segelflugzeugs in Entenkonfiguration **(FVA-27)** vorangetrieben. Die ersten Erprobungen erfolgten mit einem Modell. Hier zeigte sich, dass im Schnellflug die Seitenruderwirkung an den Flügelenden nicht ausreichend waren. 1999 zog die FVA mit ihrer kompletten Werkstatt in neue Räume um. Hier wurden als erstes die Formen für die FVA-27 aufgebaut. Auch wenn bis heute eine Fertigstellung nicht erfolgte, so ist das Flugzeug in weiten Teilen fertiggestellt. Der Rumpf besteht aus einem GFK-verkleidetem Stahlrohrgestell, Flächen, Canard und Fahrwerk sind ebenfalls gebaut. Auch wenn sich die FVA stärker fliegerischen Themen wie der Teilnahme an Wettbewerben widmete, floss beständig

etwa 30% der Winterarbeit in den Bau der FVA-27 ein. Das Projekt litt aber unter seiner langen Dauer, da die studentischen Mitglieder der Akaflieg wechselten – altes Wissen ging verloren, neues musste erst erworben werden. Ideen für ein Projekt FVA-28 entstanden und wurden wieder verworfen[38]. Aktuell ist das Projekt FVA-27 nicht abgeschlossen, jedoch nicht aufgegeben. Die projektierte Gleitzahl von 44 ist nicht ausschlaggebend, vielmehr steht der fliegende Prototyp eines Entensegelflugzeugs im Vordergrund. Nicht zuletzt besitzt die Akaflieg Aachen seit der FVA-3 eine lange Tradition mit diesen Flugzeugtypen.

Ein wesentliches Merkmal der Akaflieg Aachen ist, dass sie im Flugbetrieb alltägliche Probleme, Schwierigkeiten oder Ärgernisse zum Gegenstand ihrer Forschung und Entwicklung macht. Gutes Beispiel ist die Entwicklung einer Heimweghilfe unter der Bezeichnung **FVA-29**. Der geplante 70% Gesamtwirkungsgrad erfordert eine hohe aerodynamische Güte. Im Unterschied zu Systemen mit Verbrennungsmotoren ist eine einfache und betriebssichere Bedienung das oberste Ziel. Die Struktur besteht aus Faserverbundmaterial. Zur Überwachung der Festigkeit wurden Sensoren integriert. Beim Idafliegtreffen 2019 wurde zum ersten Mal der Antrieb im Flug aus- und wieder eingefahren.

Das aktuelle Projekt FVA-30 ist weit mehr als eine Studie. Aus einer Überlegung beim Idafliegtreffen 2017 in Berlin, ob man nicht schneller und preisweiter anreisen könne, entstand das Konzept eines Doppelsitzers mit einem Side-by-Side Cockpit. Sicherlich hat der Neubezug der eigenen modernen Werkstatt 2017/2018 mit die Umgebung

Rohbaumontage der FVA-27 im Jahr 2016.

Links: Die Heimweghilfe für Motorsegler FVA-29.

Die Projektstudie der FVA-30.

geschaffen, die zu weiteren Herausforderungen ermutigt. Mit knapp 17 Meter Spannweite soll ein Motorsegler mit Hybridantrieb entstehen, der über zwei sich am Ende des V-Leitwerks befindliche Propeller elektrisch angetrieben wird. Die elektrische Leistung aus den Akkus wird für den Start benötigt, anschließend übernimmt ein gasbetriebener Range-Extender die elektrische Energieversorgung für den Reiseflug.

Hier kurz der Anforderungskatalog: Bauweise Kohle- und Glasfaserverbund, lärmarme Propeller in Eigenentwicklung, Antrieb durch zwei 30 kW Synchronmotoren, Erdgas-Verbrennungsmotor als Range-Extender, elektrische Gesamtleistung 85 kW/h (Akku 13 kW/h, Range Extender 72 kW/h), Reichweite 650 Kilometer bei max. 900 kg Abflugmasse, Energieträger Lithium-Ionen Akku plus Erdgas. Kurzum: wenn schon Innovation, dann richtig.

Auch wenn das ehrgeizige Ziel einer Fertigstellung 2021 nicht zu halten und eher unwichtig ist, zeigt das gesamte Projekt, worin die besondere Qualität einer Akaflieg und speziell der FVA liegt. Studenten greifen die Visionen des Lehrbetriebs auf und forschen, bauen und fliegen zukünftige Modelle. Ausgangspunkt der Fragestellungen sind ganz reale fliegerische »Alltagsprobleme«. Hier läuft die Grenzlinie zwischen Ökonomie und Innovation: wirtschaftlich mag jedes der Projekte zunächst vollkommen unrentabel sein, wer jedoch Innovation auf wirtschaftliche Faktoren reduziert erhält nur Durchschnitt. Dafür sind Akafliegs allerdings nicht da.

1 Klemperer kam als ehemaliger österreichischer Militärflieger und wurde in Aachen Assistent von Theodore von Kármán. Nach seiner Promotion übersiedelte er in die USA und brachte bei Goodyear seine Erfahrungen in der Konstruktion von Zeppelinen ein.

2 Da man sich nicht sicher war, ob auch der motorlose Flug unter das Flugverbot fallen würde, war eine Eintragung ins Vereinsregister noch nicht möglich.

3 Vor dem Wechsel nach Dessau lehrte Prof. Hugo Junkers an der TH Aachen.

4 Vorsitzender der Wettbewerbskommission war Dipl. Ingenieur Ursinus, weitere Mitglieder waren Prof. Gutermuth, Prof. v. Kármán, Prof. Dr. König und Prof. Dr. Prandtl. In der Zeitschrift »Flugsport« von Oscar Ursinus hatte Klemperer am 24.März 1920 zusammen mit Erich Meyer selbst zum ersten Rhönwettbewerb aufgerufen.

5 Dieser offiziell anerkannte Rekord hielt nicht lange, denn am 5. September stellte Martens ihn mit dem Vampyr und einer Strecke von 7,5 Kilometern wieder ein.

6 Das Segelflugzeug wurde auch in einer kleinen Serie bei der »Aachener Segelflugzeugbau GmbH« bis 1924 gebaut, diese Firma wurde kurz darauf von den Junkers Flugzeugwerke übernommen.

7 Obwohl nach dem Vertrag von Versailles untersagt, baute Deutschland eine militärische Fliegerschule in Lipezk (Russland) auf.

8 Man muss aber die besondere Situation des Rheinlands berücksichtigen. Es war von den alliierten Mächten besetzt und deren Abzug erfolgte erst in der Region um Köln im Januar 1926. Dies zwang die FVA immer wieder zu Kompromissen, denen andere Akafliegs in Deutschland nicht unterlagen.

9 Das Ende der Rheinlandbesetzung hatte für die FVA auch ganz praktische Konsequenzen. So konnte man 1929 den Flugbetrieb wieder von Düsseldorf-Lohhausen wieder nach Aachen verlegen. Das Ereignis wurde mit einem Sternflug der akademischen Fliegergruppen gefeiert. Glück hatte dabei der Starter der Akaflieg Darmstadt. Ihm »flog« der Propeller davon und die gekonnte Landung schaffte er im Segelflug.

10 Die Jahresberichte der FVA führen dazu aus, dass diese Verbesserungen wahrscheinlich von Hermann Mayer selbst stammen. So wuchs die Spannweite von 14,5 auf 16,5 Meter.

11 Hermann Mayer stürzte am 7. Mai 1933 auf dem Flugplatz Borkenberge mit seiner »MS II« tödlich ab. Grund war eine schlechte Verleimung im hinteren Holz-Gitterrumpf.

12 Wahrscheinlich wurden die Baunummern 7 und 8 nicht vergeben, weil damit die MK I und MK II gemeint waren, obwohl es sich nicht um Aachener

Konstruktionen handelte.

13 Beliebt war der Name FFG bei den Studenten nicht, so nannten sie sich auch PPA (Pflugtechnische Pfachgruppe).

14 Wo waren die Akafliegs beim Rhönwettbewerb 1935 und 1936? Jedenfalls sah die Ausschreibung nur vor, dass nur Landesgruppen der DVL zugelassen waren. Die Akafliegs setzten sich stark – aber vergeblich – dafür ein, ebenfalls als Landesgruppe zugelassen zu werden.

15 Es wurde bemängelt, dass bei der Landung der Sporn den Boden berührte, während sich das Hauptrad bei Minimalgeschwindigkeit noch fast 1,50 Meter in der Luft befand. Für kurze Landefelder war dies ungünstig. So erlitt die (nunmehr FVA-10a bezeichnete) »Theodor Bienen« Ostern 1938 einen Rumpfbruch bei einer Landung auf einem abschüssigen Feld.

16 Einen Tag später landete die D-28b »Windspiel« dann ebenfalls in Udine. Besonderheit für die Piloten war allerdings, dass sie nicht die Visa für Italien und Österreich besaßen. Bei der Ausreise aus Italien unterstellte der Zöllner auf dem Brenner Felix Kracht, dass er mit einem Motorflugzeug eingeflogen sei, den Motor ausgebaut und in Italien verkauft habe und deshalb Zoll zu bezahlen sei. Ein Flugzeug ohne Motor konnte es ja gar nicht über die Alpen nach Italien geschafft haben.

17 Eine gute erhaltene fliegt heute in England. Während Kracht zur DFS ging und nach dem Krieg später Geschäftsführer der Deutschen Airbus GmbH in München wurde, arbeiteten Hans Günther Haase, Friedrich Kensche und Ferdinand Schmetz zusammen. Gemeinsam entwickelten sie die HKS 1.

18 Siehe hierzu auch die SB 11 der Akaflieg Braunschweig.

19 Seine »Meise« (später als Olympia-Meise bezeichnet) war dann auch Siegerin des Wettbewerbs. Obwohl die Olympiade 1940 ausfiel, entstand die »Meise« zahlreich im In- und Ausland.

20 Die Rechtslage nach dem 2. Weltkrieg war eindeutig. Mit der Direktive Nr. 23 vom 17. Dezember 1945 waren Sportvereine bis zum 31.1.1946 aufzulösen.

21 Der Fußgängerball fand bis in die frühen achtziger Jahre jährlich statt und war ein stets ein gut besuchtes Ereignis an der RWTH Aachen.

22 Mitte 1950 zeichnete sich eine tolerantere Haltung der Alliierten zum Segelflug ab. Nach einem ersten Treffen der Segelflieger (offiziell Wandervögel »Ring der weißen Möwen«) auf der Wasserkuppe wurde in Gersfeld (Rhön) im Gasthaus »Zur Krone-Post« am 3. August 1950 spontan der Deutsche Aero Club wiedergegründet und wählte Wolf Hirth zu seinem Präsidenten. Segelflug war ab dem 28. April 1951 wieder gestattet, der Bau wurde ab dem 19. Juni im gleichen Jahr erlaubt.

23 Dieser Fonds sollte eine Entschädigung für im Krieg verlorenes Eigentum leisten.

24 Etwas schwieriger gestalteten sich die Verhandlungen mit der Idaflieg, versuchte man doch, über sie weitere Förderungen zu erhalten. Zumindest wurden in Verhandlungen mit dem DAeC eine gewisse Sonderstellung gegenüber anderen Luftsportvereinen erreicht. Eine finanzielle Förderung durch Bund war über die Idaflieg jedoch nicht möglich, denn mittlerweile lag die Kulturhoheit bei den Ländern und es zeigte sich, dass die Interessen der einzelnen akademischen Fliegergruppen doch zu unterschiedlich waren.

25 Später auch eine Ausgliederung als »Sportavia Pützer GmbH & Co KG« als Flugzeugbauer auf dem Gelände Dahlemer Binz. Gebaute Flugzeuge waren zum Beispiel die Pützer Elster (Motorflugzeug auf der Basis des Doppelraab).

26 Die Horten 33 V1 wurde 1960 verschrottet, in dem Kasein verleimtem Flugzeug hatten sich mehrere Fehlstellen gefunden. 1955 entstand die V2, sie flog durchaus gut, allerdings zeigten sich Probleme am Boden insbesondere mit dem Fahrwerk. Mit 18.000 DM war sie für die damalige Zeit zu teuer. Bei der heute im Deutschen Segelflugmuseum mit Modellflug ausgestellten Horten 33 V1 handelt es sich um die zurückgebaute Version 2.

27 Übrigens wurde schon damals beklagt, dass sich die Studienordnung straffte und die Anforderungen an die Studenten zunahmen. Darin sah die Akaflieg durchaus eine Bedrohung für ihren Nachwuchs. Ein Thema, was sich nicht nur bis heute hält, sondern sicherlich noch dringlicher – für alle akademischen Fliegergruppen – geworden ist.

28 Sie wurde 1959 fertig und auf den Namen »Feuervogel« getauft.

29 Bereits 1964/65 beschäftigte sich die Akaflieg mit der GFK-Bauweise, Ergebnisse, die in den späteren Bau der FVA-20 einflossen.

30 Die Firma Rheintalwerke G. Basten entwickelte den nicht Kunstflug zugelassenen Einsitzer, die Schweizer Pilatus Flugzeugwerke AG kaufte die Lizenz und begann nach Modifikationen die Serienproduktion unter dem Namen PC-11. Bekannt ist sie aber weiterhin unter ihrem Namen Pilatus »B4« (das »B« steht für »Basten«).

AKAFLIEG BERLIN

Mit Ausbruch des ersten Weltkriegs wurden gerade Studenten einberufen. Falls einige von ihnen sogar Flugerfahrungen besaßen, gab es für sie kaum Möglichkeiten, sich dem zu entziehen. Obwohl gerade die Studenten in der Akademischen Fliegergruppe überhaupt nichts mit einem militärischen Korpsgeist im Sinn hatten.

Nach Ende des ersten Weltkriegs Ende 1918 wurde im nachfolgenden Versailler Vertrag die Fliegerei mit Motorflugzeugen in Deutschland verboten. Dies prägte den Begriff »motorloser Flug« (so auch ein Buchtitel von Roland Eisenlohr 1923). In Berlin ist es August von Parseval zu verdanken, dass die studentische Fliegergruppe neu belebt wurde. Zum ersten Rhönwettbewerb 1920[1] konnten die Akaflieger aus Berlin noch nicht mit einer eigenen Konstruktion aufwarten, jedoch gab der Wettbewerb den letzten Anschub, dass sich ein Jahr später 20 Studenten zusammenfanden, um wieder eine aktive Fliegergruppe zu bilden.

Die **B1 »Charlotte«** (1921/1922) erhielt ihren Namen nach dem Sitz der TH in Charlottenburg entstand auf dem Dachboden der Hochschule die erste eigene Konstruktion. Das schwanzlose und stoffbespannte Holzflugzeug mit nach hinten gezogenen Außenflächen hatte eine etwas komplizierte Steuerung. Mit zwei Hebeln für Quer- und Höhensteuerklappen war es ein wenig »gewöhnungsbedürftig[2]«. Aus einer Kurve konnte sich das Flugzeug nicht mehr aufrichten und stürzte aus acht Metern Höhe ab. Der Pilot blieb unverletzt. Geldmangel zwang die Berliner, die Reste der Charlotte mit dem Hand karren zurück nach Berlin zu ziehen. Nach der ersten Etappe bis Eisenach (immerhin 150 Kilometer[3]) wurde ihnen die Weiterfahrt gesponsert, lediglich das letzte Stück in Berlin nach Adlershof zogen sie erneut mit dem Handkarren.

Auf der Wasserkuppe wurde 1922 nicht nur geflogen. Die vier dort vertretene Akafliegs (Berlin, Aachen, Darmstadt und Hannover) gründeten die »Interessengemeinschaft der Akademischen Fliegergruppen« und legten den Grundstock für die Zusammenarbeit unter dem Dach der Idaflieg.

Die Besonderheit dieser 1923 in Stralsund gebauten Konstruktion **B2 »Teufelchen«** war die Verwindung der Außenflügel, so dass keine Querruder notwendig waren. Leitwerk und Flächenenden waren aus Aluminiumblech, die Tragflächen und Rumpf in Holzbauweise. Leider endete auch der zweite Flug beim ersten Wettbewerb für Küstenflug in Rossitten mit einer harten Landung. Nach der Reparatur fuhr man mit »Teufelchen« zur Rhön, der Unglückspilot vom Flug auf Rossitten (es war sein erster Flug) versuchte es noch einmal und wieder war anschließend eine Reparatur fällig[4].

Bei Wiederaufbau des Segelflugzeugs **B3 »Charlotte«** 1923 unter dem Dach im 4. Stock der Hochschule wurden die konstruktiven Mängel der ersten Version behoben[5]. Die überarbeitete Steuerung erhielt einen Steuerknüppel, die Ansteuerung der Klappen erfolgte über ein Kegeldifferential.

Die B1 »Charlotte« beim Rhönwettbewerb (oben) und auf der Wasserkuppe (unten), 1922.

»Teufelchen« auf Rossitten im Jahre 1923 beim ersten Küstenflugwettbewerb Rossitten. Die obere Aufnahme zeigt wahrscheinlich die Abnahme durch die Technische Kommission. Im Cockpit Georg Gillert im Gespräch mit Adolf Baeumker; rechts Edmund Pfister, gebückt Joseph Seppl Kutin. Beide waren neben Hermann Winter Konstrukteure der »Charlotte«.

»Teufelchen« startet beim Küstenwettbewerb.

»Charlotte II« beim Rhönwettbewerb 1923

Start der »Charlotte« II (wahrscheinlich aufgenommen am 12. Oktober 1924) beim ersten italienischen Segelflugwettbewerb 1924 in Asagio (Italien). Bis auf das Flugzeug der Akaflieg Cöthen, dem »Alten Dessauer« wurden alle Segelflugzeuge stark beschädigt oder gingen zu Bruch.

Nun war es möglich auch Kurven zu fliegen. So traten die Berliner Akaflieger Berlin 1923 mit ihr und »Teufelchen« zum Rhönwettbewerb an. Diesmal gelangen längere Gleitflüge, doch bei einem Versuch ins Tal zu gleiten, kam es zu einer Berührung mit einem Baum. Wie schon zuvor halfen die Sablating-Werke aus und richteten »Charlotte« wieder.

Im Jahr darauf, 1924 war man mit der »Charlotte« und dem Nachbau einer Konstruktion von Roland Eisenlohr, der »Roland-Festung« (es war eine recht stabile Konstruktion) auf der Wasserkuppe vertreten. Man trat der zwei Jahre zuvor gegründeten Idaflieg (Interessengemeinschaft der akademischen Fliegergruppen) bei. Doch nahm anschließend recht bald die Zahl der aktiven und interessierten Gruppenmitglieder ab. Der stetige Geldmangel verhieß keine guten Aussichten selbst einmal fliegen zu können. Es gibt ungesicherte Berichte über eine Konstruktion im Jahr 1925, nicht nachvollziehbar ist, ob dieses Flugzeug (trotz Anmeldung) beim Rhönwettbewerb antrat. 1926 wurde der Gruppenbetrieb eingestellt, im Jahr darauf kam es zur Neugründung der Akademischen Fliegergruppe Berlin e.V. Die äußeren Umstände für den Schrumpfungsprozess Mitte der 20iger Jahre betrafen aber auch alle anderen Akafliegs. Ein Teil des Hintergrunds war die aufziehende Weltwirtschaftskrise, der Wertverlust des Geldes nahm stark zu. Zugleich wendeten sich zahlreiche frühere Militärpiloten des Ersten Weltkriegs vom Segelflug ab. Letztendlich förderte genau dies den Segelflug, denn nun wurde er wirklich Sport.

Die Konzentration lag zunächst auf Motorflugzeugen. Gekauft wurden Maschinen von Heinkel und Junkers, zum Jahreswechsel 1931/32 schrieb der Deutsche Luftfahrt Verband (DLV)[5] einen Konstruktionswettbewerb für ein einfach zu fliegendes, kunstflugtaugliches Motorflugzeug aus. Die einsitzige Maschine »Volksflugzeug« sollte zudem leicht von Vereinen nachzubauen sein. Die Akaflieg Berlin beteiligt sich und baut die **B4 (Beiname »FF« für »fast fertig«)**. Nicht zu Unrecht sind die Akaflieger damals stolz darauf, seit längerer Zeit wieder eine eigene Konstruktion bauen zu können[6].

Im darauffolgenden Jahr wurden die markanten Umrisse der Charlotte zum Logo der Akaflieg Berlin. Doch wieder erfolgte ein Rückschlag. Mit der Machtergreifung der Nazis entfiel die mühsam erkämpfte staatliche Unterstützung. Mit eher schlecht bezahlte Reklameflügen (ein Flugzeug »landete« dabei auf einem Kran in Stadtteil Wedding) versuchten sich die Studenten über Wasser zu halten. Jedoch gingen (wie bei den anderen Akafliegs) die Motorflugzeuge in den gerade erst gegründeten Deutschen Luftsportverband (DLV) über. Die eher ungeliebten Akafliegs passten nicht in das Konzept der neuen Machthaber. Für die Akademische Fliegergruppe bedeutet dies 1933 das Ende der zweiten Akaflieg.

Es bestand ein Gründungsverbot für Vereine. Erst nach zähen Verhandlungen mit dem der Deutschen Versuchsanstalt für Luftfahrt (DVL), dem DLV und der TH Berlin einigte man sich eine »Flugtechnische Fachgruppe Berlin an der technischen Hochschule Berlin, angegliedert an die deutsche Versuchsanstalt für Luftfahrt Berlin« zu gründen. Im darauffolgenden Jahr 1935 konnte man einen Rhönbussard erwerben und erhielt die Klemm L 26 V a (D-2051) zurück. Vincent Kloss entwickelte ein Gerät, dass mechanisch die Belastungen im Schleppstart darstellt (bis hin zum Höhenruderausschlag). Dieser Kloss-Schreiber war eine relativ kleine Messeinrichtung, deren Werte synchron auf eine Schreibtrommel übertragen wurden. In Berlin Tempelhof wurden Schleppflüge mit einem neuen Telefonschleppseil durchgeführt. Dabei muss man bedenken, dass der Sprechfunk noch sehr in seinen Anfängen steckte und eine Kabelverbindung eine höhere Zuverlässigkeit versprach.

War die Begründung zum Ausschluss der ehemaligen akademischen Fliegergruppen in den Jahren 1935 und 1936 im Rhönwettbewerb die Formulierung gewesen, dass sich nur Herstellungsbetriebe mit Serienflugzeugen beteiligen dürfen, gelang der Berliner FFG im Folgejahr 1937 (sie waren nun wieder zugelassen) zum Rhönwettbewerb die rechtzeitige Fertigstellung der **B5**.

Als Streckenflugzeug konzipiert sollte sie auch für hohe Geschwindigkeiten geeignet sein. Die Tragflächen des Segelflugzeugs sind entsprechend der damaligen Konstruktionsweise geknickt ausgeführt.

Offiziell standen die Akaflieger als FFG unter dem schützenden Dach der Deutsche Versuchsanstalt für Luftfahrt (DVL) und besaßen kein gemeinsames Programm mit dem NS Studentenbund (wie dies bei einigen anderen Akafliegs der Fall war). Der politische Druck nahm stark zu und Otto Lentz wurde nicht zuletzt auf Betreiben des Rektors SA Brigadeführers Professor von Arnim als Leiter der FFG

B3 »Charlotte« II *1923*

Spannweite	14,2 m
Länge	4,1 m
Höhe	1,5 m
Flügelfläche	19,5 m^2
Leergewicht	133 kg
Fluggewicht	203 kg
Flächenbelastung	10 kg/m^2

B5 *1937*

Spannweite	15 m
Länge	6,15 m
Höhe	1,24 m
Flügelfläche	11 m^2
Leergewicht	140 kg
Fluggewicht	225 kg
Flächenbelastung	20,45 kg/m^2
Höchstgeschw.	229 km/h
Gleitzahl	30,5 bei 76 km/h

Die B4 »fast fertig« über Berlin (links) und im Winter auf dem Flugfeld (rechts).

Die B5 beim Rhönwettbewerb 1937.

Die B6 im Juli 1938 auf der Wasserkuppe.

abgelöst. Aber auf der anderen Seite akzeptierte man, dass es sich nicht um eine »beliebige« Studentenorganisation handelte, die dem Rektor unterstellt blieb. Unter den Fittichen der DVL galt die FFG als eine Einrichtung des Reichsluftfahrtministeriums.

Aus der Akaflieg München (FFG München) verstärkte Toni Tröger als Werkstattleiter die studentische Gruppe. Für den Rhönwettbewerb 1938 entstand ein »allwettertaugliches« Hochleistungssegelflugzeug. Rechtzeitig wurde die **B6** fertig, sie verfügte über ein gebremstes Einziehfahrwerk. Der Rumpf bestand im vorderen Teil aus Stahlrohr (hinten Holzspantenbau) und blieb stoffbespannt. Das Höhenruder war als Pendelruder ausgeführt.

Im Wettbewerb belegte (15. Juli – 15. August) die B6 den 9. Platz. Am 6.8. 1938 gelang ein Gewitterflug über eine freie Strecke von 346 Kilometer und 6000 Metern Höhe (ohne Sauerstoff!). Finanziell attraktiv war im gleichen Jahr ein Auftrag für den Film »Narren im Schnee«, in einer kurzen Sequenz tauchte ein selbst entworfener Ski-Gleiter auf.

Das Projekt des Doppelsitzers **B7** wurde zugunsten des Konstruktionswettbewerbs um ein Einheitsflugzeug für die Olympiade 1940 ersetzt (die allerdings wegen des Krieges ausfiel). Das Ergebnis entstand in der **B8** mit 15 Metern Spannweite. Sie erhielt beim letzten Rhönwettbewerb 1939 den zweiten Platz, der Auftrag für das Wettkampfflugzeug ging jedoch an die Deutsche Forschungsanstalt Segelflug mit der Konstruktion von Hans Jacobs (DFS Olympia).

Beide Flugzeuge besaßen trotz der unabhängigen Entwicklung große Ähnlichkeiten. Die B8 wurde zeitweise den Akafliegern in Hannover (korrekter, der FFG Hannover) überlassen. Dort nahm man Versuche mit wechselnden V-Stellungen der Tragflächen vor und entwarf auswechselbare Elemente für den Flächenanschluss. Erprobt wurden für die DLV unterschiedliche Roll- und Giermomente in Abhängigkeit der V-Stellung.

B6 *1938*

Spannweite	16 m
Länge	6,20 m
Höhe	1,25 m
Flügelfläche	14,6 m²
Rüstgewicht	155 kg
Fluggewicht	240 kg
Streckung	17,53
Flächenbelastung	16,42 kg/m²
Höchstgeschw.	225 km/h
Gleitzahl	30 bei 68 km/h

Das Olympiaflugzeug B8 auf dem Flugfeld Johannishof 1938, ein Farbfoto der V1 ist im Bericht über die Akaflieg Hannover zu sehen.

Ausgerüstet mit Wendezeige, künstlichem Horizont besaß der freitragende Schulterdecker B8 Sturzflugbremsen. Zwei Versionen wurden gebaut: V1 mit Kufe und V2 mit einem festen Ballonrad.

Mit Kriegsbeginn wurden die Mitglieder der FFG an verschiedene Frontabschnitte verteilt. Der weiter zunehmende Druck nachgebend, nicht zuletzt durch den langjährigen Vorsitzenden der TeKo und der DVL, Professor Wilhelm Hoff, wechselte die FFG 1942 den Namen in »Nationalsozialistischer Deutscher Studentenbund TH Berlin, Kameradschaft und Altherrenschaft Paul Eduard Köster, Flugtechnische Fachgruppe«[7].

B8 Olympiaflugzeug *1939*

Spannweite	15 m
Länge	7,10 m
Höhe	1,50 m
Flügelfläche	15,6 m²
Rüstgewicht	165 kg
Fluggewicht	260 kg
Streckung	14,41
Flächenbelastung	16,66 kg/m²
Höchstgeschw.	220 km/h
Gleitzahl	23 bei 68 km/h

Die wenigen verbliebenen Mitglieder bauten das militärische zweimotorige Versuchsflugzeug **B9**. Mit ihm sollten insbesondere Belastungsversuche und deren körperliche Auswirkungen erprobt werden. Immerhin betrug das Bruchlastvielfache 22g, zugelassen war sie bis 12g bei liegender Pilotenanordnung. 1943 erfolgt der Erstflug in Berlin-Schönefeld[8].

Das letzte Konzept vor Kriegsende kam nicht mehr zur Umsetzung. Die **B10** sollte ein Kleinflugzeug werden, dass sowohl auf unbefestigten Plätzen als auch auf Wasser landen konnte. Als Planung war es für Reisen nach dem Krieg in das Ausland gedacht und von dem Wunsch beseelt, wieder eine friedliche Welt vorzufinden.

Doch der schlimmen Realität folgend musste das 1944 begonnene Projekt in den letzten Kriegstagen abgebrochen werden. 1945 sind alle Studenten eingezogen. Die auf dem Flugplatz Johannisthal-Adlershof untergebrachten Flugzeuge, darunter auch die B 9, verschwinden mit der Besetzung Berlins durch die sowjetische Armee.

Das Versuchsflugzeug B9.

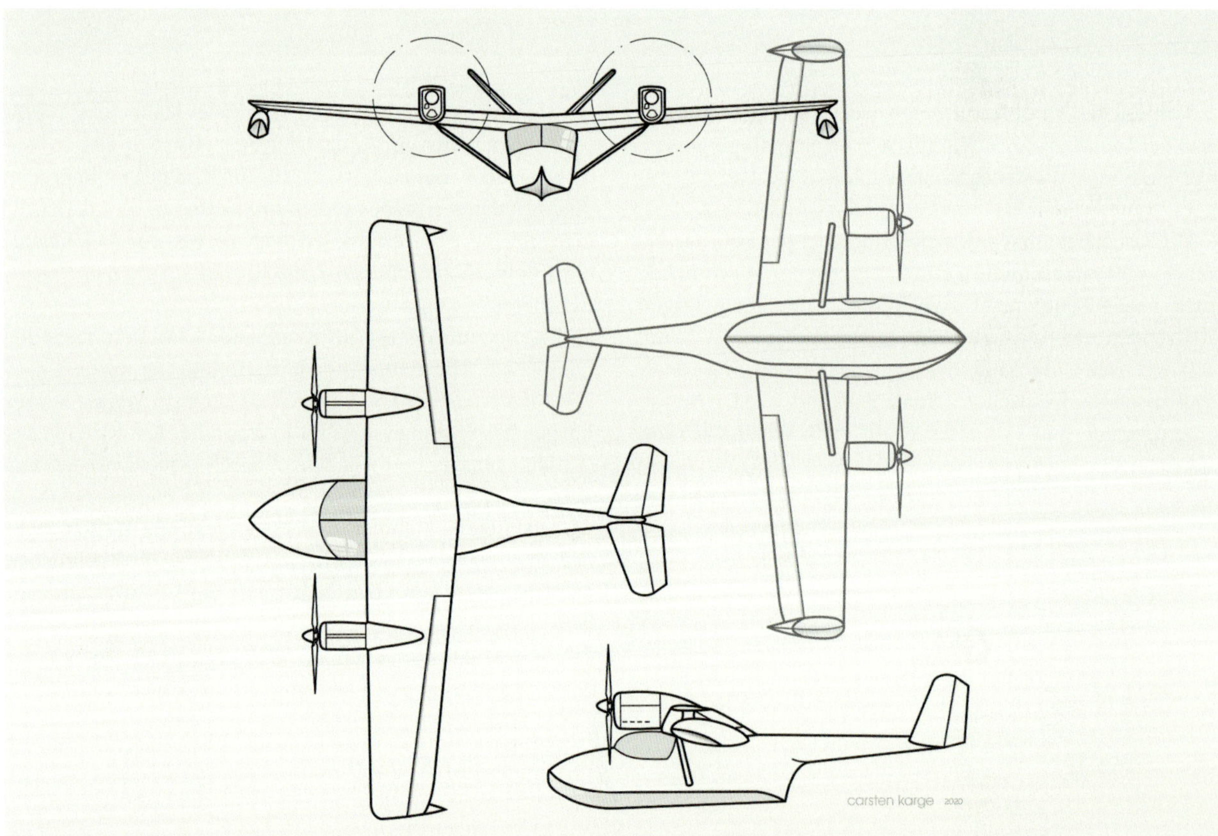

Die Entwurfszeichnung der B 10 (restaurierte Fassung von Carsten Karge).

DIE AKAFLIEG NACH 1945

An eine Vereinsgründung war aufgrund der Alliierten Kontrollratsgesetze (Berlin hatte den 4-Mächte-Status) nicht zu denken.[9] Trotzdem trafen sich einige »Ehemalige« schon ab 1946/47. Nachdem 1950 der Deutsche AeroClub gegründet wurde, vollzog sich am 15. November die vierte Gründung der Akaflieg Berlin. Unterstützer verhalfen zu einer Werkstatt in Berlin Tempelhof, das erste Projekt war der Bau einer Mü13E. Als sie im Sommer 1954 fertiggestellt war, deklarierte man sie als »Spielzeug« und überführte sie – aufgeteilt in diverse Frachtkisten – mit einem Flugzeug der alliierten Luftbrücke nach Braunschweig-Waggum. Am 8 August erfolgte der erste Start und sie erhielt bei ihrer Taufe den Namen »Berliner Bär«. Nun besaß die Akaflieg wieder einen Doppelsitzer für Schulflüge. Doch für die Neuankömmlinge ihren Reihen wurden Ausbilder benötigt. Von der Berliner Luftsportgruppe half Horst Remm, gerade er setzte sich für die Schulung in Braunschweig-Waggum ein. So begann der Flugbetrieb damit, dass zunächst die langjährigen Akaflieger ihre Luftfahrtscheine erneuerten. So aufwendig es gewesen ar, Spielzeugkisten nach Braunschweig zu bringen, gestaltete sich im darauffolgenden Jahr der Transport der Mü13 für Festigkeitsuntersuchungen in Berlin vollkommen unkompliziert. Mit dem Beitritt der Akaflieg Berlin zur Idaflieg 1954 fanden in der Folge einige der jährlichen Idaflieg-Treffen in Berlin statt.

Bislang war man eher eine recht überschaubare Gruppe. Mit Eröffnung der Lehrstühle für Flugzeugbau und Luftfahrzeugführung wuchs endlich die Zahl der Studenten und es fanden sich mehr Mitglieder. Die Zusammenarbeit innerhalb der Idaflieg eröffnete die Möglichkeit, an anderen Orten dort deren Flugzeuge zu fliegen zu dürfen.

Obwohl es durchaus Überlegungen gab, ein neues eigenes Leistungsflugzeug zu bauen, waren die Kapazitäten hierfür (noch) nicht vorhanden. Erreicht hatte man in der Zwischenzeit aber den Bau einer Winde und so verfügte man nach sieben Jahren über eine »Segelfluggrundausstattung«. Die Zuweisung von Geldern aus Lottoeinnahmen ermöglichte wenigstens ein Werkstattgrundausstattung und 1960 konnte der Nachbau eines L-Spatz 55 am 28. August in Braunschweig gefeiert werden. Wenn auch sicher einige Vereine nach dem Krieg selbst Flugzeuge nachbauten, so war dies für die Akaflieg ein notwendiger (Zwischen-) Schritt auf dem Weg zu neuen Forschungs- und Entwicklungsarbeiten. Immerhin war man in der Idaflieg recht aktiv und so entwarf man 1961 als erste Konstruktion mit stark negativ

Die Mü 13 der Akaflieg in Oerlinghausen. Wie Jochen Kassner (auf dem Bild rechts mit Schirmmütze) in einem Telefonat Ende 2019 mitteilte, kam es bei der Deutschen Meisterschaft zu einem Zusammenstoß in der Luft, der für die Beteiligten glimpflich verlief.

gepfeilten Flächen das Nurflügelflugzeug **B11** im Rahmen eines Forschungsauftrags des Bundesverkehrsministeriums.

Die knappen Mittel zwangen die Akaflieger, sich nach einem neuen Flugfeld umzusehen. Braunschweig-Waggum erschien auf die Dauer zu teuer. Obwohl die Fahrt nach Berlin nun noch länger dauerte, entschied an sich für das Fluggelände Großes Moor bei Ehlershausen (zwischen Hannover und Celle). Im Lauf der Jahre errichteten die Akaflieger dort eine komplett neue Infrastruktur. Mit beinahe unglaublicher Hilfsbereitschaft von Firmen und letztlich Pionieren der Bundeswehr entstand 1962 eine erste Wellblechhalle. Weitere Bauten folgten in den nächsten Jahren. Währenddessen schritt der Wiederaufbau der TU in Berlin voran und als ein Teil des Flures im Hauptgebäude abgetrennt wurde, verloren die Akaflieger ihr Domizil. Unterschlupf fanden sie beim Aeroclub Berlin. Die Doppelbelastung war jedoch erheblich, lag doch zwischen der Werkstatt und dem Flugplatz ein ganzer Staat und viele Kilometer.

Im Rahmen ihrer Mitgliedschaft in der Idaflieg beteiligten sich die Akaflieger an einem Kunststoff-Lehrgang in Darmstadt. Es war jedoch zu früh, dass die neuen Kenntnisse in die Planung der B11 einflossen (so hatte auch die Prüfungsstelle in Essen Einwände). Als im Folgejahr nun auch die Werkstatt im Aeroclub aufgekündigt wurde, musste der Weiterbau der B11 erneut unterbrochen werden. Da tat es gut, dass für die Akaflieger der erste auf der Wasserkuppe veranstaltete Juniorenwettbewerb nach dem Krieg wesentlich erfolgreicher verlief. Die drei Bestplatzierten durften an der deutschen Meisterschaft im Segelflug 1964 teilnehmen. Der Berliner Akaflieger Gerhard Hefer eroberte sich dabei den 2. Platz. Er wurde sogar zwei Jahre später Berliner Meister.

Und erneut machte die B11 im Jahr 1966 Fortschritte. Der ehemalige Werkstattmeister Anton Tröger nahm sich Urlaub, fuhr nach Berlin und baute dort er innerhalb von zwei Wochen den kompletten Stahlrohrrumpf. Im Jahr darauf wurden nun mit GfK-belegten Tragflächen geschliffen und die Rohbaumontage vorgenommen, jedoch zeigten sich neue Schwierigkeiten. Denn bei einem Nurflügelflugzeug mit Pfeilung verändern sich bei einer Durchbiegung der Flächen die Schwerpunktlage (Neutralpunktwanderung). Als Lösung konnte für die B11 nur der Rumpf verlängert werden. So wurde das Projekt mit dem Rohbau eingestellt, gleichzeitig motivierte es dazu, dass man ein neues Rechenprogramm entwickeln wollte. Dieses war nicht speziell auf die B11 ausgerichtet und sollte grundsätzlich verwendbar sein.

Die eingestaubten Flächen einer selbst gebauten SB 5 der Akaflieg Braunschweig wurden wieder hervorgeholt. Vom Lehrstuhl für Luftfahrzeugbau und Leichtbau kam der Auftrag für Flugversuche. Nach einer verpatzten Außenlandung mit schwerem Bruch (der Pilot blieb unverletzt) wurde die SB 5 bei Eichelsdörfer neu zusammengesetzt. Denn seit einiger Zeit baute die Bamberger Firma die SB 5 in Serie.

Toni Tröger schweißt den Rumpf der B 11 (links).

Die B11 vor der Werkstatt im Ernst-Reuter-Haus (rechts).

Die Berliner verpassten dem Rumpf eine aufgesetzte Laminarspindel und erprobten mit **»Flommy«** die veränderten aerodynamischen Eigenschaften. Etwa schwierig war die Sicht für den Pilot bei Start und Landung, man behalf sich mit einem ausfahrbaren Periskop. Bei den Erprobungsflügen blieb die Schleppmaschine stets in der Nähe, denn der Pilot Heiner Neumann hatte Sorge »jemand über den Haufen zu fliegen«. Später wurde sie für einen Cirrus verkauft.

Die spitze Nase von »Flommy« findet sich (verändert) später im neuen Projekt B12 wieder[10]. Geplant war als Eigenkonstruktion ein Doppelsitzer in GFK-Bauweise. Durch die erhöhte Zuladung eines zweisitzigen Segelflugzeugs und den zusätzlichen Platz versprach man sich auch Möglichkeiten zur Aufnahme von Messinstrumenten. Ausgangspunkt war die Annahme, dass Leistungsgewinne fast nur noch die Reduzierung des schädlichen Rumpfwiderstands zu erreichen seien. Der Rumpf sollte strömungstechnisch optimiert sein, das war mit »Flommy« schon erprobt worden. Der Startschuss fiel im Winter 1969/1970. Diesmal sollte das Projekt fertiggestellt werden und tatsächlich hob die B12 am 27. Juli 1977 in Ehlershausen ab.

Innerhalb des Projektverlaufs ergaben es eine ganze Reihe Änderungen.[11] War ursprünglich eine Spannweite von 22 Metern vorgesehen, so entschied man sich 1974 für die Verwendung der Tragflächen eines Janus. Diese hatten das gleiche Profil wie in der Projektplanung, weil der Flügelanschluss jedoch neu konstruiert werden musste, zog man die Haube gleich 7 cm weiter nach unten. Dies gab im Ergebnis eine wesentlich verbesserte Sicht. Sah das Eingangskonzept noch einen verkleideten Stahlrohrrumpf mit angeschraubten Alukonus als Rumpfröhre vor, so wurde es nun eine selbsttragende GFK-Schale. Für die Bauweise des Rumpfes stand das von der Akaflieg Stuttgart entwickelte Positivverfahren der fs29 Pate. Das ursprüngliche Kreuzleitwerk mutierte nach einem Verkehrsunfall mit dem Anhänger in der Endversion zum T-Leitwerk. Verwendung fanden für das neue Seitenruder die Formen der gerade im Bau befindlichen B 13.

Einmalig auf dem Flugplatz Berlin-Tempelhof (allerdings unter der Steuerung durch die Alliierten) fand am Samstag, den 1. Oktober 1977 ein Fest der Luftsportler statt. Weil die Berliner Luftbrücke auch für die Akaflieg eine besondere Bedeutung besaß, erhielt die B 12 bei ihrer Taufe im Rahmen dieser Veranstaltung den Namen »Airlift«.

Parallel trieben die Akaflieger den Ausbau des Geländes »Großes Moor« In Ehlershausen voran. Eine neue Flugzeughalle entstand durch wenige »Alte Herren«. Doch noch eine größere Halle folgte 1978. So »ganz nebenbei« bauen die Akaflieger den Rumpf einer ASW 15 nach, nur um daran preiswert erworbene Tragflächen zu montieren. Auch in Berlin standen später Änderungen an.

Auf das Rumpfvorderteil der SB 5 waren ein Strömungskörper aufgesetzt. Claus Oehler entwickelte ein Rechenprogramm zur dreidimensionalen Grenzschichtberechnung. Die Flugversuche fanden im September 1968 in Ehlershausen statt.

Die B12 landet auf dem Segelfluggelände Kammermark bei Pritzwalk.

Weil die alte Werkstatt im Ernst-Reuter-Haus in der Straße des 17. Juni geräumt werden musste, fanden die Akaflieger nach Um- und Ausbau Unterschlupf am Salzufer. Endlich war genügend Platz vorhanden, damit die Kunststoffverarbeitung einen eigenen Bereich erhielt.

So war 1984 der Kopf frei für das Nachfolgeprojekt **B13**. Gleich mehrere Innovationen sollen sich in ihm wiederfinden. Konzipiert wurde ein Segelflugzeug mit Hilfsmotor und nebeneinander angeordneten Sitzen. Mit einer Leistung besser als ein »Flautenschieber« erwartete man, schon früh am Tag mit Motorhilfe Gebiete erreichen zu können, die bereits Thermik aufwiesen. So sollten größere Streckenflüge möglich werden.

Auf der anderen Seite sollte der Motor das Risiko von Außenlandungen reduzieren. Der sich hinter dem Instrumententräger befindliche Motor sollte eine Faltluftschraube antreiben. Damit wollte man den Nachteil von Klapptriebwerken aufheben, die in der Regel den Motor mit ausfahren und dann zusätzlichen Widerstand erzeugen. Mit beiden Sitze nebeneinander ließ der Schwerpunkt den Verbrennungsmotor vorne zu. Eine in der Rumpfspitze ruhende und ausfaltbare Luftschraube sollte auf einem Verschiebeschlitten nach vorne bewegt werden, nachdem sich am Bug zwei Klappen geöffnet hatten. Die auf vier Längslagern gleitende Propellernabe sah einen Antrieb mit einem 1:1,6 untersetzten Riemen und einer Keilwelle vor. Erst nachdem die Luftschraube voll ausgefahren war, wurde der Motor gestartet.

Weil die Akaflieg Berlin mit nur 20 aktiven Mitgliedern eher zu den kleinen studentischen Fliegergruppen gehörte, entschied man sich, dass für die B13 »nur« Rumpf und Leitwerk selbst gebaut werden sollen. Für die Tragflächen sollte auf ein anderes Flugzeug zurückgegriffen werden. Vollkommen neu war hingegen eine Hybridbauweise mit Aramid- und Kohlefasern. Folglich war die Festigkeit nicht nur rechnerisch, sondern auch im Lastversuch nachzugeweisen. Ein 1:5 Modell von Rumpf und Leitwerk hatte man zuvor im Windkanal untersucht. Sitzschalen, Motoreinbau, Steuerspante etc. wurden an einem Mock-Up-Modell erprobt. Da ohnehin Akaflieger die Flächen für den Motorsegler Stemme S-10 mit entwickelt hatten, fragte man beim Alten Herren Rainer Stemme nach[12]. In der dortigen Werkstatt entstanden die Flügel, allerdings musste der Rumpf-Flügel Übergang,

B12 »Airlift« 1977

Spannweite	18,20 m
Länge	8,70 m
Höhe	0,98 m
Flügelfläche	16,6 m^2
Rüstgewicht	438 kg
Fluggewicht	582 kg
Streckung	20
Flächenbelastung	37,40 kg/m^2
Höchstgeschw.	250 km/h
Gleitzahl	41 bei 92 km/h

Die (noch) unmotorisierte B13 im Anflug auf dem Segelfluggelände Kammermark.

Hauptspanten, Sitzschalen bis hin zur kompletten Krafteinleitung überarbeitet werden.

In der Endversion besaß die B13 einen vierteiligen Flügel mit dreifacher Trapezform. Die Unterseitenkontur sollte durch Modifikationen des Stemme Flügels im Bereich der Wölbklappen einen deutlich verminderten Widerstand aufweisen. Das Fahrwerk wurde von der ASH 25 übernommen. Seiten- und Höhenleitwerk waren relativ groß, allein die Spannweite des Höhenleitwerks beträgt 3,10 Meter.

Allerdings gab es mit dem Motor Probleme. Zum einen war der Platz nicht ausreichend und auch das Brandschott ließ sich nicht in der ursprünglich vorgesehenen Blechversion wie geplant umsetzen. So fand der Erstflug im Osten Berlins in Strausberg am 2. März 1991 statt. Für den fehlenden Motor lud man Gewichte als Ausgleich vorne ein. Die Luftbremsen erwiesen sich bei den Erprobungsflügen als zu klein und sollten später durch dreistöckige Schempp-Hirth Klappen ersetzt werden[13]. Schon als Segelflugzeug war die B13 bereits sehr beliebt und wurde entsprechend viel geflogen. Im Rahmen des Idafliegtreffens wurde die Leistungsvermessung als auch die Trudelerprobung vorgenommen.

Ein zweites Leben begann für die B13 als Technologieträger für den Elektrobetrieb. Zuvor passierte aber mit der Wiedervereinigung Deutschlands ein Ereignis, was gerade für die Akaflieg Berlin weitreichende Folgen besaß.

Schon bald nach der Maueröffnung nahmen die Akaflieger mit der Gesellschaft für Sport und Technik der DDR (GST) Kontakt auf. Es war absehbar, dass Berlin einen großen Zentralflugplatz erhalten würde und so konzentrierte man sich auf das nördliche Berliner Umland. Der Fliegerclub »Wolf Hirth« bei Pritzwalk suchte einen Partnerverein. Gespräche mit der Stadt Pritzwalk waren notwendig, denn noch gab es nur Ackerland, jedoch keinen Flugplatz. Geld vom Land Brandenburg gab es leider nicht. Kammermark bestand im Wesentlichen aus einem arg in Mitleidenschaft gezogenen Gutshof. Bald sahen sich die Akaflieger von dem überfordert, was auf sie zukommen würde. Jedoch hatten sie die Rechnung ohne ihre »Alten Herren« und besonders Johnny Wefeld gemacht. So gründete sich im Dezember 1991 der Verein »Akademische Fliegervereinigung Berlin e.V.« und gab sich unter anderem den Vereinszweck, einen Aufbau eines Fluggeländes bei Pritzwalk zu unterstützen. Dies war

B13 *1991*

Spannweite	23,20 m
Länge	8,55 m
Höhe	1,70 m
Flügelfläche	18,95 m²
Rüstgewicht	580 kg
Fluggewicht	800 kg (max.)
Streckung	28,4
Flächenbelastung	42 kg/m² (max.)
Höchstgeschw.	280 km/h
Gleitzahl	49 bei 105 km/h

dann auch der Startschuss für gemeinsame Verhandlungen mit der Stadt und ein knappes Jahr später wurde im Oktober 1992 die Flugplatzgemeinschaft Pritzwalk-Kammermark GbR (FPK) als Platzhalter gegründet. Im Mai des folgenden Jahres unterzeichnete man den Pachtvertrag mit der Stadt Pritzwalk (20 Jahre mit der Option der Verlängerung) und im Oktober 1993 ließ das Verkehrsministerium in Potsdam das Gelände als ersten Segelflugplatz in Brandenburg zu. Ostern 1994 begann dann der regelmäßige Flugbetrieb.

Bis heute ist viel Arbeit und Geld in die Umgestaltung und Restaurierung des Gutshofs geflossen. Die Flugzeughallen waren zuvor Tierställe und mussten weitgehend umgebaut werden. Der Gutshof selbst (als Vereinsgebäude) erhielt ein neues Dach. Der Umzug von Ehlershausen ist letztlich nicht in guter Erinnerung geblieben. Schließlich war man dort nur Untermieter und konnte die Gebäude und Infrastruktur nicht mitnehmen.

Das Projekt B13 wurde erneut angegangen. Obwohl der Motor und die Luftschraube eingebaut waren, blieb das Problem Brandschott noch ungelöst. Die Vorrichtung zum Auf- und Zufahren der Flugzeugnase war nicht befriedigend, die Kräfte zum Bewegen des Schlittens für die Luftschraube zu hoch. Letztlich wurde der Betrieb mit einem Verbrennungsmotor aufgegeben. Stattdessen plante man den Einbau eines elektrischen Antriebs. Entwickelt wurde eine 4-blättrige Luftschraube aus Kohlefaser, der Mechanismus zum Öffnen der Nasenklappen erfolgte mit Servomotoren. Auf der Aero 2017 wurde dann der Prototyp der **B13 electric** vorgestellt. Im Oktober 2018 erfolgte der Motoreinbau und am 30.März 2019 konnte zum ersten Mal der elektrische Antrieb im Flug über Strausberg in Betrieb genommen werden. Für bis zu 100 Kilometer Reichweite sollen die Akkus mit insgesamt 7,8 kW/h bei 117 Volt Leistung erbringen. Zusammen wiegen beide Akkus 52 Kilogramm. Der komplette Prozess Kühlluftklappe, Nasenklappen und Propellerschlitten wird mit nur einem Schalter gesteuert. Einige Modifikationen (z.B. veränderte Bremsklappen) sind vorgesehen, konnten aber aufgrund der Corona-Pandemie nicht vollzogen werden

Alle heutigen und ehemaligen Berliner Akaflieger steckten und leisten Unmengen an Arbeitsstunden in Forschung und Flugzeugbau. Allein nach 1945 gab es drei Fluggelände, mit dem Segelfluggelände Kammermark ist heute das ideale Gelände gefunden. Für viele trug dies dazu bei, dass sich die Studienzeit verlängerte. Trotzdem ist die fliegerische Ausbeute sehr hoch. Das aktuelle Projekt B14 (Doppelsitziger mit 20 Meter Spannweite) wird noch einige Zeit auf sich warten lassen. Es greift frühere Projekte variabler Geometrie (zum Beispiel der SB 11, der D-40 oder der Mü 27) auf und möchte sie unter Verwendung aktueller Technik weiterentwickeln. Für solche ambitionierten Ideen stehen akademische Fliegergruppen wie Berlin.

Die treffendste Beschreibung findet sich als Zitat im Jahresbericht 2017/2018: »Akaflieg kostet viel Schlaf, aber es ist geil!«

Die B13e beim Testflug mit Motor 2019 in Kammermark.

Das wunderschöne Flugbild der B13e.

[1] Vergleicht man die ersten drei Rhön Segelflugwettbewerbe miteinander, so gab es 1920 erst 25 Bewerber, dies stieg 1921 auf 45, 1922 auf 53. Die Zahl der zum eigentlichen Wettbewerb nach eingehender technischer und fliegerischer Prüfung zugelassenen Flugzeuge stieg von 7 über 11 und 19, die Zahl der Wettbewerbsflüge von 44 auf 119 bzw. 110.

[2] Beide Hebel nach vorne oder hinten diente der Höhensteuerung, gegenläufig steuerten sie Klappen als Querruder. Konventionell war nur die Fußsteuerung des Seitenruders am Heck. Dies änderte sich bei Charlotte II.

[3] Sogar in der Zeitung wurde darüber berichtet.

[4] Beim 2. Küstenflugwettbewerb 1924 versank Teufelchen: Bei einer Landung im Wasser ging es schnell unter, man hatte zwar zuvor alle Löcher im Rumpf abgedichtet, jedoch die Öffnung für die Federung der Kufe übersehen.

[5] Für die Steuerung um die Hochachse wurden die Klappen an den Flächenenden gespreizt.

[6] Die Zählweise B4 ist nicht ganz korrekt, denn 1924 und 1925 wurden jeweils einsitzige Segelflugzeuge gebaut, jedoch wegen mangelhafter Details nicht zum Rhönwettbewerb zugelassen. Leider fehlen weitere Aufzeichnungen.

[7] Der Nationalsozialistische Deutsche Studentenbund existierte schon seit 1926, also noch in der Weimarer Republik und wurde in Berlin gegründet

[8] Einigen Berichten zur Folge sollte eher für die Belastungen der Fieseler Fi 103 (fliegende Bombe) vorbereitet werden.

[9] In Berlin war bis zur Wiedervereinigung 1990 grundsätzlich private Fliegerei mit in Deutschland zugelassenen Flugzeugen untersagt. Ein Flugzeug in Bewegung zu setzen war sogar eine Straftat. Für einen recht kurzen Zeitraum war dies trotzdem 1956 erlaubt und die Akaflieg machte Vermessungsflüge für ein Projekt zur Flugleistungsvermessung. Bis zur Wiedervereinigung galt bei Verstößen gegen Interessen der Besatzungsmächte (z.B. Waffenbesitz) theoretisch sogar die Todesstrafe. Erst 1985 wurde auf dem Teufelsberg gestattet, dass Hängegleiter fliegen dürfen. Die maximale Startüberhöhung beträgt 30 Meter.

[10] Die Erfahrungen und Messungen des Strömungskörpers »Flommy« flossen als Hintergrundinformation in die Konstruktion des Rumpfes der SB 10 bei der Akaflieg Braunschweig ein.

[11] Bei allen Berichten zur Akaflieg Berlin darf man nie Außeracht lassen, dass bis zur Wiedervereinigen 1990 alles unter den besonderen Bedingungen des Viermächte-Status stattfand. So standen beim Bau der B 11 eines Tages britische Soldaten in der Werkstatt. Sie hatten in einem Zeitungsartikel gelesen, dass die Akaflieg Flugzeuge bauten (im Artikel stand »bastelten«). Flugzeuge zu bauen war aber genau in diesem Viermächte-Status verboten, lediglich Teile durften gebaut werden. Nur durch die Hilfe des Senats konnte ein Bauverbot abgewendet werden.

[12] Ursprünglich sah man vor die Tragflächen der gerade in der Entstehung befindlichen DG 500 zu verwenden. Jedoch ließen Misserfolge bei den Belastungstests die Akaflieger hiervon Abstand nehmen.

[13] Bis heute besitzt die B 13 doppelstöckige Luftbremsen, dreistöckige passen (noch) nicht in die Flächen. Es existiert aber bereits ein Entwurf am Rechner.

AKAFLIEG BRAUNSCHWEIG

DIE AKAFLIEG BRAUNSCHWEIG BIS 1945

Der Erfolg des »Vampyr« der Akaflieg Hannover auf der Wasserkuppe übertrug sich auf die Studenten der Technischen Hochschule im freien Reichsstaat Braunschweig. Der ehemalige Militärpilot Arthur Martens hatte mit einer Konstruktion aus der Nachbarstadt den bestehenden Weltrekord um mehr als 40 Minuten überboten.[1]

Dem wollten es einige Studenten der Technischen Hochschule »Carolo Wilhelmina« nicht nachstehen und so schlug am 8. November 1922 die Geburtsstunde der »Flugwissenschaftliche Vereinigung an der Technischen Hochschule Braunschweig«. Kurz danach nannte sie sich »Flugwissenschaftliche Gruppe an der TH Braunschweig« (FWG) um.

Fast gleichzeitig begannen sie mit dem Bau eines Doppeldecker-Segelflugzeugs. Das **»Segelflugzeug Braunschweig 1«** erhielt abgekürzt die Typenbezeichnung **SB 1**. Erste Hüpfer erfolgten im März 1923 in Braunschweig. In Vorbereitung für eine Teilnahme an der »Rhön« ging es zu Testflügen in den Harz und man machte die Erfahrung, dass ein Bruch auch Eigenkonstruktionen nicht erspart bleibt. Aus ihren Überresten entstand die **SB 3** (diesmal mit Seitenruder), sie geriet aber zu schwer und weil sie überdies schwanzlastig war, blieb nichts anderes übrig als im Bug mit Sandsäcken auszugleichen.

Ebenso wurde in kurzer Zeit ein Eindecker als **SB 2 »Heinrich der Löwe«** gebaut. Der Flügel erhielt aus Stabilitätsgründen eine heute übliche Schränkung.[2]. Mit den Flugzeugen (der Rumpf der SB 2 wurde in Ermangelung einer Werkstatt im Aktzeichensaal gebaut) ging es zum Rhönwettbewerb 1923. Erfolgreich waren diese Entwürfe nicht, aber man kehrte mit zahlreichen Segelfliegerausweisen zurück. Mit Unterstützung der TH wurde doch eine erste Werkstatt gefunden. Im Vergleich mit anderen Akafliegs war die Gruppe im Segelflug bis dahin nicht sehr erfolgreich gewesen.

Im Winter 1924 reiften deshalb Pläne, mit dem Motorflug zu beginnen. Mit einem sehr großem Arbeitseinsatz der Braunschweiger Akaflieger wurde der von der Schließung bedrohte Flugplatz Broitzem im Westen von Braunschweig, soweit hergerichtet, dass ein regulärer Flugbetrieb wieder möglich war. So erhob sich 1924 bereits eine aus Teilen zusammengebaute doppelsitzige HE 18 (bezeichnet als **MB 4**)[3] in die Luft. Ein initiierter großer Flugtag folgte und ein reger Schul- und Übungsflugbetrieb setzte ein.

Als weiteres Übungsflugzeug für die Alleinflieger wurde ein zu Bruch gegangener Hochdecker als **MB 5** grundüberholt. So besaß man am Ende des Jahres 1924 bereits zwei Motorflugzeuge. Im gleichen Jahr erfolgt der Beitritt zur Interessengemeinschaft Akademischer Fliegergruppen (Idaflieg). Die ersten Schulflüge wurden unternommen. Mittlerweile als Gewerbebetrieb anerkannt, wurden mit Werbe- und Fotoflügen sehr gute Einnahmen erzielt. Mit dieser finanziellen Basis konnte die Tätigkeit weiter ausgebaut werden. Es gelang als neuen Werkstattleiter und Fluglehrer Carl Kadziora, der über umfassende Kenntnisse im Motor- und

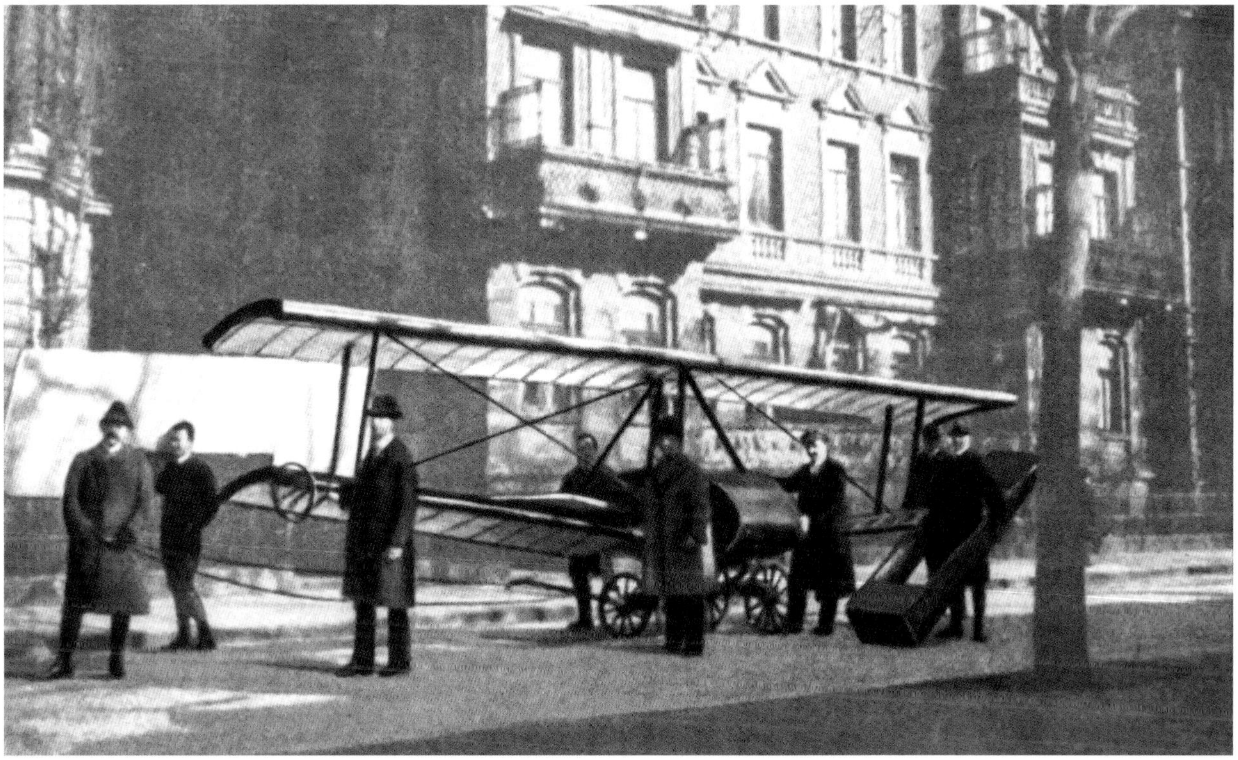

Das erste Segelflugzeug Braunschweig 1 »Storch« auf dem Handkarren.

Die SB 3 »Brockenhexe« beim Gummiseilstart beim Rhönwettbewerb 1923.

Die Segelflugzeuge SB 2 und SB 3 auf der Wasserkuppe 1923.

Der Werkstattleiter Carl Kadziora beim Bau der MB 12.

Segelflugzeugbau verfügte, für die Gruppe zu gewinnen. Unter seiner Leitung wurde 1925 die MB 5 »Braunschweig« fertiggestellt und eine professioneller Flugausbildung geboten. 1926 wurde die Flughafengesellschaft gegründet und die Einbindung Braunschweigs in die Linie Bremen – Hannover – Leipzig von der Aero-Lloyd aufgenommen. Damit lag die Last der Unterhaltung des Flughafens nicht mehr bei der Gruppe.

1926 wurde die **SB 6** als ein neues Übungssegelflugzeug gebaut und geflogen. Pläne sind nicht erhalten, die Konstruktion war aber eine Anlehnung an Lippischs »Djävlar Anamma«[4] und nicht wirklich eine eigene Entwicklung. Vom Rhönwettbewerb wurden ein Tagespreis und einen Ehrenpreis für »Bauermunterung« (300 RM) und weitere Geldpreise mit nach Hause gebracht. Ein drittes Motorflugzeug konnte beschafft werden, eine Dietrich-Gobiet DP IX. Mit den drei Motorflugzeugen und dem Lehrer Kadziora wurde der Gruppe die Zulassung als Vereinsfliegerschule erteilt. So konnten die Mitglieder den Sportfliegerschein »A2« bis 1000 Kilogramm erwerben. Daher ist es nachvollziehbar, dass der Segelflug in den Anfängen der Flugwissenschaftlichen Gruppe (FWG) eher nachrangig war.

1928 schrieb die Idaflieg einen Konstruktionswettbewerb für ein Kleinflugzeug aus. Unterstützt durch eine Diplomarbeit beteiligte sich die FWG mit dem Entwurf **MB 12**. Tatsächlich erhielt die FWG im Wettbewerb den zweiten Preis und man entschloss sich, diese eigene Konstruktion zu bauen. Umfangreiche Versuche und Messreihen waren nun erforderlich. Darüber hinaus waren die Versuchs- und Messausrüstungen zu entwickeln und herzustellen. Im Herbst erwarb man während der Bauphase eine Udet »Flamingo« sowie eine BFW U 12a. Mit ihr waren größere Überlandflüge möglich.

1929 musste die FWG ihre bisherigen Werkstatträume aufgeben. Im selben Jahr wurde die Deutsche Verkehrsfliegerschule auf dem Flugplatz in Broitzem eingerichtet und alte Baracken wurden abgerissen. Aus den noch nutzbaren Bauteilen wurde ein Heim mit Werkstatt, Konstruktions- und Büroräumen und Schlafzimmer errichtet. Dieser Heimneubau führte dazu, dass der Flugbetrieb und der Bau des Motorflugzeuges zeitweise ruhen musste. Die MB 12 wurde in der neuen Werkstatt 1930 fertiggestellt. Anlässlich der Heimeinweihung und der Taufe der MB 12 hing eine Einladung zu einem Sternflug an die Akademischen Fliegergruppen, immerhin 12 Maschinen kamen. Die Flugwissenschaftliche Gruppe (FWG) änderte 1930 ihren Namen in »Akademische Fliegergruppe Braunschweig e.V.« (Akaflieg), behielt als Logo aber noch das FWG Symbol bis fast in die Neuzeit.

Der Segelflug fand praktisch nicht mehr in Braunschweig statt. Um den jüngeren Mitgliedern die Erfolge und Fortschritte im Segelflug vor Augen zu führen, wurde mit den drei eigenen Motorflugzeugen eine Expedition zum Rhönwettbewerb unternommen. Dort nutzen zwei Mit-

Die MB 12 auf dem Flugplatz Broitzem.

Das B.V. ARAL Geschwader.

Entsprechend der neuen Zählweise (nur tatsächlich eigene Konstruktionen) erhielt der Doppelsitzer die Bezeichnung SB 4. Rechts der Drei-Seiten-Riss der SB 4. Fotos sind keine bekannt. Der Rohbau wurde bei einem Luftangriff 1943 zerstört.

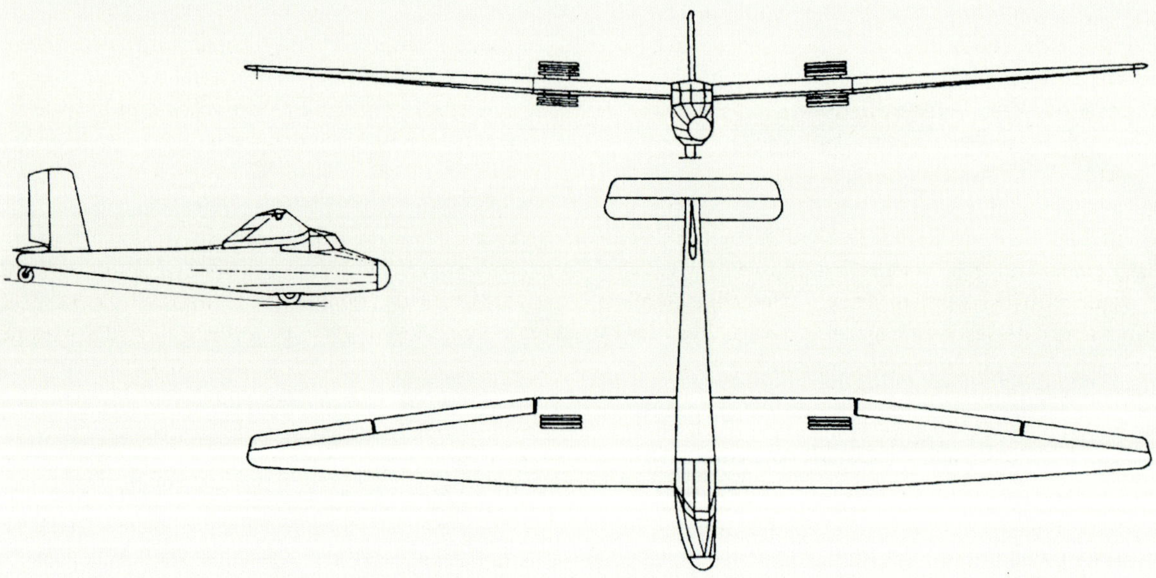

glieder, bedingt durch eine Flugzeugreparatur, den Aufenthalt zum Erwerb ihres Segelflieger B-Ausweises.

Bei der Flugerprobung der MB 12 zeigte sich, dass das Flugzeug zu empfindlich im Höhenruder reagierte. Das Leitwerk wurden umgebaut und erhielt eine Dämpfung. Im selben Jahr konnten einige Piloten das Deutsche Sportfliegerabzeichen in Silber erwerben. Hierzu hatten sie 1000 km als erster Flugzeugführer nachzuweisen. Zu Treffen der akademischen Fliegergruppen startete man mit den beiden besser motorisierten Flugzeugen nach Königsberg. Am 4. Oktober 1931 veranstaltete man mit großem Erfolg einen Motor- und Segelflugtag. Hauptgast war Robert Kronfeld, der im Frühjahr 1929 im Weserbergland den ersten Segelflug über 100 Kilometer bewältigt hatte.

Da der Schwerpunkt auf dem Motorflug lag, war es wichtig, die Flugbetriebskosten gering zu halten. Es war gelungen, durch Reklamebeschriftung der Flugzeuge mit »B.V. ARAL« die Flugbetriebskosten sehr niedrig zu halten. Scherzhaft nannte man die Akaflieg Braunschweig auch das »B.V. ARAL Geschwader«.[5]

Mit der Regierungsübernahme der Nationalsozialisten änderte sich 1933 sehr viel. In der Mitteilung vom 13. April 1933 wurde angeordnet, dass die Flugzeuge an den neu gegründeten Deutschen Luftsportverband (DLV), Ortsgruppe Braunschweig zu übergeben seien. Vereine wie die Akaflieg hatten sich ab 21. April aufzulösen. Obwohl sich die TU Braunschweig sehr einsetzte, war eine fliegerische Betätigung nur noch innerhalb des DLV möglich. Die Akaflieg durfte nur als Vereinigung der Altherrenschaft bestehen bleiben. Verbunden mit einer erheblichen Neuorganisation erfuhren Luftfahrtlehre und Forschung im Gegenzug eine verstärkte Förderung. Die Eröffnung des Flughafens Braunschweig-Waggum mit einem »Luftfahrt Lehrzentrum« fand 1936 statt und im Jahr darauf wurde Braunschweig wieder an das Luftverkehrsnetz angeschlossen.

Nachdem die Akaflieg vier Jahre lang praktisch nicht mehr existent war, konnte durch Verhandlungen 1937 die Gründung einer Flugtechnischen Fachgruppe (FFG) an der TH vorangetrieben werden. Andere ehemalige Akafliegs waren längst diesen Weg gegangen. Ab 1937 wurden alle FFGs im NS-Studentenbund zusammengefasst. So entsprach die FFG Braunschweig nicht der direkten Fortführung der Akaflieg. Die enge Verbindung zur Hochschule ging verloren, man war an den DLV angebunden. Auf der einen Seite war die finanzielle Unterstützung durch den DLV gegeben, andererseits hatte man Aufträge mit militärischem Hintergrund zu erfüllen. Man erhielt neue Räume und durfte sogar Mitglieder zu Flugzeugführer Ausbildungskursen schicken.

Den Flugplatz Braunschweig-Waggum gestaltete das Regime ab August 1939 zu einem Militärflugplatz. Aus anderen FFGs kommend, trafen sich dort die besonders aktiven Piloten und so stieg die Zahl der dort stationierten Segelflugzeuge schnell an. Eine »Goevier« (Gö 4) aus Stuttgart, eine »Mü 17« aus München, eine FVA 10b »Rheinland« und eine FVA 13 aus Aachen, sowie Flugzeuge der DFS wie Weihe und Rhönbussard waren im Bestand. Es entstand bald eine Abteilung zur Ausbildung von Lastenseglerpiloten unter der Führung der DFS. Trotzdem schafften es die Studenten der FFG Braunschweig, 1940 ein neues Leistungssegelflugzeug zu konzipieren.

Da jedoch das Reichsluftfahrtministerium eine Ausschreibung für ein doppelsitziges Schulungs- und Leistungssegelflugzeug veröffentlichte, wurden die Vorarbeiten für den Einsitzer abgebrochen. Die Mitglieder der FFG hatten sich für die Ausschreibung vorgenommen, einen Doppelsitzer mit gutmütigen Flugeigenschaften zu entwickeln. Zudem sollte eine Eignung zur Blindflugschulung gegeben sein. Diese **SB 4** wurde als Schulterdecker mit 18 m Spannweite und einem Stahlrohrrumpf entworfen. Das Flugzeug hatte ein bremsbares Zentralrad und ein lenkbares Spornrad. Recht ungewöhnlich fiel die Wahl der Sitzpositionen aus, denn man saß seitlich versetzt hintereinander (ähnlich Spyr 5 in der Schweiz).

Gebaut wurde in einem ehemaligen Parkhaus, was der FFG zur Verfügung gestellt wurde. Im Flugbetrieb war das herausragende Ereignis die Teilnahme an den Vergleichsfliegen der Fachgruppen in Prien am Chiemsee. Die Muster Mü17 (FFG München), B 8 (Akaflieg Berlin) und FVA 13 (FFG Aachen) wurden mit dem für die Olympiade 1940 ausgewählten Flugzeug »Olympia Meise« (DFS) verglichen. Das Flugeigenschaftsprogramm hatte Hans Zacher (DFS) entwickelt. Das bis heute stattfindende Idaflieg-Sommertreffen mit den Schwerpunkten der Untersuchung von Flugleistungen und Flugeigenschaften besitzt seinen Anfang in diesem »Priener Programm«.

1942 war die SB 4 im Rohbau fertig. Für den DLV waren aber Arbeiten an einem Forschungsflügel mit Laminarprofil für die »Meßkrähe« (FFG München und Berlin) wichtiger. So verzögerte sich der Baufortschritt bis kurz vor ihrer Fertigstellung. 1943 wurde diese SB 4 bei einem Bombenangriff zerstört. Kurze Zeit später wies der DVL die Einstellung der Arbeiten an. Weitere Aktivitäten der nicht zum Kriegsdienst eingezogenen Mitglieder blieben der Teilebau für die He 162 »Salamander«.

Mit dem Ende des zweiten Weltkriegs erging es der FFG Braunschweig wie anderen ehemaligen Akafliegs. Alles was sie an Material, Werkzeug und Maschinen besaßen, ging verloren.

DIE AKAFLIEG BRAUNSCHWEIG NACH 1945

Die offizielle Gründungsversammlung der wiedererstandenen Akaflieg fand am 4. Juli 1951 in der Mensa der TH statt. Unter Mitwirkung der Braunschweiger wurde am 25. und 26. August 1951 auch die Idaflieg wieder ins Leben gerufen. Die TH half mit Räumlichkeiten, erste Flugzeuge folgten mit einem Grunau Baby III sowie SG 38. Das erste Treffen der Idafliegmitglieder 1952 in Prien führte zu ersten frühen Überlegungen für eine eigene Konstruktion. Das geplante Segelflugzeug sollte in den aktuellen Bauweisen erstellt werden, und die bestmögliche Leistung haben. Entwürfe für die neue SB 5 entstanden 1953 und waren von hohen Ansprüchen getragen. So sollte der Flügel in einem Sandwich[6] aus Sperrholz und harzgetränkten Papierwaben gebaut werden. 1954 entstand auch ein Holzmodel für Windkanalversuche. Die Fortführung kam aber zum Stillstand, da die Gruppe sich entschied, erst einmal eine »Weihe 50« zu bauen[7]. Die neu entstandene DFL erlaubte die Errichtung eines neuen Heims mit Werkstatt innerhalb des DFL Geländes. Nach Fertigstellung im Jahr 1958, konnte mit dem Bau der SB 5 begonnen werden.

Nachdem die OSTIV 1957 die Standardklasse für Segelflugzeuge eingeführt hatte und die Gruppe wegen guter erbrachter fliegerischer Leistungen eine HKS 1 zur Verfügung gestellt und ausreichend testen konnte, änderte sich das Konzept der SB 5. Die Spannweite wurde auf 15 Meter reduziert, statt vorgesehenem Stahlrohrrumpf wählte man eine Holzschale. Der zweiteilige Flügel sah Holzrippenbauweise vor und das geplante Kreuzleitwerk wurde zu einem V-Leitwerk umgewandelt. Die aufgesetzte Haube versprach eine gute Rundumsicht. Die Holme entstanden bei der Firma Eichelsdörfer in Bamberg. Nachdem die Gruppe 1958 den sehr erfahrenen Segelflugzeugbaumeister Otto Meier als Werkstattleiter durch die Unterstützung der DFL anstellen konnte, ging der Bau der SB 5 zügig voran. Den Erstflug der SB 5 absolvierte Fluglehrer »Schorsch« Raddatz am 3 Juni 1959 und berichtete zufrieden über gute Flugeigenschaften.

Wegen ihrer guten Flugleistungen wurde die SB 5 schnell kommerziell bekannt. Die Firma Eichelsdörfer baute ca. 40-50 Stück mit der Musterbezeichnung SB 5b (mit Bremsklappen statt Bremsfallschirm, sowie einer eingestrakten Haube). Es gab sie auch als Bausatz. Später entstand nur durch Flächenverlängerung die Version SB 5e mit 16 Meter. Es wurde noch eine SB 5c gebaut, die auch zur Erprobung des aus einem Glasfaser-Balsa-Sandwich bestehenden Cockpits für die sich in der Konstruktion befindlichen SB 8 eingesetzt wurde. Diese unikate SB 5c ist seit 2011 als bewegliches technisches Kulturdenkmal in Niedersachsen anerkannt.

Noch während der Bauphase der SB 5, begann 1958 bereits Björn Stender[8] mit dem Entwurf der SB 6. Ein 18 Meter Segelflugzeug mit einem Flügelprofil mit langer laminarer Laufstrecke sollte entstehen. Ein Profil von Dr. Richard Eppler (später dort Professor)[9] der TH Stuttgart,

Die SB 5a im Bau.

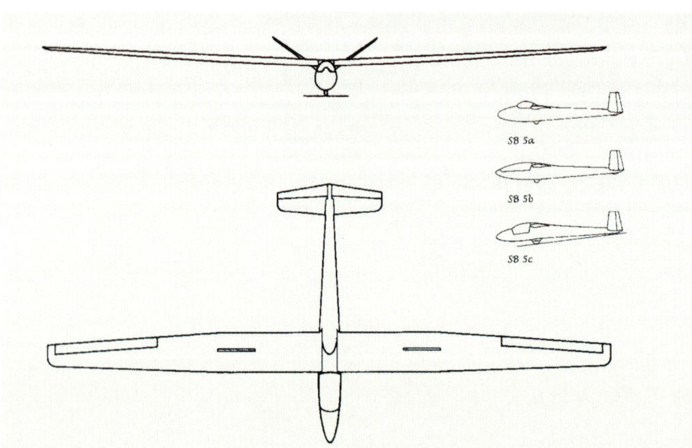

Dreiseitenansicht mit den unterschiedlichen Bautypen SB 5a-c.

SB 5
1959-1965

	SB 5a	SB 5b/c
Baujahr	1959	1961/1965
Spannweite	15 m	15 m
Länge	6,65 m	6,60 m
Höhe	0,88 m	0,88 m
Flügelfläche	13 m²	13 m²
Streckung	17,3	17,3
Leergewicht	203 kg	220 kg
Fluggewicht	300 kg	325 kg
Flächenbelastung	23,1 kg/m²	25 kg/m²
Höchstgeschw.	200 km/h	200 km/h
Gleitzahl	28,5 bei 80 km/h	32,5 bei 77 km/h

Die denkmalgeschützte SB 5c D-6299 vor der Halle der Akaflieg Braunschweig

sollte Verwendung finden. Durch die gewählte Profildicke von 14% schied eine konventionelle Holzbauweise für Holm und Rippen aus Festigkeitsgründen aus. Zudem war auch eine perfekte Oberflächengüte notwendig, um die mögliche Leistung des Profils erreichen zu können. Es gab nur den Weg, den Werkstoff Glasfaser mit Epoxidharz zu nutzen und für das Einzelstück eine geschickte schnelle Bauweise zu wählen, die einen aufwendigen Negativ-Formenbau nicht benötigt. Die Profilvermessungen fanden im Freiflug mit Hilfe eines Gestells auf einem Kranich III und viel später auch auf dem Janus der DFL (heute DLR) in Braunschweig statt. Man platzierte das zu untersuchende Flügelprofil zwischen zwei Endscheiben und hörte mit einem Stethoskop die Strömungsgeräusche ab. Solange die Strömung laminar blieb, war es recht ruhig, mit dem Umschlagpunkt zur turbulenten Strömung wurde es laut.

Für die Verwendung von GFK (Glasfaser verstärkter Kunststoff) konnte man auf die Erfahrungen beim Bau des Phoenix der Akaflieg Stuttgart zurückgreifen. Für die Flügelverbindung wurde der Zunge-Gabel-Anschluss entwickelt, der später die »Special OSTIV-Prize« Auszeichnung bekam.

Die Flügel und der Rumpf entstanden in Positivbauweise aus Balsaholz. Für Einzelstücke ist das ist eine einfachere und vor allem sehr schnellere Bauweise. Beim Rumpfbau bildete ein Rohr den Zentralkörper mit verteilten Holzschablonen. Darauf wurden Leisten aus Balsaholz aufgebracht, fixiert und verklebt. Anschließend schliff man die Oberfläche glatt und belegte sie zuletzt mit den notwendigen Glasfasergeweben und tränkte diese mit Epoxidharz. Danach wurden Spanten und Zentralrohr wieder entfernt. Beim Flügel folgte nach dem Holmbau das Anfügen der Rippen aus Balsaholz und darauf zum Bau

Profilvermesssung mit dem Kranich III der DLR (hier etwas später für die SB 11[10]).

Die Gabel der Flügelverbindung bei der SB 6 »Nixope« (EPOXIN von hinten gelesen, eine verballhornende Deutung lautete »Nix ohne Penunzen«)

Während der Bauphase war der Sandwichaufbau bei der SB 6 gut zu erkennen

Die SB 6 »Nixope« kommt zur Landung. Der Bremsfallschirm ist geöffnet.

der Flügelschale das Verkleben von Balsaholzleisten. Nach dem Konturschleifen wurde das Glasfasergelege aufgebracht. Den Abschluss gaben eine Spachtelung und der konturgenaue Feinschliff.

Für den Festigkeitsnachweis unter Anwesenheit des LBA platzierte Björn Stender Personen an den richtigen Stellen auf dem umgedrehten Flügel. Später wurde noch für Dauerbelastungsversuche ein Testflügel gebaut. Er befindet sich heute im Flugzeugmuseum Hannover-Laatzen.

Die SB 6 hob am 2. Februar 1961, knapp 3 Jahre nach Konstruktionsbeginn in Braunschweig ab. Leider wurde sie nach drei Jahren, am 15. August 1964 auf dem Idafliegtreffen bei einem Absturz eines vereinsfremden Piloten zerstört (der Pilot konnte sich mit dem Fallschirm retten).[11] Das Kennzeichen wurde später von der SB 5c übernommen.

Trotz ihres kurzen Lebens hatten die Akaflieger mit ihr gute Erfahrungen gemacht. Das Handling war einfach und sie wurde gerne für Leistungsflüge und auf Wettbewerben genutzt. Mit der nachfolgenden **SB 7** entwarf die Akaflieg Braunschweig ein Leistungsflugzeug in der Standardklasse. Geplant war eine Gleitzahl von über 38. Luftbremsen statt Bremsfallschirms und ein T-Leitwerk waren weitere Verbesserungen. Die Untersuchungen der wieder von Eppler entwickelten Profile fanden auf dem Kranich III der DLR statt. Die Wahl fiel auf ein 12% dünnes Profil. Weil man zudem die lange laminare Laufstrecke nicht durch die Bremsklappen stören wollte, sollten diese weit an die Hinterkante versetzt werden. Der Flügel erhielt eine größere Steifigkeit als die sich sehr stark durchbiegenden Flächen der SB 6. Diesmal wurden die Balsaleisten geschäftet aneinander verklebt[12]. Die Rumpfhöhe verringerte sich zur SB 6 nochmals um 10 cm. Für die Bauweise griff man auf die bisher erprobte einfache Bauverfahren zurück. Da man ein Flugzeug der Standardklasse bauen wollte, durfte (nach den damaligen Bestimmungen) das Fahrwerk nicht ganz einziehbar sein. So entwickelte man eine Verriegelung, bei der das Rad etwas aus der Rumpfkontur herausragte.

SB 6 »Nixope« *1961*

Spannweite	18,00 m
Länge	7,56 m
Höhe	1,50 m
Flügelfläche	1,95 m^2
Rüstgewicht	260 kg
Fluggewicht	350 kg
Streckung	25
Flächenbelastung	27 kg/m^2
Höchstgeschw.	200 km/h
Gleitzahl	39 bei 90 km/h

Die SB 7 mit einteiliger Haube.

Drei SB 7 in Braunschweig. Insgesamt gab es fünf Nachbauten, von denen noch zwei fliegen. Rechts das Flugzeug der Akaflieg

Im Oktober 1962 startete der erprobte »Schorsch« Raddatz zum Erstflug. Die Flugeigenschaften bezeichnete er als akzeptabel, doch neigte das Profil von Eppler im Langsamflug ohne Vorwarnung zum Strömungsabriss. Dennoch schickte man mutig Rolf Kuntz mit der SB 7 zur Segelflugweltmeisterschaft nach Argentinien. Dort erregte die »zickige« Diva zwar großes Aufsehen, ein sportlicher Erfolg war ihr nicht gegönnt.

Auch im Gruppenbetrieb zeigten sich ihre unangenehmen Besonderheiten. Folglich machte man sie »gruppentauglicher«. Das Pendelhöhenruder erhielt einen Massenausgleich, der Rumpf wurde zur Steigerung des Sitzkomforts 5 cm höher, die Spannweite erweiterte sich auf 17 Meter, das Fahrwerk konnte ganz eingefahren werden. Weil zusätzlich die Querruder vergrößert wurden, blieb die Wendigkeit erhalten. 1969 erfolgte dann die wirklich große Änderung.

Der Flügel erhielt ein neues Profil in einer Kreuzung aus dem bestehenden Eppler 306 auf der Unterseite und dem neuen Wortmann FX61-168 auf der Oberseite. Die Bremsklappen wurden weiter nach vorne direkt hinter den Holm positioniert. Damit war die SB 7 endgültig ein gutmütiges und noch leistungsstarkes Flugzeug geworden. 1970 teilte ein Wettbewerbspilot über Nacht auch die Haube, damit die Strömungsbedingungen am Rumpfvorderteil günstiger werden sollten. Bei den niedersächsischen Meisterschaften

SB 7b *1962*

Spannweite	17 m
Länge	7 m
Höhe	0,79 m
Flügelfläche	12,66 m^2
Leergewicht	285 kg
Fluggewicht	390 kg
Streckung	22,8
Flächenbelastung	30,60 kg/m^2
Höchstgeschw.	179 km/h
Gleitzahl	37 bei 85 km/h

1970 errang dann die SB 7 einen zweiten Platz hinter der SB 8 und noch vor der SB 9. Ob das wirklich an der geteilten Haube lag, oder am Piloten? Viele Jahre später wurde auf Initiative einiger »Alter Herren« das Segelflugzeug von ihnen »adoptiert« und komplett grundüberholt. So erfolgte der zweite Erstflug am 17. April 1985. Selbst nach einem schweren Rumpfbruch 1994 baute man sie bis 2011 wieder auf, sie wird bis heute geflogen. Zuletzt war sie sogar auf dem Idafliegtreffen 2015 in Aalen-Elchingen vertreten. Mit ihren mehr als 60 Jahren ist die SB 7 eines der ältesten heute noch fliegenden Kunststoffflugzeuge.[13]

Kennzeichnend für die Akaflieg Braunschweig in den 60er Jahre ist, dass praktisch jedes Jahr eine neue Ent-

Die SB 7 beim Idafliegtreffen 2015 in Aalen-Elchingen.

wicklung angegangen wurde. Der Verlust der SB 6 machte den Bau der unikaten SB 5 c notwendig, da ein Flugzeug in der Gruppe fehlte. Deren Bau wurde aber zugleich als Erprobungsträger für das Cockpit der in Planung befindlichen **SB 8** sinnvoll genutzt. Ein wesentliches Entwurfskriterium für die SB 8 lag in den Erfahrungen der in den Jahren zuvor erlebten Wetterlagen in Niedersachsen. Es gab nur sehr mäßige Thermik und so wollte man ein Flugzeug mit guten Steigwerten für geringe Thermik entwickeln. Als Flugzeug der offenen Klasse waren 18 Meter Spannweite mit Wölbklappen geplant, für Piloten sollten Sitzhaltung und Raumkomfort auch viel besser werden. Angenehme Rudereigenschaften, sehr wirksame Sturzflugbremsen, ein Einziehfahrwerk, gute Leistungen sowie sehr gute Sichtbedingungen (die Weihe 50 galt als Maßstab) waren weitere Eckpunkte für das konstruktive Lastenheft. Es war ein glücklicher Umstand, dass 1966 das Institut für Flugzeugbau der TH Braunschweig einen Forschungsauftrag für die Untersuchungen zur Festigkeit von Glasfaser-Kunststoff-Bauweisen erhielt. So wurde der Bau eines SB 8 »Bruchrumpfes« finanziert und es konnte gegen Bezahlung gebaut werden.[14]

Die FS 23 »Hidalgo« der Akaflieg Stuttgart (13 Meter Spannweite) hatte im Jahre 1966 ihren Erstflug gehabt und ihr Gewicht von noch nicht einmal 103 Kilogramm war ein gewaltiger Ansporn für die Leichtbauweise mit Glasfaserfasergeweben und Epoxydharz. So entstanden die Flügel der SB 8 in Negativformen von der Flügeloberseite, nachdem man die Formen vorher von Positivkernen abgekommen hatte. In den Formen wurden nun nacheinander Trennmittel, Farbschicht, Außenglasgewebe und die vorgefertigte Balsaholzschale eingelegt, anschließend alles mit einer gegenüber der Form abdichtenden Folie unter Vakuum verpresst. Es folgte: Die Innenglaslage der Schale, Rovings und Stege des Holms, Balsaholzrippen, Steuerung, GFK-beschichtete Balsaholzdecklagen und nach dem Konturschleifen der Unterseite das Aufbringen des Glasgewebes. Bei allen Arbeitsgängen wurde auf Leichtbau geachtet. Auch wenn der komplette Bau hier nur angerissen werden kann, war das Ergebnis überwältigend: Das Gewicht dieses 18 Meter Flugzeuges betrug lediglich 220 Kilogramm!

Der Erstflug am 25. April 1967 zeigte sofort, dass die SB 8 sich mit der ausgezeichneten Sicht und der ermüdungsfreier Sitzposition als das angenehm zu fliegende Segelflugzeug erwies, so wie es die Konzeption beabsichtigt hatte. Bei geringer Minimalgeschwindigkeit war ein guter Pilot in der Lage, mit der SB 8 selbst noch die schwächste Thermik ausfliegen. Da die SB 8 keinen Wassertank besaß, wurden zur Erhöhung der Flächen-

Ein Blick vom Tower des Flugplatzes Braunschweig auf die SB 8.

belastung Rohre in die Flügelwurzel eingebaut. In ihnen konnten Gewichtsstangen mitgeführt werden. Allerdings erlitt die SB 8 im Schnellflug ab 160 km/h durch die Verwindung der weniger torsionssteifen Flügel Einbußen. Unbeeindruckt davon konnten viele gute Wettbewerbsplätze national als auch international mit der SB 8 erflogen werden.

Nach der Ausmusterung 1989 wurde die SB 8 von Alten Herren noch einige Jahre geflogen und wartet nun darauf, dass die Restaurierung in Angriff genommen wird. Selten findet man ein so gutes und einfach zu fliegendes Fluggerät mit Wölbklappen. Der Astronaut und Segelflieger Neil Armstrong kam bei einem Besuch in Braunschweig mit der SB 8 sofort sehr gut zurecht.

Die ersten Vergleiche mit der schon etwas älteren HKS III führten zu der Erkenntnis, dass beide Flugzeuge im Kreisflug ähnliche Eigenschaften aufwiesen. Daraus folgerte man, dass der Grund vielleicht in der elastischen Wölbklappe der HKS III zu suchen sei. Auf Grund der hervorragenden Eigenschaften der SB 8 wurde beschlossen, eine weitere SB 8 für den Flugzeugpark zu fertigen. Die Studenten waren noch gut im Training und so entwarfen und bauten sie eine weitere SB 8, dann als V2 bezeichnet. Von der SB 8 wurden die Formen der Flügelunterseiten abgenommen. Wieder betrug die Spannweite 18 Meter, allerdings wurden die Tragflächen nun komplett in der Negativbauweise mit 8mm Schaumstoffplatten (Conticell) als Stützstoff statt Balsaholz gefertigt. Im Vakuum-Saugverfahren wurde stets alles verpresst und härtete über Nacht aus. Der Rumpf (Bauweise und Balsasandwichschale wie bisher) wurde 20 Zentimeter kürzer, die Nase erhielt eine spitzere Form und entsprechend der HKS III wurden spaltlose elastische Wölbklappen eingebaut. Basierend auf den Erfahrungen mit der SB 8 (V1) bekamen die Tragflächen nun Wassertanks. Ein Kunstharzlack machte sie wasserdicht. Die geometrische Schränkung der Außenflügel wurde reduziert und der Einstellwinkel verkleinert. Hiervon erwartete man sich einen geringeren Widerstand im Schnellflug.

Die Bauzeit für das Flügelpaar betrug nur drei Wochen (inkl. aller Einbauten wie Wölbklappen und Luftbremsen). Es war kein extremer Leichtbau wie bei der SB 8 (V1) angestrebt. Die Flügel waren auf Biegung und Torsion steifer ausgelegt wurden. Somit ergab sich ein höheres Gewicht für die Flügel, die damit aber auch große beabsichtigte Festigkeitsreserven für geplante Weiterentwicklungen in sich trugen.

Nach noch nicht einmal einem Jahr Bauzeit hob die **SB 8 V2** am 17. April 1968 in Braunschweig-Waggum ab. Der erhoffte Leistungsgewinn durch die elastischen Wolbklappen

Aus der SB 8 V2 wurde die SB 9, deren Tragflächen heute die Außenflügel der SB 10 sind.

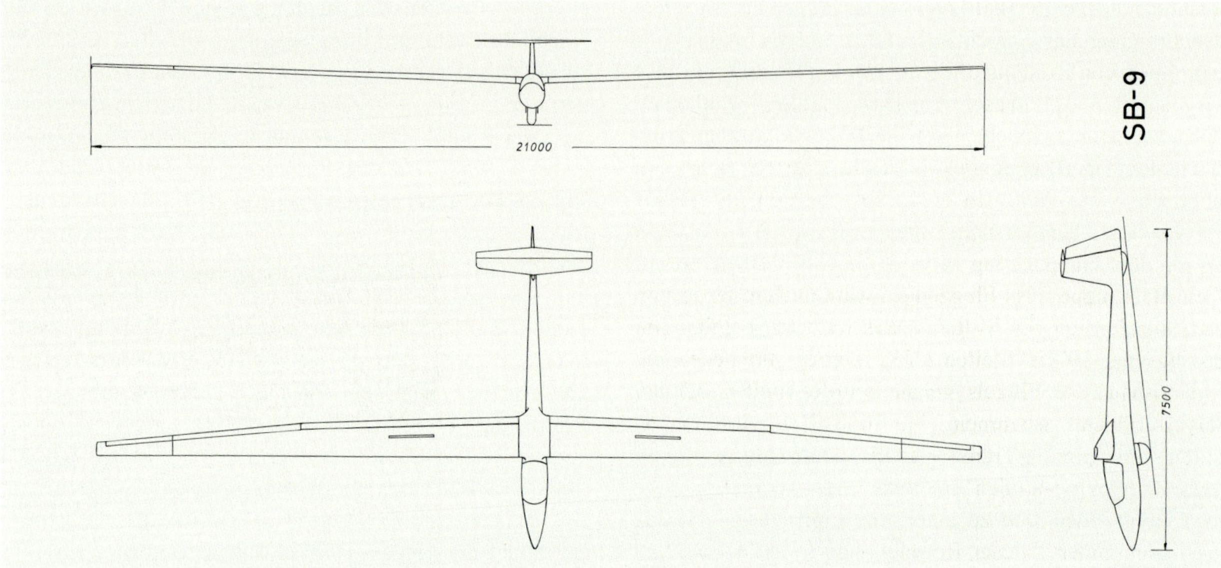

Die SB 9 in der Dreiseitenansicht.

trat nicht so deutlich ein, wie es teilweise erwartet wurde. Im Langsamflug war kaum eine Leistungsverbesserung zur SB 8 (V1) zu bemerken. Dies waren jedoch subjektive Bewertungen, da es nie eine Vergleichsflugvermessung gegeben hatte. Deutlich verbesserten sich aber die Schnellflugleistungen mit dem torsionssteiferen Flügel und den elastischen Wölbklappen.

Durch die großen Festigkeitsreserven im Flügel konnte eine bereits in Aussicht genommene Erhöhung der Spannweite angegangen werden. Im Winter 1968 wurden ansteckbare 2 m lange Außenflügel mit Querruder gefertigt, wodurch sich die Spannweite auf 22 m erhöhte.

Der Erstflug war bereits 23. Januar 1969. Die so modifizierte SB 8 (V2) erhielt die Baubezeichnung **SB 9**. Um eine höhere zulässige Höchstgeschwindigkeit zu erreichen, wurden später die ansteckbaren Außenflügel wieder um je 0,5 m verkürzt, sodass die SB 9 nur noch 21 m Spannweite besaß. Bei der Flugerprobung der SB 9 waren einige Flattererscheinungen aufgetreten, die in einem eindrucksvollen Lehrfilm festgehalten sind.[15] Diese Probleme wurden durch einen Querruder Massenausgleich beseitigt.

Ausgereizt war das Entwicklungspotenzial mit der erfolgreichen SB 9 aber noch nicht. Der eingeschlagene Weg zur Leistungssteigerung durch Spannweitenerhöhung trieb die Akaflieger an, Möglichkeiten zu finden, dies bautechnisch umsetzen zu können. Im Hinblick auf die sich in der Entwicklung befindlichen Kohlenstofffasern wurde ein Flugzeug mit 30 m Spannweite geplant. Das Baumuster war die **SB 10**. Bei der ersten Auslegung ergab sich eine weit vorne gelegene Position des Piloten. Aus diesem Umstand heraus wurde dann die SB 10 als Doppelsitzer konzipiert. Weil das Projekt auch diesmal zügig vonstattengehen sollte, wurde die Verwendung der SB 9 Flächen – noch in ihrer 22 m-Version – eingeplant. Es war von vorneherein klar, dass mit Glasfaserwerkstoff ein 8m langes Mittelstücks aus GFK nicht vernünftig zu realisieren war. Es wäre knapp 500 kg schwer geworden! Die Hoffnung lag in der sich noch in der Entwicklung befindlichen Kohlenstofffaser. Durch die Erfolge der Industrie konnte von einer Nutzung ausgegangen werden. Als sich das Produkt der Firma SIGRI als viel-

Von der SB 8 (V1) zur SB 9

	SB 8 (V1)	SB 5b/c	SB 9
Spannweite	15 m	15 m	18 / 22 später 21
Länge	7,80 m	7,60 m	7,60 m
Höhe	0,82 m	0,82 m	0,82 m
Flügelfläche	14,10 m²	14,10 m²	14,10 / 15,18 m²
Streckung	23	23	23 / 31,3
Leergewicht	220 kg	301 kg	301 / 321 kg
Fluggewicht	365 / 400 kg	405 / 490 kg	403 / 421 kg
Flächenbelastung	21,5–28,5 kg/m²	28,5–34,8 kg/m²	28,6 / 27,7 kg/m²
Höchstgeschw.	200 km/h	200 km/h	200 km/h
Gleitzahl	43 bei 85 km/h	43 bei 85 km/h (gerechnet)	42 bei 85 km/h 48 bei 85 km/h

versprechend zeigte, half die TU Braunschweig bei der Genehmigung des Forschungsauftrags »Anwendung und Erprobung von Kohlenstofffasern in hoch belasteten Flugzeugbauteilen«. Die Faser war allerdings nur als Rovings[16] verfügbar. Heute übliche Gewebe aus CFK gab es noch nicht. Die Oberflächengüte der Faser eignete sich noch nicht zum Verweben. In enger Kooperation mit SIGRI wurden in vielen Versuchsreihen schließlich Ende 1971 das Produkt zur Nutzung beim Bau der SB 10 gefunden. Viele Baugruppen des Flugzeuges waren schon fertig und auch die Formen des Mittelstückes warteten bereits. Die Rovings der 10 cm breiten CFK Bänder, mit denen die Torsionshaut des Flügels gebaut wurde, hielten dünnen Polyesterfäden zusammen. Für den Bau des Holms wurde eine Roving-Tränk- und Ziehvorrichtung für 30 Kohlefaserroving-Spulen entwickelt, an deren Ende die getränkten Fäden sich zu einem fast fingerdicken Strang zusammenfanden. Dieser Roving-Strang wurde mit einer Seilbahn über das Holmbett gezogen und sorgfältig mit sehr vielen Händen eingelegt. 110 solcher Stränge mussten gestaffelt eingebracht werden. Das Anbinden eines neuen Rovings an dem zu Ende gehenden Faden geschah mit Uhu. Der gerade die Gruppe besuchende Professor der TU fiel vom Glauben ab. Diese geringe Zahl von sehr weit verteilten »Fehlstellen« eines Rovingfadens ist allerdings bedeutungslos. Das neue Flügelmittelstück wurde in zwei zusammengefügten gleichen Negativformen nach der Bau-

Die SB 9 im Schlepp über dem Mittellandkanal nach dem Start in Braunschweig.

Links: Der Rumpf der SB 10 im Bau.

Deutlich ist in der Bauphase des formgebenden Flügelmittelstücks in Halbnegativbauweise das Balsaholz als Schalenstützstoff erkennbar.

Die CFK-Bänder werden eingeharzt.

SB 10
1972

Spannweite	26 / 29 m
Länge	10,36 m
Höhe	2,21 m
Flügelfläche	21,81 / 22,95 m^2
Leergewicht	638 / 630 kg
Fluggewicht	841 / 888 kg
Streckung	31 / 36,6
Flächenbelastung	32-37 kg/m^2
Höchstgeschw. Vne	200 / 170 km/h
Gleitzahl	51 / 53 bei 90 km/h

artweise der SB 8 hergestellt und besteht in den Schalen aus einem CFK-Balsa-GFK Sandwich zur Aufnahme der Torsion.

Die Landeklappen des Innenteils entstanden ebenfalls aus den Kohlefaserbändern. Da diese Klappen mit 2m² Klappenfläche pro Seite nur innen am Rumpf angetrieben werden, wirken darauf bei einem Ausschlag von 75 Grad erhebliche Torsionskräfte. Die steife Kohlefaser war hier sehr dienlich.

Diese kurze Beschreibung kann nur einen kleinen Eindruck der notwendigen Entwicklungsarbeit wiedergeben. Eine Anekdote am Rande ist, dass es bei den Arbeiten mit den CFK-Rovings regelmäßig zu Kurzschlüssen irgendwo in den Steckdosen, Schaltern oder Lampen kam. Schuld waren die herumfliegenden Fasern, die elektrisch leitend die Ursache darstellten.

Der Rumpf besteht vorne aus einem Stahlrohrgerüst mit umgebender Schale aus einem GFK-Balsa-GFK Sandwich. Angeflanscht als Leitwerksträger ist eine dreiteilige konische Aluminiumröhre aus der VFW-Lehrwerkstatt von Otto Funk in Speyer. Ein an den Spant der Röhre angenieteter Leichtmetallholm trägt das GFK-Balsa-GFK Sandwich Seitenleitwerk. Das Seitenruder wurde aus Gewichtsgründen in konventioneller Holzbauweise mit Bespannung erstellt. Das hohe, sehr gut gefederte und gebremste Rad gewährt dem Rumpf und den Flügeln genügend Bodenfreiheit. Eine komplexe Steuerung erzeugt abgestimmte Differenzierungen von Querruder, Wölbklappen und Landeklappen für den jeweiligen Flugzustand. Hinzu kommt noch die Ansteuerung der bis auf 75 Grad separat in vielen Schritten einstellbaren Landeklappen, die sehr steile Anflüge für kurze Landungen ermöglichen. Eine Gasdruckfeder sorgt dabei für geringe Handkräfte.

Für den Einsatz an der SB 10 mussten allerdings die elastischen Wölbklappen des SB 9 Flügels (jetzt 21 m) durch normale Wölbklappen ersetzt werden, da diese Wölbklappen bei der SB 10 auch als Querruder fungieren sollten. In den Morgenstunden des 22. Juli 1972 fand nach nächtelangen Einsätzen der Erstflug mit dem noch unlackierten pechschwarzem Mittelflügel statt. Helmut Treiber flog zunächst die 26 Meter, anschließend die 29 Meter Version. Sogar die Tagesschau war mit einem Reporterteam anwesend. Weil am gleichen Tag die Anreise (Grund für die Eile der Fertigstellung) zu den niedersächsischen Meisterschaften anstanden und die Akaflieg mit der SB 9 gemeldet war, wurden gleich nach den Erstflügen die Außenflügel abmontiert und mit der SB 9 nach Bückeburg transportiert. Der Pilot der SB 9 gewann »natürlich« die Meisterschaften. Böses wurde ihm aber vorher angedroht, wenn er die Flügel beschädigen würde.

Die SB 10 ist das ersten Flugzeug auf der Welt, in dem Kohlefasern im tragenden Verbund zum Einsatz kamen. Bis heute ist sie auch noch das größte reine Segelflugzeug.

Erstflug der SB 10 am 22. Juli 1972. Bis auf die Außenflügel der SB 9 war das komplette Flugzeug unlackiert. Also ist der Mittelflügel schwarz (Kohlefaser), das Cockpit rot (Microballon geschliffen) und die Rumpfröhre silbern.

Die SB 10 mit ihrem einzigartigen Flugbild über dem Mittellandkanal.

Die Fowlerklappen der SB 11 aus- und eingefahren.

Nun galt es, die Leistungen der Superorchidee auszufliegen und zu präsentieren. 1973 wurde mit einem wirklich hohem Handicapfaktor der Coupe d'Europe des Biplanes in Frankreich gewonnen. Ein Rekordflug nach Frankreich schloss sich an. In der großen Erinnerung sind aber die Weltrekorde von Hans-Heinrich Kohlmeyer und Hans-Werner Grosse in Australien. Ohne die Unterstützung des noch nicht erfundenen GPS erflogen sie von Alice Springs aus am 21. Dezember 1979 mit einer Durchschnittsgeschwindigkeit von 130 km/h ein Dreieck von 1002 Kilometern. Sieben Tage später, am 28. Dezember gelang ihnen der Weltrekord über ein Dreieck mit 1112 Kilometern mit einer Durchschnittsgeschwindigkeit von 124 km/h. Rekorde über das schnellste 750 Kilometerdreieck mit 132 km/h sowie der größte Ziel-Rückkehr-Flug mit 970 Kilometern folgten.

Die SB 10 ist heute das Logo der Akaflieg Braunschweig. Die SB 8, die SB 9 und die SB 10 stellen eine Reihe konsequenter und aufeinander aufbauender Konstruktionen dar. Einer der maßgeblichen Erbauer und Konstrukteure dieser Entwicklungsreihe (und der Kohlefaseranwendung), war Helmut Treiber. 1972 ging er zu Schempp-Hirth und führte dort die industrielle Entwicklung erfolgreich fort. Nach einer Grundüberholung durch einige »Alten Herren« kann sie wieder in der Gruppe geflogen werden. Seit 2015 ist die SB 10 als bewegliches technisches Denkmal registriert.

1973 ermöglichte es die Stadt Braunschweig, dass ein Motorflugzeug vom Typ DR 300/180R zum Schleppen der SB 10 angeschafft werden konnte. Die Jodel wurde gut gepflegt, zweimal grundüberholt und existiert heute noch.

Nach Abschluss des Langzeitprojektes, der Leistungsverbesserung durch Spannweitenvergrößerung, lag bereits ein Entwurf für einen 18 m Flieger mit Fowlerflügel vor. Als die FAI die Rennklasse mit 15 Meter Spannweite ohne weitere Beschränkungen einführte, kam 1975 ein 15 Meter Flugzeug auf das Reißbrett. Die **SB 11** sollte bei gutmütigem Flugverhalten in enger Thermik, bei extrem geringer Geschwindigkeit sehr gute Steigwerte sowie auch im Schnellflug gute Leistungen besitzen. Da nur der Flügel das Entwicklungsziel war und dieses Projekt in kurzer Zeit mit einem stabilen Team durchgezogen werden sollte, entschied man sich beim Rumpf für die ASW 19 und beim Leitwerk für das des Janus C. 1976 bauten zwei Teams in der betriebsfreien Zeit über Pfingsten bei Schleicher in den Formen der ASW 19 den CFK-Rumpf und bei Schempp-Hirth die Leitwerksteile in CFK. Durch die komplette Erstellung in Kohlefaserbauweise, war die SB 11 das erste ganz mit Kohlefaser gebaute Flugzeug weltweit. Lediglich das Seitenruder musste aus GFK sein, da es die Antenne aufnimmt und die Kohlefaser Funkwellen abschirmt. Der Flügel hat ein Profilsegment mit anhängender Wölbklappe und Querruder, welches über die ganze Spannweite aus dem Flügel ausgefahren wird und damit die Flügelfläche um 25 % vergrößert.

Rechte Spalte: Die SB 11 war das erste vollständig in CFK gebaute Flugzeug der Welt.

Durch eine sehr gut ausgeklügelte Ansteuerung, Lagerung und Führung sind zur Bedienung des Fowlers nur geringe Handkräfte aufzubringen. Am 14. Mai 1978, drei Jahre nach Projektbeginn, war der Erstflug. Die Erwartungen wurden erfüllt. Bis heute wird sie im Flugbetrieb der Akaflieg aktiv genutzt. Untrennbar verbunden mit der SB 11 ist allerdings der Gewinn der Segelflugweltmeisterschaft von Helmut Reichmann 1978 in Châteauroux. Auf Anfrage wurde ihm das Flugzeug mit Mannschaft zur Verfügung gestellt. Schnell und geschickt verstand er es, die Vor- und Nachteile des Segelflugzeuges zu nutzen.

Neue Laminarprofile entstanden, allerdings mit dem Nachteil der Ausbildung von Laminarblasen. Der Focus lag nun, in Kooperation mit dem DLR, in der Erprobung von Blasturbulatoren zur Verhinderung dieser Ablöseblasen. Innerhalb von 6 Monaten wurde auf der Basis einer Hornet von Glasflügel der Versuchsträger **SB 12** erstellt. Auf dem Flügel wurde ein neuentwickeltes Profil aufgespachtelt und mit der Ausblastechnik ausgerüstet. Die Ausblasung erfolgte durch Löcher mit einem Innendurchmesser von nur 0,6 mm. Geringe Luftmengen reichen dafür aus. Der Erstflug war am 8. April 1980. Die Ergebnisse bestätigten die Vorhersagen.

Die Eckpunkte von Entwicklungen und Bauweisen schienen damals ausgelotet, blieben nur noch besondere Konstruktionen. Das Entwicklung eines Nurflügelflugzeuges,

SB 11
1978

Spannweite	15 m
Länge	7,40 m
Höhe	0,82 m
Flügelfläche	10,56 / 13,25 m²
Leergewicht	309 kg
Fluggewicht	470 kg
Streckung	21,3 / 17
Flächenbelastung	44,5 / 35,6 kg/m²
Höchstgeschw. Vne	265 km/h
Gleitzahl	41 bei 104 km/h

der **SB 13**, versprach eine anspruchsvolle Aufgabe. Ein Modell im Maßstab 1:3 diente dazu, zu Beginn erste Eindrücke von den anstehenden Herausforderungen zu gewinnen.

Ein unkontrolliertes Flattern am Modell erwies sich als ein grundsätzliches Problem des zurückgepfeilten Nurflügels. Bei der Lösung dieser Aeroelastikprobleme erhielt die Gruppe große Unterstützung durch die DFVLR und MBB[17]. Für die Lösung waren Flügel eine besonders hoher Steifigkeit erforderlich. So kamen die allerneusten Hochmodulkohlenstofffasern zum Einsatz. Ein weiterer konstruktiver und notwendiger Kniff war die diagonale Anordnung der Holme in den Tragflächen. Die Erarbeitung neuer Lösungen für diese aufgetretenen Probleme verzögerten natürlich den Baubeginn.

In nur einem halben Jahr entstand die SB 12.

SB 13
1988

Spannweite	15 m
Länge	3,02 m
Höhe	0,84 m
Flügelfläche	11,6 m²
Leergewicht	258 kg
Fluggewicht	427 kg
Streckung	19,4
Flächenbelastung	28-37 kg/m²
Höchstgeschw.	190 km/h
Gleitzahl	45 bei 107 km/h

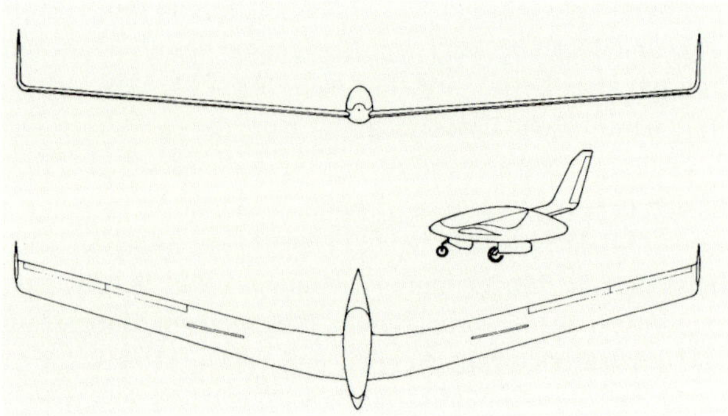

Mit dem Bau wurde dann 1985 begonnen. Eine besondere Entwicklung war zudem ein Rettungssystem, bei dem der Pilot im Flugzeug verbleibt. Die Erprobung wurde vom DFVLR unterstützt. Erstflug war am 18. März 1988. Nach der sehr langen Testphase wurde sie über zwei Jahre nur von erfahrenen Piloten, auch auf Wettbewerben, geflogen. Nachteilig war neben ungewohnten Nickbewegungen auch das Bugfahrwerk, welches bei der Landung auf weichen Untergründen oft abbrach. So wichtig wie das Forschen und Entwickeln in den Akafliegs auch ist, möchten die Studenten gerne Ihren Lohn dafür fliegerisch einlösen. Dafür war die SB 13 aber kaum geeignet, denn durch ihre speziellen Eigenschaften war sie leider kein sicheres »Gruppenflugzeug«. So wurde sie im Jahr 2006 der Flugwerft des Deutschen Museums in Oberschleißheim als Leihgabe überlassen. Dort hängt sie neben der Horton IV und der Fauvel AV 36.

Die folgende **SB 14** sollte wieder ein gutmütiges Gruppenflugzeug werden. Für eine Leistungsverbesserung des geplanten 18 m Wölbklappenflugzeuges war eine minimierte Oberfläche und eine hohe Streckung vorgesehen. Neue Profile entstanden im Rahmen einer Studienarbeit. Doch zogen sich die Planung und der Bau über Jahre hin. Die Konstruktion änderte sich mehrfach. So blieb z.B. von den ursprünglich konzipierten Gierspoilern an den Flügelenden nichts übrig, war doch der Plan ein Seitenleitwerk mit minimaler Größe zu entwickeln. Zudem gab es kein beständiges Team, da die beteiligten Studenten während der 13 Jahre dauernden Planungs- und Bauphase mehrfach wechselten. Schließlich wurde der vorgesehene Minimalrumpf mit extremer Einschnürung tatsächlich gebaut. Eine erhöhte Sicherheitsanforderungen für den Crashfall wurden in diesem schmalen Cockpit ebenfalls

Erstflug der SB 13 im Schneegestöber.

umgesetzt. Der Einsitzer mit 18 Meter Spannweite und Wölbklappen besitzt aus Forschungsgründen verschieden positionierte Ausblasturbulatoren für die selbst entwickelten Flügelprofile.

Am 17. Januar 2003 flog die SB 14 zum ersten Mal. Entstanden ist ein gutmütiges, aber enges Segelflugzeug mit sehr guten Leistungen (Gleitzahl um 50). Die SB 14 ist auch für weniger erfahrene Piloten gut geeignet.

Das Projekt SB 15, ein 20 Meter-Doppelsitzer, einer auch für die Schulung nutzbaren Variante der SB 14, ist bis heute nicht abgeschlossen. Der Projektbeginn lag unmittelbar nach Fertigstellung der SB 14, angedacht war auf bewährte Flugzeugkomponenten zurückzugreifen. Als Rumpf werden die Formen der fs 31 (Akaflieg Stuttgart, Erstflug 1981) benutzt und die Flügel in den innen um 1 Meter verlängerten Formen der SB 14 gebaut. Durch die dabei entstehende Flügelfläche von nur 12,33 m² erfordert einen extremen Leichtbau für den Rumpfe. So soll die vorgeschriebene Mindestgeschwindigkeit für den Schulbetrieb eingehalten werden. Für das Sicherheitscockpit sind Mischgewebe aus Kohle- und Aramidfasern vorgesehen. Der Rumpf wird im Injektionsverfahren aus CFK hergestellt. Bei diesem Verfahren wird das trockene Gewebe in die Form gelegt und mit Hilfe einer Folie abgesaugt. Das Harz wird über viele angeordnete Kanäle in das abgesaugte Gewebe geleitet und verteilt sich dann gleichmäßig im Bauteil. Der Vorteil liegt in der gleichzeitigen Tränkung des Gewebes und im Erreichen eines hohen Faservolumenanteils. Der Nachteil: Wenn etwas nicht klappt, ist alles verloren. Bei Drucklegung dieses Buches ist bisher nur der Bruchrumpf für Tests entstanden.

Die letzten Jahre zeigen bei der Akaflieg Braunschweig ebenso wie bei anderen Akafliegs, dass veränderte Studienordnungen nicht unbedingt zu einem Qualitätsgewinn beitragen. Es ist zudem ungleich schwerer geworden, wirklich große neue Entwicklungen beim Bau von Segelflugzeugen noch zu erreichen. So erleben die Akaflieger heute in ihrer Studiendauer auch leider nicht mehr den kompletten Weg von der Planung bis zum Fliegen des neuen Flugzeuges, was einst eine große Motivation und Befriedigung war. Die Ziele und Aufgaben der Akafliegs könnten auf den Prüfstand gestellt werden und wieder in kurzer Zeit erreichbar sein. Forschungserkenntnisse wie sie mit der SB 12 schnell gewonnen wurden, sind hier ein Beispiel.

Es ist zu hoffen, dass die Braunschweiger Akaflieger, wie auch die anderen Akafliegs, mit der für sie veränderten Situation kreativ umgehen und das Interesse zum Forschen an Grenzen auch weiterhin bestehen bleibt.

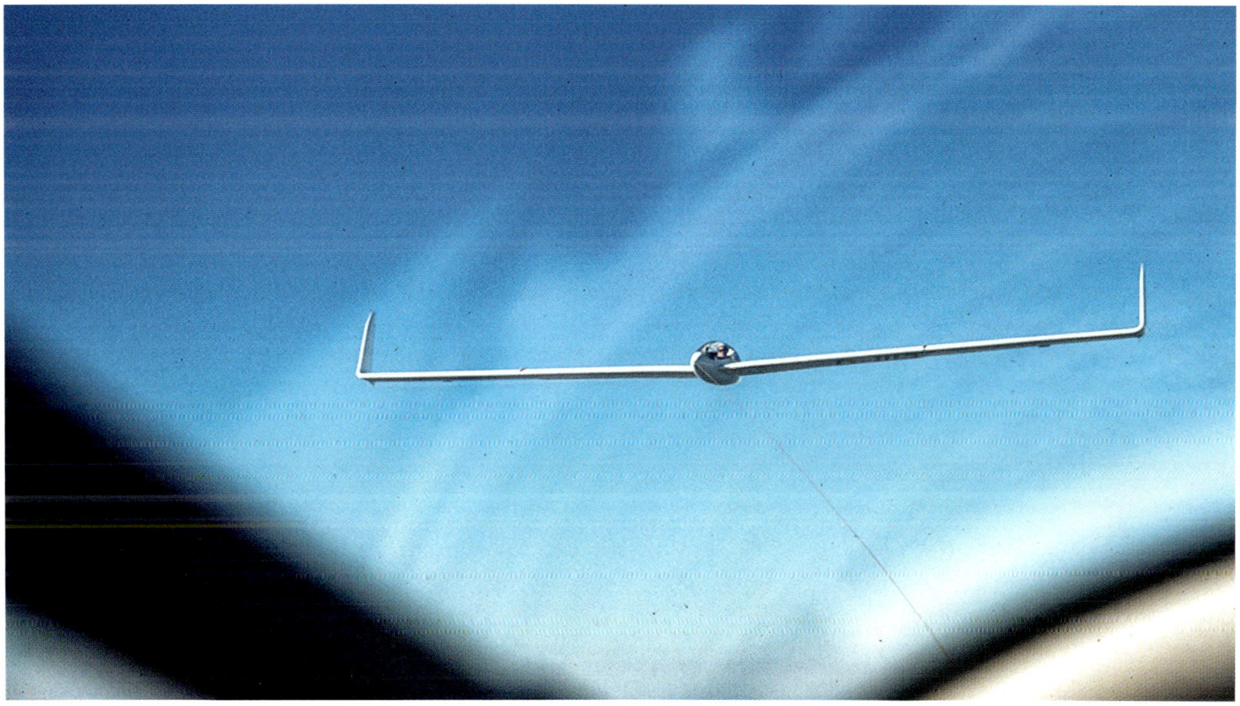

Die SB 13 im Flugzeugschlepp.

Die SB 14 beim Idafliegtreffen 2015 in Aalen-Elchingen.

Die SB 14 im schnellen Endanflug, das Wasser wird abgelassen.

Rechts: Skizze des Projekts SB 15.

SB 14 *2003*

Spannweite	18 m
Länge	6,95 m
Höhe	1,5 m
Flügelfläche	10,84 m²
Leergewicht	288 kg
Fluggewicht	541 kg
Streckung	29,89
Flächenbelastung	33,9 - 50 kg/m²
Höchstgeschw. Vne	272 km/h
Gleitzahl	50

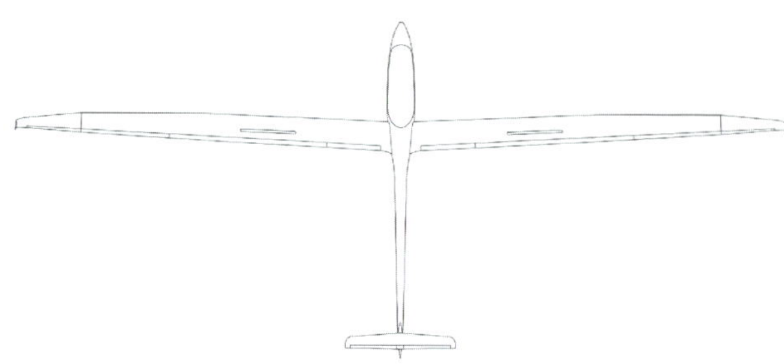

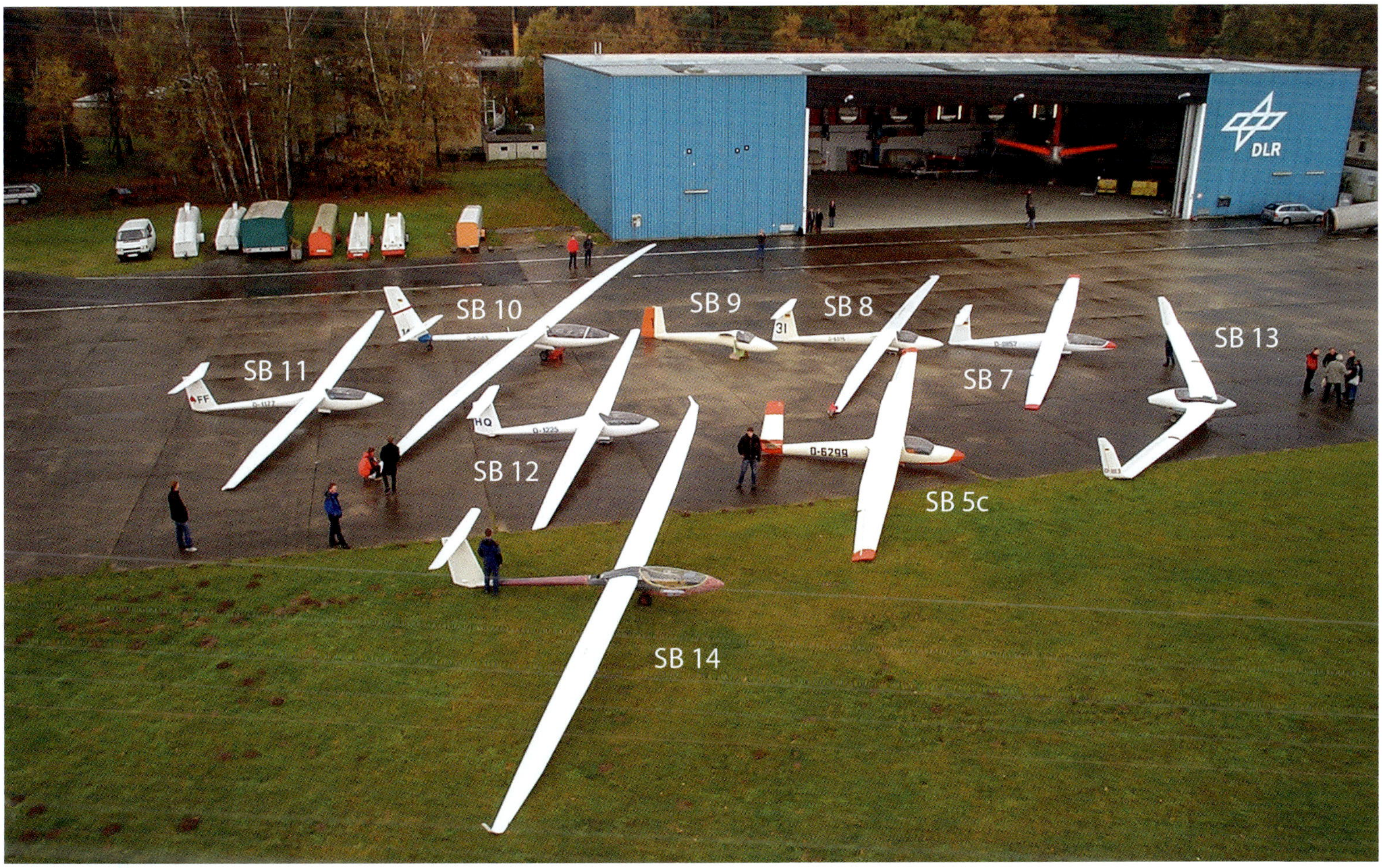

Bis auf die abgestürzte SB 6 sind alle Flugzeuge der Akaflieg Braunschweig hier versammelt.

[1] Mehr dazu wird im Kapitel über die Akaflieg Hannover geschildert. Allerdings schraubte Friedrich Hentzen (ebenfalls ehemaliger Militärpilot) einen Tag später die Flugzeit auf mehr als 2 Stunden hoch.

[3] Die SB 2 war die erste Diplomarbeit zum Thema »Konstruktion von Segelflugzeugen« an der TH Braunschweig.

[3] Unabhängig davon, ob es sich um eigene Entwicklungen handelte, zählte man damals alle Flugzeuge in aufsteigender Reihenfolge. So erhielt die »Braunschweig« die Bezeichnung MB 4 (Motorflugzeug Braunschweig 4). Für den Kauf der Heinkel in Warnemünde warb die Gruppe Spenden in Höhe von 18.000 Reichsmark ein.

[4] Lippisch wählte den Namen, weil er ein Lieblingsspruch von zwei schwedischen Studenten war, die den Rhönwettbewerb 1923 besucht hatten. Übersetzt auf Deutsch erhält man »Hol's der Teufel«.

Gibt es die SB 6 doppelt? Nein, 1940 hatten sich die Mitglieder bereits entschlossen, nur noch die selbst entworfenen Segelflugzeuge zu zählen. Da die SB 6 keine Eigenkonstruktion war, wurde sie nicht aufgenommen. Die tatsächliche Eigenkonstruktion SB 4 wurde noch vor ihrer Fertigstellung bei einem Luftangriff 1943 zerstört. Leider wurde bei dieser Reform die Eigenkonstruktion MB 12 nicht berücksichtigt

[5] Weil Benzol zur chemischen Gruppe der ARomaten und Benzin zu den ALIphaten gehört, nannte sich der Deutsche Benzol-Verband B.V. ARAL.

[6] Geplant war ein Sandwich in drei Schichten: Zwischen der inneren und äußeren Deckschicht aus 1mm Sperrholz sollte kunstharzgetränktes Hartpapier in Wabenform liegen. Über den Stegen sollten TBu-Holz die Gurte bilden. TBu ist Tegofilm verleimtes Buchenschichtholz. Interessant ist, dass 1961 in der DDR die Flügelschalen und der Rumpf der LOM 61 »Favorit« in dieser Sandwichbauweise erstellt wurden.

[7] Diese Weihe wurde gleich zweimal gebaut, denn nach nur 10 Flügen ging die erste zu Bruch. Dieses Unglück bewirkte, dass die Gruppenmitglieder »im Training« waren, als der Bau der SB 5 begann.

[8] Björn Stender, der nicht nur genialer Flugzeugkonstrukteur, sondern auch ein sehr guter Musiker war, entwickelte aus der SB 6 seine BS 1 weiter. Bei einem Erprobungsflug im Oktober 1963 kam er ums Leben. Die BS 1 wurde leicht modifiziert in einer kleinen Serie bei Glasflügel Flugzeugbau von Eugen Hänle weitergebaut.

[9] Richard Eppler war mit Unterstützung neuer Methoden in der Lage, aus vorgegebener Druckverteilung »rückwärts« die Profile zu berechnen. Dies war ein gewaltiger Fortschritt gegenüber den bisher aus Experimenten heraus entwickelten Göttinger oder NACA Profilen.

[10] Der Kranich III D-6073 befindet sich heute im Besitz von Mario Sells und ist in Aalen-Elchingen stationiert.

[11] Der Verlust der SB 6 als Gruppenflugzeug, motivierte die Akaflieger mit einem Bausatz von Eichelsdörfer ganz schnell die spezielle unikate SB 5c herzustellen, um wieder ein Fluggerät zu haben. Die Erprobung des SB 8 Cockpits war ein zusätzlicher Anreiz. Das Kennzeichen wurde für die SB 5c übernommen.

[12] Im Versuch hatte eine schlechte Leimstelle zu einem Riss in der Schale geführt.

[13] Das optische Erscheinungsbild erregte damals weltweit große Aufmerksamkeit. So wurden vier SB 7 in der Schweiz nachgebaut und auch aus Kanada, USA und Peru kamen Anfragen nach Plänen. Ein Nachbau in Kanada (1968) ist belegt.

[14] Der Bruchrumpf überlebte die Dauertests und ist heute im Deutschen Segelflugmuseum mit Modellflug auf der Wasserkuppe ausgestellt

[15] https://www.youtube.com/watch?reload=9&v=RenbFgLZBNA

[16] Als Roving bezeichnet man einen Strang von etwa 10.000 Kohlestofffasern, die selbst nur 8 µm dick sind. Für den Bau der Flügelschale wurden die CFK Rovings, die es damals nur gab, mittels Nylonfäden zu 10 cm breiten Bändern verkettelt und in zwei Schichten unter 45 Grad verlegt. Ein Gewebe konnte damals mit den sehr fusseligen Rovings noch nicht hergestellt werden.

[17] Messerschmitt-Bölkow-Blohm GmbH.

AKAFLIEG DARMSTADT

Dass die Wasserkuppe in der Rhön heute als »Berg der Segelflieger« bezeichnet wird, ist Darmstädter Gymnasiasten und Studenten zu verdanken. Bereits 1909 taten sich Schüler des Ludwig-Georgs-Gymnasiums im Alter zwischen 14 und 16 Jahren zusammen und gründeten am 25. August 1909 die Flug-Sport-Vereinigung (FSV) Darmstadt. Recht bald entwarfen und bauten sie erste eigene Gleitsegler und erprobten diese anfänglich zu Hause auf dem Prinzenberg. Aus den Schülern wurden Studenten der Technischen Hochschule Darmstadt. Weil die entwickelten Segelflugzeuge immer größer wurden, entschloss man sich 1911 zu einer »Erkundungswanderung« und fand so auf der Wasserkuppe in der Rhön das ideale Gelände.

Im Juli 1911 hob mit der Konstruktion FSV VIII das erste Segelflugzeug auf der Wasserkuppe ab. Zwei Wochen blieb die Gruppe dort oben und erprobte ihre Konstruktion, am Ende bauten sie diese ab und reisten mit der Bahn zurück nach Hause. 1912 gelang Hans Gutermuth am 22. Juli mit der FSV X[1] den damals gültigen Weltrekord mit 832 Metern zu brechen. Letztlich prägte dies auch den Begriff »Rhönflieger«.

Der Beginn des ersten Weltkriegs war zugleich das vorläufige Ende der FSV, weil sich ihre Mitglieder freiwillig zum Kriegseinsatz meldeten. Im Andenken an die Folgen des Kriegs insbesondere für die Darmstädter Studenten betrieben Geheimrat Paul Gutermuth[2] und sein Freund Oskar Ursinus acht Tage vor dem Ende des ersten Rhönwettbewerbs nach dem Weltkrieg am 29. August 1920 die Aufstellung und Einweihung eines Denkmals auf der Wasserkuppe[3]. Gutermuth und Professor Eberhardt waren es schließlich auch, die die Vorbereitung der Gründung der Akademischen Fliegergruppe Darmstadt einleiteten. Ein erster Vorstand konnte im November 1920 gewählt werden, offizielles Gründungsdatum war dann der 19. Januar 1921.

Recht zügig machte sich diese Gruppe daran, Gleitflugzeuge zu entwickeln. Wie bereits öfter erwähnt, verbot der Versailler Vertrag nach Kriegsende das Fliegen mit Motor. Ungewollt war dieser Vertrag gleichzeitig die Geburtsstunde des Segelflugs. Während die beiden Flugzeuge **Typ II** und **III** noch sehr spät und dann noch beschädigt 1921 zum Rhönwettbewerb ankamen, waren die Darmstädter Akaflieger mit der (kostenlos von der Bahnbedarf AG) gebauten Konstruktion **»Geheimrat« (D-6)** wesentlich erfolgreicher. Am 24. August 1922 flog der »Geheimrat« eine Stunde und 18 Minuten und erreichte eine Startüberhöhung von 400 Metern[4]. Währenddessen stellte die Konstruktion »Edith« (D-4) erfolgreich enge Kurvenflüge unter Beweis.

Die Dynamik in den ersten Jahren der Akaflieg Darmstadt war enorm. Fast zeitgleich entstanden in einem Jahr mehrere und sehr unterschiedliche Konstruktionen. So ist **D-7 »Margarethe«** ein Doppelsitzer und beim Treffen auf der Wasserkuppe 1924 finden sogar Passagierflüge (unter anderem mit dem Landtagspräsidenten) statt. Doch konstruktiv überragte eine Konstruktion den Wettbewerb: **D-9 »Konsul«.**

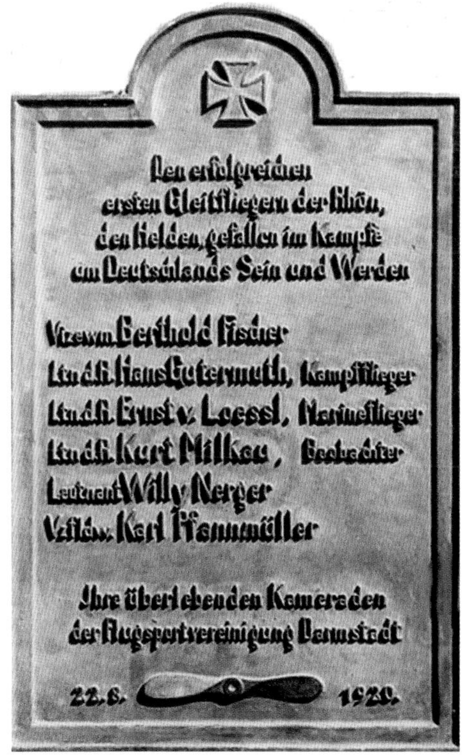

Links: Hans Gutermuth fliegt die FSV X.

Die Tafel des ersten Denkmals auf der Wasserkuppe.

Die D 1 war die erste Arbeit der Darmstädter, ein abgestrebter Hochdecker, der erst nach Abschluss des ersten Rhönwettbewerbs zu Ende gebaut wurde. Sein Konstrukteur Eugen von Loessl stürzte während der ersten Rhön am 9. August mit seinem Flugapparat tödlich ab.

D-6 »Geheimrat« im Flug.

Die »Margarethe« vor den Dünen von Rossitten.

Vor dem aufziehenden Gewitter geht es für die D-7 zurück in die Halle.

Der freitragende Schulterdecker stellte für die damalige Zeit das Maximum in aerodynamischer und konstruktiver Entwicklung dar. Konstruiert von Albert Botsch und Rudolf Spies war es das beste Segelflugzeug seiner Zeit und beeinflusste entscheidend die weitere Entwicklung der Leistungssegelflugzeuge.

Der Konstruktion lagen zwei Forderungen zu Grunde: das Flugzeug sollte sich bei unterschiedlichen Strömungsverhältnissen gut steuern lassen sowie gute Leistungen im Streckenflug haben. Erforderlich dazu war vor allem ein Profil, das über den vorgesehenen Geschwindigkeitsbereich gute Leistungen hat. Die aerodynamische Forderung für den Dauer- und Höhenflug war eine kleine Sinkgeschwindigkeit, für den Streckenflug gute Gleitzahlwerte über einen möglichst großen Geschwindigkeitsbereich. Zudem sollte der induzierte Widerstand gering gehalten werden. Deshalb bekam die D-9 eine große Spannweite von 18,7 Meter! Zum ersten Mal erhielt ein Segelflugzeug auch eine Steuerung mit Differenzial-Querrudern.

Schon nach wenigen Erprobungsstarts und einigen Änderungen erzielte Albert Botsch am 29. September 1923 in der Rhön mit 18,7 km einen neuen Streckenweltrekord. Noch einmal wurde dieser Rekord mit der D-9 überboten, als Bubi Nehring am 9. Oktober 1925 über der Krim 24,4 km zurücklegte. 1927 ging der »Konsul« restlos zu Bruch. Gleichwohl war die D-9 »Konsul« der Prototyp aller später folgenden Leistungssegelflugzeuge.

Weitere Konstruktionen sind das Kleinmotorflugzeug **D-11 »Mohamed«** sowie das Segelflugzeug **D-10 »Hessen«** mit verstellbarem Profil zur Querrudersteuerung. Die Konstruktion hinsichtlich der Profilverformung war genial. Die Versuche ergaben aber zu hohe Handkräfte und so wurde das Flugzeug auf Querruder umgebaut. 1926 startete es erneut, diesmal unter dem Namen **»Piepmatz«**. 1924 gehörte neben vielen anderen auch der Aeroklub von Deutschland zu den Förderern der Akaflieger. Währenddessen nutzen die Mitglieder ihren Motorsegler **D-8 »Karl der Große«** intensiv für Ausbildungsflüge, denn an Piloten bestand ein ständiger Mangel.

D-7 »Margarethe« 1923

Spannweite	15,3 m
Länge	7,8 m
Höhe	3 m
Flügelfläche	22,5 m²
Rüstgewicht	200 kg
Sitze	2
Flächenbelastung	kA

D-9 »Konsul« 1923

Spannweite	18,7 m
Länge	6,35 m
Höhe	2,95 m
Flügelfläche	21 m²
Rüstgewicht	185 kg
Fluggewicht	270 kg
Flächenbelastung	9,10 kg/m²
Gleitzahl	21,4 bei 53 km/h

Unverkennbar der Urvater aller modernen Segelflugzeuge: D-9 Konsul setzt zur Landung an.

D-11 »Mohamed« auf dem Flugfeld in Darmstadt.

Mit der D-12 »Roemryke Berge« gelang Nehring 1924 der erste Zielrückkehrflug von der Wasserkuppe nach Milseburg. Sowohl Sporn als auch die Kufe waren bei dieser Konstruktion einziehbar.

Mit dem sich abzeichnenden Rückzug ehemaliger Militärpiloten des 1. Weltkriegs aus dem Segelflug trat im Segelflug eine Veränderung ein. Zwar wurden die Mittel knapper, doch waren die nächsten Jahre tatsächlich von sportlichen und forschenden Idealen getragen. 1925 erflog Nehring mit »Konsul« den Höhen- und Streckenpreis. Beim Deutschlandflug war »Mohamed« seinen Konkurrenten in mehreren Etappen weit voraus, wäre nicht der unzuverlässige Motor gewesen. Bei einer Außenlandung in Pechhofen (!) riss ein im Gras verborgener Pfahl eine Fahrwerksstrebe ab. Nach einem großen Schaden 1926 entschloss man sich, einen kunstflugtauglichen Nachfolger (**D-13 »Mohamed II«**) zu bauen.

1927 gelang der Akaflieg wieder ein großer Wurf. Mit der **D-17 »Darmstadt«** konnte Johannes («Bubi«) Nehring den Leistungswettbewerb der 18. Rhön mit einer Strecke von 51,8 km souverän gewinnen. Allerdings »zerlegte« er kurz zuvor die D-7 »Margarethe«, als bei hoher Geschwindigkeit ein Steuerkabel des Querruders riss.

D-17 »Darmstadt« 1927

Spannweite	16 m
Länge	6,50 m
Höhe	1,39 m
Flügelfläche	16,60 m²
Rüstgewicht	154 kg
Fluggewicht	225 kg
Flächenbelastung	13,20 kg/m²
Gleitzahl	21,4 bei 53 km/h

Auch in den Vereinigten Staaten wuchs das Interesse am Segelflug. In Verhandlungen mit dem »American Motorless Aviation Club« (AMAC) einigte man sich darauf, dass eine kleine Expedition mit Piloten und Konstrukteuren in die Staaten reisen sollte. Unter Leitung der Rhön-Rossitten-Gesellschaft (sie nahm Übungsgleiter mit) beteiligten für Darmstadt Laubenthal[5] und Hesselbach. Und sie nahmen das zu dieser Zeit beste Segelflugzeug mit: Die **»Darmstadt«**[6]. Peter Hesselbach flog fast 4 Stunden über den Dünen. Leider wurde das Flugzeug beim Zusammenstoß mit einem Fahnenmast schwer beschädigt. Es gelang aber die Überreste an Jack O'Meara (dem damaligen sehr bekannten Segelflieger in den Staaten) zu verkaufen, so blieb das Flugzeug in den USA. Mit der Reparatur nahm er gleichzeitig einige Modifikationen vor. So erhielt sie nun eine geschlossene Haube und statt einer Kufe ein Rad. Umgetauft in **»Chanute«** flog er sie bei zahlreichen Wettbewerben.

Die Akaflieg entwickelte ihre Flugzeuge recht systematisch. So führte sie Zug, Druck und Biegungsversuche an den Strukturen durch. Für die Zulassung eines Flugzeuges bei der DVL waren etwa 100 Blätter mit Berechnungen und 60 Zeichnungen einzureichen. Hinzu kam, dass selbst wenn ein Flugzeug von einem Wettbewerb unbeschädigt zurück-

»Bubi« Nehring mit der D-17 »Darmstadt«.

D-18
1928

Spannweite	7,20 m
Länge	6,45 m
Flügelfläche	12,10 m^2
Leergewicht	320 kg
Fluggewicht	560 kg
Flächenbelastung	13,20 kg/m^2
Motor	65 PS
Höchstgeschw. V_{ne}	200 km/h
Aktionsradius	800 km

kam, mindestens eine große Überprüfung, oft aber auch nachgehende Modifikationen stattfanden, die wiederum einige hundert Stunden Arbeit kosteten. Zugleich besaß die Akaflieg Darmstadt zahlreiche Unterstützer (Privatleute und Firmen). Der Jahresbericht 1928 weist über 140 Förderer aus, trotzdem war das Geld immer knapp.

In nur zwei Monaten entstand 1928 die **D-19 »Darmstadt II«**. Obwohl sie mit 18 Metern mehr Spannweite besaß, wurde sie nur 8 Kilo schwerer. Beim Rhönwettbewerb gelang die damalige Weltrekorddistanz von 72 Kilometern. Die Entwicklung vom Gleiten im Hangaufwind zum thermischen Segelflug hatte endgültig stattgefunden. Knapp 10 Monate später überflog Robert Kronfeld mit der »Wien« zum ersten Mal eine Strecke von 100 Kilometern.

Wie bei anderen Akafliegs rückte auch der Motorflug immer stärker in den Vordergrund. So wurde im Folgejahr

Start der Darmstadt II auf der Rhön.

der schon zuvor begonnene freitragende **Doppeldecker D-18** als Konstruktion von Friedrich Fecher fertig. Zum Erstflug startete man das Kleinflugzeug im Januar von Babenhausen und man überführte es bald darauf nach Darmstadt.

Verglichen mit heutigen Motorflugzeugen würde man die D-18 eher als Ultraleichtflugzeug bezeichnen. Über die Zuladung von 240 Kilogramm wäre so mancher UL-Flieger recht froh. Wiederaufgebaut nach der Bruchlandung bei Posen erhielt die D-18 einen stärkeren Motor. Mit dieser Konstruktion gelang im Mai 1930 der Höhenrekord einsitzig mit 8142 Metern. Bereits 1929 flogen die Darmstädter mit diesem Motorflugzeug 8751 Streckenkilometer. Leider war der D-18 auf Dauer kein Erfolg beschieden. Beim Europaflug von Barcelona nach Marseille versagte der Motor und die Maschine ging bei der Notwasserung vor der Küste zu Bruch.

So innovativ die Akaflieg Darmstadt bei der Entwicklung von Motorflugzeugen war, lebten die entwickelten Flugzeuge eher kurz. Der im Januar 1931 fertiggestellte Nachfolger **D-22** auf der Basis eines Doppeldeckers sollte nach Großbritannien für dortige Flugversuche gehen. Trotz sehr guter Flugleistungen ging die Maschine bereits nach 12 Stunden restlos zu Bruch. So verschärfte sich wieder einmal die finanzielle Lage der Akaflieg. Im April erfolgte die Fertigstellung des zweiten Flugzeugs für die DVS. Eine für die Akaflieg selbst geplante dritte Version wurde nie fertiggestellt.

D-28 »Windspiel« 1933

Spannweite	12 m
Länge	5,98 m
Höhe	1,07 m
Flügelfläche	11,40 m²
Leergewicht	54 kg
Fluggewicht	152 kg
Streckung	12,63
Flächenbelastung	13,33 kg/m²
Höchstgeschw. V_{ne}	180 km/h
Gleitzahl	23 bei 56 km/h

Es war kein Wunder, dass nunmehr wieder die Konzentration auf dem Segelflug lag. 1929 wurde auf der Basis der **»Westpreußen«** wieder ein neues Leistungssegelflugzeug entwickelt. Die **D-20 »Starkenburg«** besaß eine Spannweite von 16 Metern und für ihre Zeit recht gute Flugleistungen. Jedoch ging sie im gleichen Jahr beim Rhönwettbewerb zu Bruch. Später entstand sie unter dem Namen **»Würzburg«** neu.

Mit der Machtübernahme der Nationalsozialisten 1933 ergaben sich für die studentische Vereinigung in der Akaflieg Darmstadt erheblich Veränderungen. So wurden auch sie wie die anderen Flugsportvereine im Deutschen Luftsport Verband (DLV) zwangsweise zusammengefasst. Entstanden in den Jahren zuvor oft Flugzeuge in parallelen Projekten, verändert sich dies zusehends. Bereits im Jahr zuvor war mit

Die D-18 auf dem Flugfeld.

Der Doppeldecker D-22.

Nur 54 Kilogramm schwer war die D-28 und überzeugte gleichwohl mit besonderen Flugleistungen.

der extrem leichten Konstruktion der **D-28 »Windspiel«** begonnen wurden. Sie sollte rechtzeitig zum Rhönwettbewerb 1933 fertig gestellt werden.

Ziele der Konstruktion waren eine große Wendigkeit in der Thermik. Dies erforderte einen extremen Leichtbau. Holzrumpf und Flügel wurden mit 1mm Sperrholz diagonal beplankt. Der einteilige Holzflügel war an drei Punkten mit Leichtmetallbeschlägen mit dem Rumpf verbunden. Die Querruder sind auf einem durchgehend konischen Metallrohr aufgebaut, hieran setzen die Rippen an. Es war sogar eine Profiländerung möglich, da beide Querruder gleichsinnig nach oben und unten verstellt werden konnten. Das halbgedämpfte Seitenleitwerk war mit dem Querruder gekoppelt und leistete eine unterstützende Differenzialwirkung. Die nur 54 kg schwere D-28 war ebenfalls für den Wolkenflug vorgesehen, für einen erleichterten Absprung mit dem Fallschirm war der obere vordere Rumpfteil komplett abnehmbar.

Beim Rhönwettbewerb 1933 gewannen die Akaflieger mit »Windspiel« die Prämie im Konstruktionswettbewerb und für den besten Bau[7]. Die wirklichen Leistungen folgten erst im Jahr darauf. Wieder waren die Darmstädter bei der Rhön erfolgreich, wenige Wochen zuvor gelang am 18. Juni 1934 eine Strecke[8] von 240 km von Darmstadt nach Thonne-les-Près bei Montmédy in Frankreich. Das war der Weltrekord für die freie Strecke , allerdings war die Landung in Frankreich gar nicht vorgesehen. Geplant war ein Flug bis zur belgisch-französischen Grenze (beide waren in der Zollunion). So wurde die Maschine zunächst beschlagnahmt und »Sonny« Hans Fischer machte sich große Sorgen um hohe Zollgebühren.

1934 musste sich auch die Akaflieg Darmstadt dem Diktat der neuen Machthaber beugen. Die Eingliederung in den Deutschen Luftsport Verband (DLV) bedeutete die Auflösung des Vereins. Nur durch das Engagement des ehemaligen Akafliegers Otto Fuchs fand man Unterschlupf bei der Deutschen Versuchsanstalt für Luftfahrt (DVL), musste sich jedoch in »Flugtechnische Fachgruppe« (FFG) umbenennen. Sie ernteten Kritik dafür, dass ihr Jahresbericht 1934 noch unter der Bezeichnung Akaflieg (und nicht

Seltenes Farbbild der D-28. Deutlich ist zu erkennen, dass der vorderen Rumpfteil komplett abnehmbar war. Nächstes Segelflugzeug in der Startaufstellung ist die B 8 der Akaflieg Berlin.

Die D-29 in der Werkstatthalle der Akaflieg.

1928 wurde die D-28 schwer beschädigt, als sie ein Motorflugzeug rammte.

D-30 »Cirrus« *1938*

Spannweite	20,10 m
Länge	6,87 m
Höhe	1,75 m
Flügelfläche	12,00 m²
Leergewicht	175 kg
Fluggewicht	265 kg
Streckung	33,67
Flächenbelastung	22,10 kg/m²
Höchstgeschw. V_{ne}	300 km/h
Gleitzahl	37,6 bei 77 km/h

als FFG TU Darmstadt) veröffentlicht wurde. Aus heutiger Sicht erscheint dies als Nebensächlichkeit, unter den damaligen Machtverhältnissen war es durchaus bemerkenswert. Vorteilhaft war, dass die Geldmittel nun wieder zahlreicher und zuverlässiger flossen. Dies bedeutete jedoch auf der anderen Seite, dass man Aufträge der Reichsregierung annehmen und vorrangig zu erfüllten hatte. Vorrang besaß deshalb 1935 die Entwicklung des zweisitzigen **Motorflugzeug D-29**. Mit ihm wurden verschiedene Auftriebshilfen erprobt. Der Preis für diesen Auftrag des Reichsluftfahrtministerium war letztlich sehr hoch. Denn am 18. März 1935 startete Joachim Biedermann (verantwortlich für die Arbeitsgruppe) zu einem Vorführflug mit der D-29 und wollte den Flug mit Trudeln als letzte Figur abschließen. Allerdings gelang dessen Beendigung zu spät, Biedermann zerschellte mit der D-29 am Flugplatzrand und konnte nur noch tot geborgen werden. Die endgültige Version der D-29 flog so erst 1936.

Weil die Entwicklungsarbeiten für die D-29 vorrangig waren, verzögerte sich die Entstehung des ziemlich gegensätzlichen Entwurfs zum »D-Windspiel«. Mit der **D-30 »Cirrus«** gelang der FFG Darmstadt ein Segelflugzeug, das erst etwa 30 Jahre später übertroffen werden sollte. War die D-28 noch für enge und schwache Thermik besonders geeignet, wurde nunmehr das Konzept großer Streckung und Gleitzahlen nicht nur erprobt, sondern auch gebaut[9]. Allerdings war der Weg bis zu ihrer Fertigstellung (1938) recht lang, Nicht zuletzt durch Schenkungen (»Bussard« und zwei »Sperber«) wurde die Forschung zu Flugeigenschaften und ihren Leistungen vorangetrieben, außerdem entstand die **D-28b (»Windspiel 2«)**, nachdem die D-28 bei einem Zusammenstoß am Boden mit einem Motorflugzeug zerstört wurde. Außerdem baut die FFG in Griesheim westlich von Darmstadt einen alten Pferdestall als Hangar für die Flugzeuge um, sogar ein Schlafraum war vorhanden.

Die D-30 wies zahlreiche Besonderheiten auf. Auch wenn der Rumpf Ähnlichkeiten mit der Ku4 »Austria« (Streckung 25,7) aufweist, ist die Streckung von 33,67 bemerkenswert. Die 1942/43 entwickelte Horten VI wies ähnliche (teilweise bessere) Werte auf und beide Flugzeuge waren in ihren Leistungen vergleichbar (allerdings war die D-30 im Schnellflug besser). Beide wurden ausgiebig von Hans Zacher untersucht, seine Methodik prägt bis heute die Idaflieg Vergleichsmessungen.

Die D-30 vor ihrem Start in Freiburg.

Erstflug der D-30 »Cirrus« war am 2. Juli 1938. Die Besonderheiten lagen jedoch nicht nur in der Dimension und dem Leistungspotenzial. So wurde Duraluminium für die Holme verwendet, das Fahrwerk verfügte über eine Druckluftbremse und die V-Form der 3-teiligen Tragflügel (mit Wölbklappen) war im Flug verstellbar. Wenige Tage nach dem Erstflug gelang auf der Strecke Bremen-Lübeck-Bremen (305 Kilometer) der Weltrekord für einen Zielrückkehrflug. Weniger erfolgreich war ihr Debüt im gleichen Jahr auf der Rhön: Ein Versehen der Haltemannschaft bei einem Probeflug am Osthang führte zu einem großen Schaden, den restlichen Wettbewerb musste »Windspiel II« alleine bestreiten.

Bei den Studentenweltmeisterschaften 1939 in Wien zeigte der gleiche Pilot wie im Jahr zuvor auf der Wasserkuppe mit der D-30 deren Überlegenheit und bewältigte eine Strecke von 406 Kilometern.

Dies war zugleich der letzte Erfolg der FFG Darmstadt. Zwar war die **D-31** schon in Einzelteilen gebaut, im November 1939 erfolgte jedoch wegen des ausgebrochenen zweiten Weltkriegs die Einstellung aller Arbeiten. Die noch verbliebenen Motorflugzeuge wurden bis auf zwei Ausnahmen eingezogen. Zwar keimten 1941 Versuche auf, die D-31 weiter zu bauen. Es gab sogar noch zwei Vergleichsfliegen der Akafliegs (oder besser FFGs) 1941 und 1943. 1944 wurden die verbliebenen Flugzeuge auf verschiedene Standorte evakuiert. Am 11. und 12. September wurde Darmstadt bei Luftangriffen weitgehend zerstört. Selbst über dieses Datum hinaus erfolgten noch Aktivitäten der FFG, allerdings nunmehr ausschließlich unter militärischem Blickwinkel. Mit der **D-33** wird ein Entwurf von Alexander Lippisch ab August 1944 umgesetzt. Dabei handelte es sich um einen Delta-Flügler für hohe Geschwindigkeiten. Was nach der Zerstörung Darmstadt an Werkzeug und Maschinen übrig geblieben war, wurde nach Prien verfrachtet. Die D-33 wurde als Gemeinschaftsprojekt mit der Akaflieg München unter der Bezeichnung **»DM-1«** weitergebaut. Dies sogar noch nach dem Einmarsch der Amerikaner, die sie anschließend gleich in die USA mitnahmen[10].

Geblieben ist der heutigen Akaflieg keines der jemals entwickelten Flugzeuge. D-30 und D-31 wurden bei der Besetzung zerstört, die D-28b sollte nach Kalifornien gehen, wurde aber bei der Überfahrt so stark beschädigt, dass sie anschließend wertlos waren.

Die D-33 (DM-1) auf dem Flugfeld in Prien im Frühherbst 1945.

DIE AKAFLIEG NACH 1945

Die TU Darmstadt wurde am 7. Januar 1946 wiedereröffnet. Es sollte noch weitere fünf Jahre dauern, bis schließlich rund 40 Studenten am 9. Mai 1951 zur konstituierenden Sitzung der Akaflieg Darmstadt zusammenkamen. Als erste Werkstatt durfte die Schreinerei am strömungstechnischen Institut übergangsweise mit genutzt werden. Im Jahr darauf entstand aus den Resten einer Baracke eine neue Lösung im Hof der Materialprüfanstalt. Es gab noch keine Heizung und so verging ein weiteres Jahr bis sie als Werkstatt genutzt werden konnte. Nach und nach fanden die vor dem Krieg nach Prien gebrachten Maschinen und Werkzeuge ihren Weg zurück nach Darmstadt.

Wie ihre Kollegen in Berlin begannen die Akaflieger mit dem Bau einer Mü13 E (Bergfalke), denn von einer eigenen Entwicklung war man noch weit entfernt. Dank einer Spende konnten sie das Rumpfgerüst bei Scheibe in Dachau erwerben. Die Haube änderten sie ab und entwarfen sie aus geblasenem Plexiglas neu und strakten sie in den Rumpf ein. Schon beim Erstflug am 23. Juni 1953 zeigten sich die verbesserten Eigenschaften, weil die Verwirbelungen deutlich geringer waren. Getauft wurde der Doppelsitzer auf den Namen »M. Gutermuth«, dem ehemaligen Gründer der Akaflieg, dreißig Jahre zuvor.

Bereits ein Jahr vor dem Erstflug der »M. Gutermuth« entstanden Pläne für einen eigenen neuen Entwurf. Als Gruppenprodukt unterschiedlicher Fachdisziplinen entstand ein Lastenheft mit folgenden Anforderungen: Entwicklung eines einfachen, billigen Übungs- und Leistungssegelflugzeuges und eines werkstattreifen Laminarflügels. Die Streckung sollte groß (20) werden, der Flügel einteilig und nur 12,65 Meter Spannweite besitzen. Diese Vorgaben führten zu einer kleinen Flügeltiefe. Ermöglicht wurde das Projekt durch einen Forschungsauftrag des Bundesverkehrsministeriums.

Die torsionssteife Tragfläche erhielt einen Kastenholm und die Rippen saßen in einem weiten Abstand. Dazwischen befanden sich massive Schaumstoffkerne, die mit 0,6 mm dünnen Birkensperrholz überzogen waren. So wollte man den Flügel über einen weiten Bereich formstabil halten. Außen saßen Formkörper zum Schutz der empfindlichen Flügel bei einer eventuellen Bodenberührung. Vorne bestand der Rumpf aus einem Holz-Schaumstoff-Holz Sandwich, hinten besaß er eine konische Sperrholzröhre. Statt Fahrwerk erhielt die **D-34** eine Kufe, ein Rad war nach dem Start abwerfbar.

Erstflug war am 22. Juli 1955[11]. Die Flugerprobung zeigte Werte, die nah bei den Berechnungen lagen. Bereits beim Erstflug fiel eine geringe Richtungsstabilität auf, ein sofort neugebautes Seitenleitwerk mit vergrößerter Fläche brachte Abhilfe. Ebenfalls mussten die Querruder vergrößert werden.

Bei der D-34 handelte es sich nicht um ein einziges Entwicklungsprojekt, sondern um eine aufbauende Entwicklung. Man war sich schon vor dem ersten Flug bewusst, dass die relativ hohe Flächenbelastung enge Kurvenradien bei schwachen Steigwerten nicht zulassen würde. Außerdem zeigten sich durch die extrem dünne Sperrholzbeplankung die negativen Eigenschaften von Hölzern in Flugzeugbau, weil sie doch Witterungseinflüssen unterliegen. Tatsächlich gab es die **D-34 als a, b und c** Version. Die a-Version war das Ursprungsflugzeug. Die b-Version erhielt eine neue Tragfläche mit Wölbklappen und Querrudern als Flaperons. Der Rumpf erhielt ein Einziehfahrwerk, ein neues Vorderteil sowie Rumpfröhre und ein wieder verkleinertes Seitenleitwerk. Für die D-34 c erhielt der ursprüngliche Flügel Schempp-Hirth Luftbremsen und die Querruderwirksamkeit wurde verbessert. Der Rumpf entstand im Stahlrohrbauweise neu, wurde länger und vorne mit einer GFK-Haut auf Schaumstoffkern und mit Sperrholz verkleidet gebaut. Wegen der größeren Rumpflänge konnte das Seitenruder nochmals verkleinert werden. Die D 34 b erhielt den Namen **»Aphrodite«**, die D-34 c folglich den Namen **»B-phrodite«**. Deren Flugeigenschaften wurden aber als »bösartig« bezeichnet.

Schon zu dieser Zeit entwickelte die Akaflieg konkrete Berechnungen und Planungen für Konstruktionen aus glasfaserverstärktem Kunststoff. Recht genau wurden Zug- und Druckfestigkeiten ermittelt und mit denen von Holzfasern verglichen. Die Arten der Gewebe wurden genau untersucht und Möglichkeiten und Anforderungen an Profile ermittelt. Verschiedene Sandwich-Bauarten (Balsa, Papier, Styropor, Schaumstoff etc.) wurden berechnet, gebaut und Belastungsversuchen unterzogen. Beim OSTIV Kongress[12] 1958 in Leszno (Polen) berichten die Akaflieger über die Versuche. Diese Untersuchungen trugen mit zur Planung für ein neues doppelsitziges Segelflugzeug bei. Ergebnis dieses Entwicklungsprozesses war die **D-35** mit V-Leitwerk. Mehrere Studienarbeiten von Studenten an drei Instituten flossen 1961 in das Projekt ein. Zwei unterschiedliche Rümpfe wurden konstruiert und teilweise gebaut. Expe-

D-34
1955

Spannweite	12,65 m
Länge	6,35 m
Höhe	2,15 m
Flügelfläche	8 m²
Leergewicht	128 kg
Fluggewicht	216 kg
Streckung	20
Flächenbelastung	27 kg/m²
Höchstgeschw. V_{ne}	270 km/h
Gleitzahl	36,6 bei 76 km/h

Die vier verschiedenen Versionen der D-34. Zuerst die Ursprungsversion.

Die D-34b (Aphrodite).

Die c-Version »B-phrodite« ist im Deutschen Segelflug-museum mit Modell-flug zu sehen.

Version d im Lande-anflug.

Beide Versionen der D-36 zusammen.

rimentiert wurde für das Leitwerk mit GFK und Papierwaben. Letztlich stellte sich das Projekt als (zu dieser Zeit) nicht durchführbar heraus. Entwickelt wurde stattdessen eine **D-34 d**. Der neue (immer noch einteilige) Flügel besaß einen Kern aus phenolharzgetränkten Papierwaben und einer Schalenhaut aus GFK. Die Nasenleiste war aus Balsa. Die Festigkeiten lagen im Bruchversuch bei 22g auf der einlagigen Zugseite, die zweilagige Druckseite brach nicht.

Geflogen wurde in Egelsbach, zunehmend litt der Platz unter einer Höhenbeschränkungen des Flughafens Frankfurt. Sorge bereitete immer noch die schlechte Unterstellmöglichkeiten für die Flugzeuge. Besonders ärgerlich war dies bei dem einteiligen, 13 m langen Flügel der D-34, der auf einem einachsigen Anhänger jedes Mal zum Flugplatz gefahren werden musste. Doch Akaflieger sind erfinderisch: So baute man einen Anhänger, der mit seinem verlängerten Aufbau über das Zugfahrzeug hinausragte.

1962 wurde Wolf Lemke Darmstädter Akaflieger. Mit der D-34d beteiligte er sich an den deutschen Segelflugmeisterschaften. Wegen des Einziehfahrwerks hatte der knapp 13m Segelflieger in der offenen Klasse zu starten. Lemke schlug sich tapfer und erreichte den 6. Platz! Unter den damals 20 aktiven Mitgliedern der Akaflieg befanden sich unter anderem Klaus Holligaus, Gerhard Waibel und Heiko Friess. Das Ziel und die Motivation dieser vier jungen Akaflieger war nicht weniger als die Entwicklung und der Bau des besten Segelflugzeugs der Welt. Sie wurden zu den Vätern der **D-36**, einem einsitzigen Hochleistungsflugzeug in Kunststoffbauweise.

Von Beginn an war vorgesehen, dass die Maschine als Erprobungsträger neuer Bauweisen verwendet werden sollte. Bei der Entwicklung von Flugzeugen in Kunststoffbauweise, gab es noch kaum Mess- und Erfahrungswerte im Betriebsverhalten dieser Werkstoffe[13]. Die D-36 sollte als Mitteldecker mit T-Leitwerk besondere Qualitäten mit hoher Reisegeschwindigkeit bei schwacher Thermik besitzen. Waibel zeichnet für Flächen und Leitwerk, Friess für Klappen und Fahrwerk, Lemke für den Rumpf ver-

D-36 »Circe« 1964

Spannweite	17,80 m
Länge	7,35 m
Höhe	1,95 m
Flügelfläche	12,80 m²
Rüstgewicht	285 kg
Fluggewicht	401 kg
Streckung	24
Flächenbelastung	32 kg/m²
Höchstgeschw. V_{ne}	200 km/h
Gleitzahl	44 bei 87 km/h

Im Deutschen Segelflugmuseum mit Modellflug auf der Wasserkuppe in Hessen befindet sich heute die D-36 V2 „Circe".

antwortlich. Als sich in der Erprobung Torsionsflattern am Leitwerk zeigt, konstruierte Hollighaus ein neues. Zeitgleich baute Walter Schneider eine weitere Version **V2**[14].

Die Flügel besaßen Wölbklappen. So sollte der Anstellwinkel des Flügelprofils unabhängig von der Fluggeschwindigkeit immer gleichbleiben und ebenfalls die Anströmung des Rumpfs unverändert bleiben. Für die schnelle Bauausführung griff man auf die Erfahrungen der Akaflieg Braunschweig zurück und wählte eine balsagestützte GFK-Schale.

Erstflug war am 28. März 1964 in Gelnhausen. Obwohl die Schempp-Hirth Luftbremsen wegen der besseren Flügelaerodynamik keinen Luftaustausch zwischen dem oberen und unteren Klappenkasten besaßen, ließ sich der Gleitwinkel in der Landung ähnlich der K-7 steuern[15]. Als neue Konstruktion konnte das Flugzeug im gleichen Jahr an den deutschen Segelflugmeisterschaften teilnehmen. Trotz seiner geringen Wettbewerbserfahrung gewann Gerhard Waibel. Im Jahr darauf belegte Rolf Spänig bei den Weltmeisterschaften mit dem Flugzeug den 2. Platz in der offenen Klasse.

Gerhard Waibel wechselte 1965 als Konstrukteur zu Alexander Schleicher. Die Erfahrungen mit der Entwicklung und dem Bau der D-36 flossen in seine Konstruktion ein. Mit der ASW-12 entwickelte er die D-36 weiter und spätestens mit dem Weltrekordflug von Hans-Werner Grosse 1972 von Lübeck nach Biarritz war die Überlegenheit der modernen Kunststoffsegler unzweifelhaft.

So erfolgreich die Akaflieg 1964 noch auf zahlreiche Mitglieder zurückgreifen konnte, änderte sich dies mit einer veränderten Studienordnung und der damit verbundenen freien Zeit für die Studenten. Zwei Jahre später gab es nur noch 10 aktive Mitglieder, neu hinzugekommen war Wilhelm Dirks.

Der Bau der **D-37**, eines Motorseglers mit Klapptriebwerk, begann 1965. Aus Gründen der Vereinfachung wurde auf das Rumpfhinterteil mit Leitwerk der D-36 zurückgegriffen. Der Motorsegler sollte nicht selbststartend sein, Motor und Träger waren im Rumpf einfahrbar. Für den Bau des Tragflügels sollte ein neues Verfahren erprobt werden. Doch die Planungen aus Modellversuchen ließen sich nicht übertragen: Der Flügel sollte zum Teil über einem von Rippen gestützten Wabenkern aufgebaut werden, dessen Hohlräume mit Hilfe eines Zweikomponentenschaumes auszufüllen waren. Eine beim Originalbau nicht zu kontrollierende Schaumvergrößerung ließ das Verfahren scheitern.

1967 entstanden die Flügel dann im damals schon bekannte GFK-Balsa-GFK Sandwichverfahren mit Glasfaserholmen. Der Rumpf wurde im gleichen Weg auf einem Spantenträger erstellt. Im Sommersemester 1968 verließ einer der Konstrukteure die Akaflieg und hinterließ ein zur Hälfte gebautes, konstruiertes und gerechnetes Projekt. Es ist sowohl dem Werkstattleiter als auch dem Alten Herren Wolf

Die D-37 nach dem Rückbau zum Segelflugzeug

Bereit zum Flugzeugschlepp, die D-38 der Akaflieg Darmstadt. Die D-398 ist die Vorlage zur späteren DG-100.

Lemke zu verdanken, dass letztlich die Fertigstellung unter der konstruktiven Leitung von Wilhelm Dirks gelang.

Rechtzeitig vor dem Sommertreffen der Idaflieg konnte die D-37 (noch als reines Segelflugzeug) am 5. August 1969 in Worms zum Erstflug abgeben. Die Motorerprobung begann erst 1970. Tatsächlich waren auf der langen Landebahn in Worms sogar nicht geplante Eigenstarts möglich. Der spätere Umbau wieder zum reinen Segelflugzeug erhielt die Bezeichnung **D-37b**.

Die Auslegung der **D-38** begann 1970 und nur zwei Jahre später, am 19. Dezember 1972, war der Erstflug – ein voller Erfolg. Die Idaflieg bestätigte beim Erfliegen der Leistungen: »Die D-38 ist das beste Flugzeug der Standardklasse«. Als Konstrukteur zeichnete wieder Wilhelm Dirks verantwortlich. Der Flügel war als Mitteldecker und das Leitwerk als T-Leitwerk ausgeführt. Ziel der Entwicklung waren vor allem sehr gute Flugeigenschaften, gute Leistung, gute Sicht und eine einfache wartungsfreundliche Konstruktion. Der im Negativformen hergestellte Doppeltrapezflügel besaß nach oben öffnende Schempp-Hirth-Klappen und die Möglichkeit zur Aufnahme von etwa 50 l Wasserballast. Die D-38 war dann die Vorlage für die DG-100, die Dirks nach Gründung der Firma DG als erstes fertigte.

D-38
1964

Spannweite	15 m
Länge	6,89 m
Höhe	1,26 m
Flügelfläche	11 m^2
Rüstgewicht	210 kg
Fluggewicht	325 kg
Streckung	20,5
Flächenbelastung	28-33 kg/m^2
Höchstgeschw. V_{ne}	250 km/h
Gleitzahl	36,5 bei 100 km/h

Nachfolgend entstand die **D-39** als Motorsegler. Geplant war, weitgehend Baugruppen der D-38 zu verwenden (insbesondere Flügel und Leitwerk). Als Wilhelm Dirks die Akaflieg verließ, waren die Rumpfschalen bereits fertig. Als Antrieb war ein 2-Zylinder 2-Takt Motor mit einem Faltpropeller in der Flugzeugnase vorgesehen. Doch die Nachfolger änderten den Entwurf beim Motor ab[16]. Am 28. Juni 1979 hob die erste D-39 auf dem Flugplatz Worms ab. Mit dem Limbach 1700 EA als Motor[17] und der Spannweite von 15 Metern war das Flugzeug aber insgesamt zu schwer und zu kopflastig. Ein großer Umbau wurde nötig. Die Flügel wurden innen auf 17,5 Meter Spannweite verlängert und vorgepfeilt. Durch diese Maßnahmen wurde die **D-39b** sehr verbessert und besaß nun Segelflugeigenschaften wie ein Standardklasseflugzeug. Insgesamt drei Versionen (D-39 mit 15 Meter Spannweite, D-39b mit 17,5 Meter Spannweite und D-39 HKW mit 18 Meter Spannweite) entstanden. Die

Im direkten Vergleich beide Versionen der D-39.

Die D-40 mit eingefahrenen Klappen.

Hier deutlich zu sehen, wie die »Taschenmesserklappen« die Flügelfläche der D-40 vergrößert haben.

D-39-HKW ist ein Nachbau von Heinrich K. Weinert. Nach einem Werkstattunfall erhielt die D-39b einen neuen Limbach Motor.

Bereits in der Bauphase der D-39 entstanden die Planungen für die **D-40** als nächster Typ. Ziel war ein 15 Meter Flugzeug mit variabler Flächengeometrie, ähnlich wie dies von der Akaflieg Braunschweig mit der SB-11 und der Akaflieg München mit der Mü 27 unternommen wurde.

Diese zwei Konstruktionen veränderten die Flügelgeometrie, weil sie den Flügel parallel zur Hinterkante verlängerten. Die Akaflieg Darmstadt verfolgte einen anderen Ansatz: Eine einteilige Klappe hatte am Querruder den Fixpunkt und schob sich aus der Flügelhinterkante drehend heraus. Dieser Mechanismus erhielt den Spitznamen »Taschenmesserflügel«. Die Flügelfläche wird bei ausgefahrenen Klappen um 21% vergrößert. Die Alten Herren halfen ganz praktisch mit beim Bau: Bei Glaser-Dirks wurden von zwei Gruppenmitgliedern die Kohlefasergurte für den Flügelholm gezogen, bei Rolladen-Schneider entstand der Rumpf in den Formen der LS-3.

Am 15. August 1986 hob die D-40 auf dem Flugplatz Griesheim ab. Rückblickend ist dies ein doppelter Erfolg, denn Griesheim war ein amerikanischer Militärflugplatz und die Akaflieg bemühte sich schon mehr als 25 Jahre darum, dort fliegen zu dürfen. Unmittelbar nach dem Erstflug ging es zum Idaflieg-Treffen nach Aalen-Elchingen, wo die Erprobung und Leistungsvermessung begannen. Die Flugleistungen waren sehr ansprechend und das Flugzeug unkompliziert zu fliegen. Wie Helmut Reichmann schon feststellte, war sie im Langsamflug anderen Flugzeugen überlegen. Seit 2015 wird die D-40 von einem Alten Herrn der Akaflieg Karlsruhe betrieben.

Ein Jahr vor dem Erstflug der D-40 begannen die ersten Überlegungen für einen Doppelsitzer mit nebeneinander liegenden Sitzen. Der 20 m Flieger sollte gute Leistungseigenschaften erhalten und für Wettbewerbsflüge geeignet sein. Weil beide Piloten nebeneinander sitzen, versprach man sich Vorteile für die Kommunikation.

Der Bau der **D-41** begann im Frühjahr 1989. Alle Steuerungselemente sollten von beiden Piloten gleichberechtigt zugänglich sein[19]. Den Schwerpunkt der Entwicklungsarbeit legten die Akaflieger auf den Rumpf, alle anderen Teile sollten weitgehend aus Serienmodellen übernommen werden. Wegen der Anordnung der Piloten nebeneinander wurde das Cockpit natürlich deutlich breiter als bei einem herkömmlichen Doppelsitzer, aber eben auch kürzer. Das Leitwerk wurde von der ASH 25 übernommen, die Flügel kamen von der LS 6 und erhielten »Ansteckohren«. Das Zwillingsrad kam von der ASW 22. Wegen des breiten Cockpits und der notwendigen starken Rumpfeinschnürung, musste der Rumpfflügelübergangsbereich tolerant gegen Grenzschichtablösungen sein.

D-40
1986

Spannweite	15 m
Länge	6,75 m
Höhe	1,47 m
Flügelfläche	9,5 - 11,5 m²
Rüstgewicht	284 kg
Fluggewicht	374 - 500 kg
Streckung	23,7 - 16,9
Flächenbelastung	53 - 32 kg/m²
Höchstgeschw. V_{ne}	295 km/h
Gleitzahl	unbekannt

Am 8. August 1993 kam die D-41 auf dem Flugplatz Weinheim an den Start. Der erste Schlepp brachte sie auf 2000 Meter. Bemängelt wurden die etwas schwergängigen Wölbklappen, doch bei insgesamt 10 Flügen an diesem Tag blieb man insgesamt 8 Stunden in der Luft. Die weitere Flugerprobung setzte sich direkt danach auf dem Idaflieg-treffen in Aalen-Elchingen fort.

Das nächste Projekt, die **D-42**, sollte ein eigenstartfähiger Solarmotorsegler werden. Das ambitionierte und hochaktuelle Vorhaben scheiterte jedoch leider trotz intensiver Planungen und Vorbereitungen an den zu hohen Materialkosten[21]. Das Klapptriebwerk sollte eine verstellbare Luftschraube haben. Das Nachladen der Akkus war während des Fluges mit den Solarzellen geplant.

Ab 1995 fanden aber auch schon Überlegungen zum Bau eines doppelsitziges Schulflugzeug statt. Für das Projekt **D-43** sollte die erfolgreiche Side-by-Side Anordnung der Sitze der D-41 übernommen werden. Man versprach sich davon einen großen Vorteil für die Schulung. Ein integriertes Rettungssystem für beide Piloten wurde eingeplant. Im ersten Entwicklungsabschnitt begleiteten vier Studienarbeiten das Projekt. Doch die Entwicklung des Flugzeuges verzögerte sich. Veränderungen der schon erwähnten Studienordnung waren nach wie vor für die Gruppenstruktur nicht förderlich. Wissen und Bauerfahrung gehen leider oft beim Wechsel der Studenten verloren. 2005 präsentierte die Akaflieg dann auf der Aero in Friedrichshafen ein Mock-Up des Cockpits zum Probesitzen für die Besucher. Reichliche Verzögerungen in der Entwicklung entstanden auch durch das geplante Rettungssystem, was letztlich dann doch nicht eingebaut wurde.

So hob fast 20 Jahre nach Planungsbeginn der »Glücksdrache« **D 43 »Fuchur«** am 31. Oktober 2014 in Malmsheim bei Renningen ab. Die D-43 erfüllte die Erwartungen und Hoffnungen, welche die Akaflieg hineingelegt hatte. Mit nunmehr 18 Metern Spannweite (mit Winglets sollen 20 Meter erreicht werden), 180 Kilogramm Zuladung und einer Anfluggeschwindigkeit von 75 km/h setzt sie Maßstäbe für ein Schulungsflugzeug. Nachdem der Einbau eines Rettungssystems nicht erfolgte, legten die Planer Wert auf eine hohe

Die D-43 beim Idafliegtreffen 2015 auf dem Flugplatz Aalen-Elchingen.

Das Cockpit des Doppelsitzers mit dem Phi-Psi-Theta (durchsichtige Plexiglasscheibe – siehe Artikel über die Idaflieg) vor dem linken Pilotensitz.

D-43 »Fuchur« *2014*

Spannweite	18 m
Länge	6,75 m
Höhe	?
Flügelfläche	15,93 m²
Rüstgewicht	480 kg
Fluggewicht	660 kg
Streckung	20,34
Flächenbelastung	41,43 kg/m²
Höchstgeschw. V_{ne}	190 km/h
Gleitzahl	?

passive Sicherheit mit dem Cockpit. Die flache Struktur des sehr breiten »Side by Side«-Cockpits stellte eine große Herausforderung dar. Eine Aufteilung in Beulfelder und ein spezieller Laminataufbau unter Verwendung von »Dyneema« – einem Werkstoff, der nach Studien des TÜV Rheinland einen Teil der Aufprallenergie verzehrt – brachte hier die Lösung. Mittlerweile sind die Flattererprobung (bis 290 km/h) sowie die Trudelerprobung abgeschlossen.

In dem Projekt **D-44 »Soteira«** sollte ein pyrotechnisches Pilotenrettungssystem entwickelt werden, das erstmals für die D-43 gedacht war. Überlegungen dazu kamen durch den tödlich verlaufenden Unfall mit der D-41 im Jahr 1999[22]. Das System sah vor, dass die Piloten nach dem Haubenabwurf mit einer Rakete aus dem Flugzeug gezogen werden. So sollte eine Rettung aus minimaler Höhe und bei minimaler Fluggeschwindigkeit an Fallschirmen möglich sein. Derzeit ruht das Projekt.

Entstanden früher noch Flugzeuge mit Rechenschieber und am Reißbrett, so haben längst CAD Modelle, 3D Druck und CNC Maschinen ihren Einzug gehalten. So soll das nächste Projekt der Akaflieg Darmstadt voll von den digitalen Möglichkeiten der Technik sowie der vorhandenen Rechenmethoden unterstützt werden. Damit erarbeiten sich die Studenten den praktischen Zugang zu den aktuellen industriellen Fertigungsmethoden. Eine aktive Akaflieg kann eine Berufsschmiede sein.

Die D-45, konzipiert als 15 m Rennklasseflugzeug mit der Spannweitenoption von 13,5 m, soll in Prepregbauweise mit einem Leergewicht unter 200 Kilogramm entstehen. Ein Prepreg ist ein bereits mit einem speziellen Harz imprägniertes Gewebe, welches erst unter hohem Druck und Temperatur aushärtet. Die Industrie nutzt dies bereits. Diese Verarbeitungsweise bedarf dort aber einer sehr großen Infrastruktur und Geräteinvestition. Bei der Akaflieg gilt es nun, ein Verfahren zur Nutzung dieser neuen Bauweise kostengünstig für ein Einzelstück zu entwickeln.

Die Akaflieg Darmstadt ist sicher ein »Schwergewicht« in Bezug auf die Entwicklung von Segelflugzeugen und des Segelflugs. In der Übersicht wird deutlich, wie »forschen, bauen, fliegen« zueinander gehören.

Deutlich erkennt man von vorne, dass die Sitze nebeneinander liegen.

Der aktuelle Entwurf der D-45, so wie ihn die Akaflieg Darmstadt vorstellt.

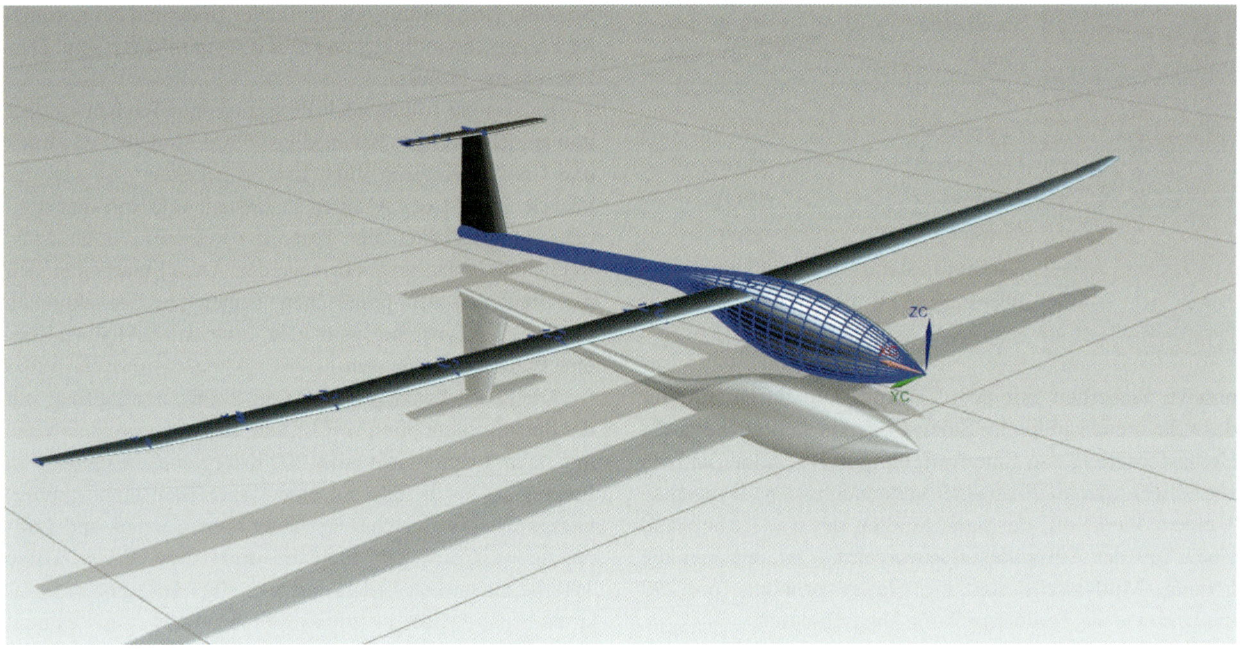

1 Es gibt eine sehr gute Dokumentation des vom Oldtimer Segelflugclub Wasserkuppe durchgeführten Nachbaus vom Deutschen Segelflugmuseum mit Modellflug aus dem Jahr 2003.

2 Sein Bruder Hans hatte den Weltrekordflug 1912 durchgeführt und war im 1. Weltkrieg gefallen.

3 Tatsächlich gab es zwei Denkmale auf der Wasserkuppe. Der von Laurenz Fischer und Paul Gutermuth voran getriebene Gedenkstein wurde am 29. August 1920 u.a. von Prof. Hoff (DVL Berlin Adlershof) eröffnet. Nach der Besetzung durch die Amerikaner wurde es abgetragen. Es lag an der Stelle der dort später errichteten Radarstation. Hoff hatte auch die Oberleitung des ersten Rhönwettbewerbs 1920.

4 1922 fand der Rhönwettbewerb eigentlich nur zwischen der Akaflieg Darmstadt und der Akaflieg Hannover statt. Während Martens mit dem »Vampyr« der Akaflieg Hannover am 18. August 1922 den ersten Stundenflug schaffte, zog Hackmack von der Akaflieg Darmstadt am 24. August gleich. Doch noch am selben Tag segelte Hentzen (wieder Hannover) gleich drei Stunden und sechs Minuten.

5 Es war ein schwerer Rückschlag für die Akaflieg, als im Jahr darauf Laubenthal in Böblingen tödlich verunglückte.

6 Nicht ganz ohne Hintergedanken, denn auf dem Reißbrett gab es schon eine verbesserte Darmstadt II, mit der man beim nächsten Rhönwettbewerb teilnehmen wollte.

7 Zusätzlich den Preis des hessischen Ministerpräsidenten (recht bald danach setzten die Nationalsozialisten alle Ministerpräsidenten ab), den Preis des DLV sowie weitere Preise.

8 Einen Monat zuvor war eigentlich ein Zielflug von Darmstadt zur Wasserkuppe geplant. Da der Pilot Hans Fischer (er wog nur zwei Kilo mehr als die D-28) durch starken Wind versetzt an der Kuppe vorbeifliegt, entscheidet er sich einfach weiter zu fliegen. Über Bad Meinberg möchte er die schöne Höhe nicht verschenken, ebenso wenig über Suhl und Erfurt. So landete er in Weimar – einen Kilometer unter dem damaligen Weltrekord.

9 Die Entwicklungszeit verzögerte sich, weil für den Bau geplante Materialien verspätet geliefert wurden und sich notwendige Festigkeitsuntersuchungen verzögerten. Bemerkenswert ist, dass noch vor der Fertigstellung der D-30 die Entwürfe für eine doppelsitzige Version mit annähernd gleichen Flugleistungen entstanden.

10 Spezialisten des Luftwaffennachrichtendienstes der amerikanischen Armee schätzen das Projekt als so interessant ein, dass General Patton den Weiterbau in Prien veranlasste. Diese Arbeiten dauerten bis in den September 1945 und nach der Fertigstellung wurde die DM-1 noch vor einer Flugerprobung in die USA transportiert Ab 1946 unterzog man in Langley die DM-1 zahlreichen Versuchen im Windkanal. Die DM-1 gilt als die »Blaupause« für später folgende Delta-Flugzeuge.

11 Die D-34 muss man auch in einer Entwicklungreihe der Kleinsegelflugzeuge betrachten. Bereits die D-6 »Geheimrat« und die D-28 »Windspiel« besaßen mit nur 12 Meter Spannweite sehr guten Flugeigenschaften. Bereits 1930 gab es Überlegungen, eine Unterteilung zwischen 12 Meter, 16 Meter und offener Klasse zu treffen.

12 Die OSTIV (Organisation Scientifique et Technique du Vol à Voile) fördert den Fach- und Erfahrungsaustausch zwischen Piloten und Konstrukteuren. 1958 fand der Kongress am Rande der Segelflugweltmeisterschaften in Leszno statt. Die OSTIV ist die Nachfolgeorganisation der ISTUS (Internationale Studienkommission für Segelflug) und wurde 1948 in Samedan (Schweiz) gegründet.

13 Es wurde ein Messinstrument für im Flug auftretende Spannungen in der Fläche entwickelt, erster Einsatz war zunächst in der D-34.

14 An der D-36 »Circe« waren als Studenten die späteren entscheidenden Ingenieure Lemke (Rolladen-Schneider), Waibel (Schleicher), Hollighaus (Schempp-Hirth) und Friess (LBA) beteiligt. Nach der Entwicklung der D-37 »Artemis« und D-38 kam Wilhelm Dirks (DG) hinzu. Aus der Akaflieg Darmstadt kamen von 1964 bis 1974 die führenden deutschen Segelflugzeugkonstrukteure. Nach ihrem Wechsel zu ihren späteren Arbeitgebern entstanden so die LS 1, die ASW 12, der Cirrus und die DG100. Heiko Friess wechselte zum Luftfahrtbundesamt und leitete dort die Abteilung für die Zulassung von Segelflugzeugen.

15 Die Klappen der K-7 (ursprüngliche große Bauform) besitzen nicht zu Unrecht den Ruf extremer Gleitwinkelsteuerung. Sie werden deshalb als Sturzflugbremsen bezeichnet.

16 Das ursprüngliche Motorkonzept ließ sich nicht umsetzten.

17 Die Cowling musste links und rechts mit »Hamsterbäckchen« erweitert werden (wie bei der SF28), als Luftschraube wurde ein Dreistellungspropeller (Start-Reise-Segel) von Hoffmann eingebaut.

18 Der Rumpf kippte vom Kuller und fiel um, dabei wurde die Kurbelwelle beschädigt. Da Geld immer knapp war, kaufte man einen gebrauchten Motor Limbach L2000 statt des bisherigen 1700 EA.

19 Das klappte fast. Das Fahrwerk musste vom rechten Sitz aus bedient werden.

20 Jedes Prototypenprojekt endet nicht mit dem Erstflug. Vielmehr erstreckt sich die nachfolgende Erprobung und Optimierung über viele Jahre hin. Eine Akaflieg forscht eben beständig weiter.

21 Die Materialkosten sollten damals mehr als 100.000 DM betragen. Überlegungen der Akaflieg Darmstadt flossen in den Elektrosegler »Antares« von Axel Lange ein.

22 Tragisch war der tödliche Absturz mit der D-41 am frühen Abend des 3. Juli 1999. Bei einem Einweisungsflug wurde eine Startunterbrechung an der Winde geübt. In der Umkehrkurve für eine verkürzte Landung geriet das Flugzeug in eine unkontrollierte Fluglage und stürzte ab.

HANS ZACHER

Hans Zacher beim Idafliegtreffen 1979 in Aalen-Elchingen in einer PIK 20. Wenigen ist bekannt, dass das finnische Flugzeug von Studenten an der Technischen Universität Helsinki entwickelt wurde.

Hans Zacher wurde am 22. November 1912 in Lüdenscheid geboren und war in den Anfängen seiner fliegerischen Laufbahn Akaflieger in Darmstadt. Mit dem Abschluss als Diplom-Ingenieur erlangte er eine Anstellung bei der Deutschen Forschungsanstalt für Segelflug (DFS). So verfasste er unter anderem 1944 den Flugleistungsbericht über die D 30 der Akaflieg Darmstadt. Als die Fliegerei in Deutschland wieder erlaubt wurde, wirkte er ab 1952 als Musterprüfer für Segelflugzeuge in der Prüfstelle für Luftfahrtgerät (PfL) und kehrte 1958 wieder in die Forschung in der 1953 wiedergegründeten Deutschen Forschungsanstalt für Segelflug DFS am Flughafen Riem zurück. Die DFS ging dann in die Flugwissenschaftliche Forschungsanstalt München FFM über, die 1963 schließlich in die damalige Deutsche Versuchsanstalt für Luftfahrt (DVL) der Außenstelle Oberpfaffenhofen eingegliedert wurde, womit auch ein Standortwechsel verbunden war. 1969 wurde die DVL mit anderen Luftfahrtforschungsanstalten (z.B.: DFL) in der DFVLR (heute DLR) zusammengefasst, die in Deutschland viele Standorte hat.

In allen diesen Organisationsformen der Deutschen Luftfahrtforschung war Hans Zacher Abteilungsleiter für Segel- und Leichtflugzeuge. Mit Beginn des Idafliegtreffens 1937 in Prien begleitete er bis ins hohe Alter jedes weitere Treffen. Es war ihm ein Anliegen, Flugleistungen und statische sowie fliegerische Faktoren aus einer Interpretation herauszuholen und sie anhand objektiver Faktoren vergleichbar zu machen. Dieses Verfahren (»Zacherprotokoll«, siehe den Abschnitt Idaflieg) wird bis heute als »zachern« bezeichnet.

Der Begriff steht für ein standardisiertes Bewertungsverfahren der Flugeigenschaften von Segelflugzeugen. Die Ergebnisse sind reproduzierbar und unterstützen die Mitglieder der Akafliegs darin, die Eigenschaften für Segelflugzeugen zu erkennen, beschreiben, beurteilen und zu vergleichen. In der Folge sollte »zachern« zur Verbesserung der Fachkompetenz bei der Konstruktion sowie der fliegerischen Handhabung von Segelflugzeugen beitragen. »Zachern« findet nicht am Computer, sondern in der Realität statt. Zu Beginn stehen ganz einfache Fragen: Entspricht ein Segelflugzeug tatsächlich seinem geplanten Einsatzzweck (Übungs- oder Leistungsflugzeug)?

Der Träger des Bundesverdienstkreuzes war aber alles andere als ein distanzierter Wissenschaftler. Immer war er bereit den aktiven Akafliegern zuzuhören und mochte selbst durch sein bewundernswertes Erinnerungsvermögen, technisches Verständnis und Schlagfertigkeit zu überzeugen. »Das haben wir schon immer so gemacht« war nie für ihn ein Thema, stattdessen interessierte ihn der Fortschritt. 1992 veröffentliche er zusammen mit Günther Brinkmann »Die Evolution der Segelflugzeuge«, das Standardwerk der technischen Geschichte in der deutschen Segelflugzeug-Entwicklung.

Hans Zacher starb am 5. August 2003 mit über 90 Jahren in Gauting bei München. In seinem Nachruf in der Frankfurter Allgemeinen Zeitung zog der Journalist Dieter Vogt am 18. September 2003 einen Vergleich zu berühmten Männern der Wissenschaft wie Röntgen, Pasteur und Morse: »Ihr Name wurde zum Tätigkeitswort. Man kann röntgen, pasteurisieren, morsen. Wer Verb wird, wird unsterblich. Auch Hans Zacher? Ja... Das Zachern gehört heute zum Wortschatz der Flugzeugbauer und ihres Nachwuchses, der akademischen Fliegergruppen (Akafliegs) an den Hochschulen. Kann es ein höheres Lob geben?«

AKAFLIEG DRESDEN

DIE AKAFLIEG BIS 1945

Wie bei zahlreichen anderen Fliegergruppen trieben ehemalige Piloten des 1. Weltkrieg (nunmehr als Studenten) auch in Dresden die Entwicklung des »Flugtechnischen Vereins Dresden« (F.V.D.)[1] voran. In erster Linie waren dies Wolfgang Klemperer und Erich Meyer. Beide wurden nach ihrem Studium zu Assistenten der Technischen Hochschule. Der flugbegeisterte Erich Meyer unternahm mit Unterstützung von Oskar Ursinus in der Zeitschrift »Flugsport« am 24. März 1920 einen »Ruf an alle Gleit- und Segelfluginteressenten«[2]. Dieser Aufruf bildete die Grundlage für den ersten aller Rhönwettbewerbe. Doch wechselten im gleichen Jahr Klemperer zur Hochschule nach Aachen und Meyer nach Berlin. Aus diesem Grund beteiligte sich am ersten Wettbewerb kein Flugzeug aus Dresden.[3]

Die Hauptversammlung des Flugtechnischen Vereins Dresden beschloss Anfang 1921, dass man sich in diesem Jahr an der »Rhön« beteiligen solle. Das Ergebnis war die erste Konstruktion »Stehaufchen«, die TH Dresden hatte für den Bau Arbeitsräume und Werkstätten zur Verfügung gestellt.

Angeschlossen an den Flugtechnischen Verein Dresden gründeten vier Studenten 1922 die Akademische Fliegergruppe Dresden als eine Untergruppe. Die Bezeichnung der Baumuster »D-B« wurde vom F.V.D. übernommen und fortgeführt, wenngleich die ersten Segelflugzeuge vom F.V.D. nur mit Namen, jedoch nicht mit einer Nummerierung versehen waren. Motor der neugegründeten Fliegergruppe war Erich Trefftz, der in diesem Jahr als ordentlicher Professor an die Mechanische Abteilung der Technischen Hochschule Dresden berufen wurde. Relativ zeitgleich mit der Gründung wurde diese frühe Akaflieg Mitglied in der Idaflieg. Die Akaflieg Dresden gehört damit zu den ersten Mitgliedern der Idaflieg. Und ebenso zügig begannen die Studenten mit dem Entwurf und Bau von motorlosen Flugzeugen. Erster Flugzeugwart wurde Horst Muttray[4], sein zweites Flugzeug wurde die **D-B 2 »Doris«**.

Die erste Teilnahme der (noch als Untergruppe) Akaflieg Dresden beim Rhönwettbewerb war 1923. Sie traten mit **»Stehaufchen«**[5] (später als **D-B 1**) beim Rhönwettbewerb an. Allerdings machte der Segler seinen Namen nicht wirklich Ehre und wurde so schwer beschädigt, dass an eine Reparatur nicht mehr zu denken war. Auch die beiden anderen Flugzeuge der Gruppe »Doris« (später als D-B 2) und **»Falke«** (**D-B 3**) brachten die Abnahmeflüge nicht ohne Bruch hinter sich. Beide Konstruktionen wurden aber nach Ende des Wettbewerbs von den Dresdener Akafliegern weiter erfolgreich genutzt. Eine ihrer Besonderheiten war, dass beide Flügel drehbar um einen Hals befestigt waren. So ließ sich im Flug der Einstellwinkel jedes Halbflügels (sogar unabhängig voneinander) verändern. Dieses Konstruktionsprinzip wurde von Offermann (Aachen) entwickelt und von Friedrich Harth (Bamberg) weiter betrieben.

»Stehaufchen« fertig aufgebaut vor dem Start (oben) und im Flug in der Rhön (unten).

Die D-B 2 »Doris« vor dem Start.

Ein weiteres Bild der D-B 2, die Ansteuerstangen an den Flügelnasenwurzeln zur Einstellwinkelveränderung sind deutlich zu erkennen.
In der Flügelmitte haben die Flächen deswegen auch einen klar zu sehenden Versatz
.

Die D-B 3 hat gerade im Gummiseilstart abgehoben.

Die D-B 5 vor ihrem Rückbau.

Zwei Jahre später, am 14. April 1924 lösten die Studenten das Untergruppenverhältnis auf und konstituierten sich als selbstständigen Verein an der TH. Im gleichen Jahr wurde mit der **D-B 4** ein Segelflugzeug begonnen, welches unter der Bezeichnung **D-B 5** einen Hilfsmotor erhielt. Ungesichert sind die Aufzeichnungen über zwei weitere Gleitflugzeuge. Ein Jahr später wurde Friedrich Schicht zur Vorsitzenden der Akaflieg gewählt und blieb dies bis zu ihrer Auflösung. Bis etwa 1927 trat ein gewisser Stillstand in den Aktivitäten ein, Dynamik kam mit der Anstellung von Karl Frisch als Werkstattmeister und dem Engagement von Prof. Erich Trefftz auf. Die Akaflieg erhielt endlich eine neue Werkstatt von der Kraftverkehr Sachsen Aktiengesellschaft. So nahm man sich die begonnene D-B 5 erneut vor. Auch wenn die Akaflieg Dresden einige Jahre später durchaus die Vorteile höherer Flächenbelastung gewinnbringend einsetzen konnte, war das Flugzeug mit einer höchstzulässigen Abflugmasse von 310 kg und einem 12 PS Motor zu schwer und wies eine Steigrate vom nur 30 cm pro Sekunde auf.

So baute man den Motor[6] wieder aus und nahm mit der nunmehr **»Ebersbach«** getauften D-B 4 am Rhönwettbewerb 1928 teil. Wolfgang Pomnitz[7] musste sich als Pilot mit einer Flugzeit von vier Stunden und sieben Minuten nur knapp (um weitere zwei Minuten) Heini Dittmar geschlagen geben. So brachte er einige Preisgelder mit nach Hause.

Erst 1928 unternahmen die Akaflieger erste Flüge im südöstlichen Dresden in Rockau. Über die Entwicklungen D-B 5 gibt es kaum Unterlagen. Unter der Leitung von Friedrich Schicht wurde ab 1926 die **D-B 6** konstruiert und Werkmeisters Karl Fritsch leitete ihren Bau an. Der einsitzige Tiefdecker mit v-förmigem Holm erhielt den englischen 40PS-Motor ABC »Scorpion«, den Prof. Erich Trefftz aus Institutsmitteln erwarb.

1929 entstanden dann die beiden Segelflugzeuge **D-B 7** und **D-B 8**, letztere mit recht großer Spannweite von 20 bzw. 19 Metern. Bemerkenswert ist, dass dabei die zweiholmige D-B 8 nur acht Wochen von dem Konstruktionsentwurf bis zu ihrer Fertigstellung benötigte. Mit beiden Konstruktionen beteiligte sich die Akaflieg Dresden am Rhönwettbewerb 1929. Neben einem Porzellanteller gewann Erhard Muschick für zwei Flüge je 50 Mark. Immerhin zeigte der

Das Motorflugzeug D-B 6 im Bau.

Die einsitzigen D-B 7 im Landeanflug auf die Elbwiesen.

Die D-B 9 im Flug und am Boden. Auf ihr wurden auch die Einweisungen für den Motorflug vorgenommen.

Dresdener Gruppenfluglehrer Muschick die Stabilität der D-B 8, als er sich bei kräftigem Südwestwind (überliefert sind bis 115 km/h) drei Stunden an den Elbhängen bei Dresden im Hangflug halten konnte.

Diese hohe Bausicherheit wurde zu einem der Qualitätsmerkmale der Akaflieg. Eine höhere Flächenbelastung wollte man bewusst für höhere Geschwindigkeiten nutzen und die Akaflieger setzten sich dabei das Ziel, beides in sehr guten aerodynamischen Eigenschaften zu vereinen. Eine Flächenbelastung von 20,8 kg/m² der D-B 8 fand sich erst Jahre später bei Segelflugzeugen wie der D 30 der Akaflieg Darmstadt oder der Mü 17 »Merle« der Akaflieg München wieder. Nur schrieb man bei der D-B 8 noch das Jahr 1929 und nicht 1938.

Die nachfolgende Konstruktion **D-B 9** entstand 1930. Es handelte sich um einen abgestrebten Doppelsitzer mit offenen Sitzen und ovalem Rumpfquerschnitt. Weil die Außenlandemöglichkeiten im Umfeld in Dresden schlecht waren, wurde der Rumpf wasserdicht konstruiert und sogar die Flügelenden abgedichtet. Notfalls sollte so eine Landung auf der Elbe erfolgen können.

Erhard Muschuk[8] entwickelte ausgehend von den überzeugenden Leistungen der D-B 8[9] für den Rhönwettbewerb 1931 einen Einsitzer mit viereckigem Kastenrumpf. Aus seiner damaligen Sicht überwogen die Vorteile einer einfacheren Herstellung die einer aerodynamischeren Formgebung. Tatsächlich flog er diese zehnte Konstruktion (**D-B 10**) der Akaflieg Dresden beim Rhönwettbewerb erst 1932, da sie im Jahr davor nicht rechtzeitig fertig wurde. Diese erfolgreichste Konstruktion der Akaflieg Dresden blieb auch ihre letzte bis zu ihrer Neugründung Jahrzehnte später.

Die torsionssteifen Flügel waren ab dem Hauptholm bis zur Hinterkante bespannt, der Rumpf besaß einen verbreiterten Flügelstummel. An diesen schlossen sich die beiden Tragflächen an, ein besonderer Wert wurde auf den Rumpf-Flügel-Übergang gelegt. Die Haube war vollständig geschlossen und mit Cellon verkleidet. Sie ließ sich sogar abschließen und die Querruder besaßen automatische Anschlüsse. Fast unverändert wurde sie ab 1957 in der »Libelle«-Typenreihe des VEB Apparatebau Lommatzsch in Serie produziert. Schließlich besaß das Segelflugzeug mit seinen einholmigen Tragflächen eine hohe aerodynamische Güte. Schon mit der D-B 7 wagten die Akaflieger den Schritt zu höheren Flächenbelastungen. Denn der Segelflug hatte sich längst vom Hangflug gelöst, der erste Flug über 100 Kilometer gelang Robert Kronfeld bereits 1929.

Eine Gleitzahl von 30 bedeutete für das Jahr 1931 einen außergewöhnlich guten Wert. Jahre später – längst nach Auflösung der Akaflieg Dresden – zeigte Otto Bräutigam dies in eindrucksvollen Flügen. Beim Wettbewerb 1932 flog Erhard Muschuk außerordentlich vorsichtig und zurückhaltend, so dass man nur eine kleine Prämie von 50 Reichsmark für die Bauleistung erhielt.

Immerhin war die Akaflieg Dresden neben Aero-Express die einzige damals anerkannte Flugschule, die sowohl im Segelflug- als auch im Motorflug ausbilden konnte. So besaß die Akaflieg drei Motorflugzeuge: Eine Klemm 25 1a (D-1753), Focke-Wulf S-1 (D-853) sowie eine BFW M-23b

D-B 10 *1931*

Spannweite	20 m
Länge	7,15 m
Höhe	2,95 m
Flügelfläche	18,20 m²
Rüstgewicht	220 kg
Fluggewicht	300 kg
Streckung	21,98
Flächenbelastung	16,48 kg/m²
Geringstes Sinken	0,55 m/s
Gleitzahl	30 bei 65 km/h

Die D-B 10 im Jahr 1932 über Dresden.

(D-2019). Mit der doppelsitzigen D-B 9 schulte man im Flugzeugschlepp. Das Schleppseil ließ sogar eine Telefonverbindung zu, so dass sich Schlepper und Segelflieger verständigen konnten.

Weil es die Mitglieder der Akaflieg Dresden ablehnten, sich politisch dem neuen Regime unterzuordnen, wurde die Akaflieg am 21. April 1933 aufgelöst und ihre Flugzeuge (darunter auch die D-B 10) an den Deutschen Luftsportverband (DLV)[10] Landesgruppe Sachsen übergeben. An der TH bemühte sich Prof. Erich Trefftz darum, dass die Segelflugzeuge D-B 9 und D-B 10 in das Eigentum der Hochschule übergingen, da sie mit erheblichen Mitteln von ihr unterstützt worden waren. Doch scheiterten seine Bemühungen.

Im Juli 1933 wechselte der Rhönflieger Otto Bräutigam hauptamtlich zum DLV und wurde sehr bald Schulungsleiter in Dresden. Der Verband war durch die Auflösung der Akaflieg in den Besitz der D-B 10 gekommen. Bereits am 7. September flog er mit ihr von Großenhain nach Neuendorf (222 km), im Jahr darauf beim Rhönwettbewerb am 28. Juli eine Strecke von 195 km und kurz danach sogar von Laucha nach Erntebrück über 242 km. In einem Jahr flog er so mit der D-B 10 insgesamt 1494 Kilometer. Mit modifizierter Haube schaffte er 1935 bei der »Rhön« am 27. Juli neben drei weiteren Piloten ein Flug nach Brünn in der damaligen Tschechoslowakei Die Streckenleistung betrug dabei über 500 km!

Die B-D 10 im Bau.

Die B-D 10 Beim Rhönwettbewerb 1932 auf der Wasserkuppe.

DIE AKAFLIEG NACH 1945

Vollkommen anders als in den durch die von den westlichen Alliierten besetzen Gebiete gestalteten sich die Möglichkeiten für akademische Fliegergruppen in der sowjetisch besetzten Zone. So wurde am 1. Oktober 1954 die Fakultät für Luftfahrtwesen in Dresden gegründet, allerdings blieb eine studentische Vereinsgründung verboten. Trotzdem gelang für einen kurzen Zeitraum, eine Flugtechnische Arbeitsgemeinschaft zu installieren. So konnten Studenten der Fachrichtung Flugzeugkonstruktion in Schönhagen eine Segelflugausbildung absolvieren. Einigen wurde die Motorflugausbildung in Riesa-Canitz gestattet. Man muss jedoch bedenken, dass gerade in dieser Fakultät das Ministerium für Staatssicherheit (MfS) Lehrkräfte und Studenten zum Zwecke der Überwachung und Kontrolle rekrutierte[11].

Es entstanden zwei Motorsegler unter der Leitung von Professor Hermann Landmann[12] ab 1955. Die V1 war komplett in Holzbauweise entstanden und besaß ein verstrebtes V-Leitwerk. Mit einem 18 PS Motor waren Eigenstarts möglich. Die **LA 16 V1** ging während der Erprobung verloren, als das Leitwerk brach. Der Testpilot sprang mit dem Fallschirm ab. 1958/59 entstand der zweite Prototyp **La 16 V2** »Heidelerche«. Nach zahlreichen Testflügen im Flugzeugschlepp erfolgte der erste Eigenstart am 13. Oktober 1961. Bis Mitte der 70er-Jahre war der Motorsegler in Schönhagen (Brandenburg) stationiert. Mit der **LA 17** entwickelte Landmann[13] ein weiteres motorisiertes Segelflugzeug mit Druckpropeller. Die Flugerprobung des nicht eigenstartfähigen Doppelsitzers (Erstflug 1959) wurde nach wenigen Starts eingestellt.

In einer Zusammenarbeit zwischen Professoren und Studenten am Institut für Flugzeugkonstruktion in Dresden entstand die Entwicklung eines Hochleistungssegelflugzeugs. Anfänglich noch als **E18,6 -24L** in der Projektphase bezeichnet, wurde daraus die Typenbezeichnung **FL-60 »Dresden«.** Besonders war der Ansatz, dass man nun institutsübergreifend zusammenarbeitete. Ziel der Entwicklung war

LA 16 V2 »Heidereche« 1958/59

Spannweite	12,50 m
Länge	6,50 m
Flügelfläche	12,50 m²
Leergewicht	197 kg
Fluggewicht	294 kg
Flächenbelastung	23,52 kg/m²
Streckung	12,50
Geringstes Sinken (als Segelflugzeug)	0,86 m/s
Höchstgeschw. V_{ne}	150 km/h
Gleitzahl	19 bei 63 km/h

Die LA-17 im Flug. Deutlich ist die Anordnung von Leitwerksträger und Motor des Doppelsitzers zu erkennen.

Von der FL-60 entstand sogar ein Rumpfvorderteil in Holzbauweise.

ein Segelflugzeug mit einer Gleitzahl von mindestens 1:40 im Jahr 1960 Schnell wurde klar, dass die Oberflächengüte dieses Einsitzers mit Laminarprofil und V-Leitwerk einen konventionellen Holzbau nicht mehr zuließ und ein teurer Bau in Schalenbauweise nötig war. Die erforderliche Genauigkeit des Straks gewann man durch eine 0,1 mm getränkte Glasfaserdecke[14]. Nun war es in der Werkstatt recht beengt, so dass sich eine Form nicht in einem Stück herstellen ließ und eine Trennstelle vorgesehen werden musste. Zahlreiche Versuche zur Festigkeit wurden unternommen und bestätigten die Rechnungen. Ein Mock-Up des Rumpfvorderteils wurde angefertigt und prinzipiell stand die recht weit entwickelte FL-60 damals vor der Freigabe zum Bau.

FL-60 »Dresden« *1960*

Spannweite	18,60 m
Länge	7,90 m
Flügelfläche	14,36 m^2
Leergewicht	240 kg
Fluggewicht	340 kg
Flächenbelastung	23,67 kg/m^2
Streckung	24,09
Geringstes Sinken (als Segelflugzeug)	0,86 m/s
Gleitzahl	42 bei 85 km/h

Diese Zusammenarbeit zwischen Lehre, Forschung und studentischer Zusammenarbeit wurde ergänzt durch die praktische Ausbildung in der Segelflugschulung, um die praktischen Anforderungen und Fragen des Segelfluges selbst erproben zu können. Gleichzeitig flossen die Resultate zahlreicher Diplomarbeiten in das Projekt ein. Tatsächlich bewegte man sich in Dresden recht nah am Konzept einer Akaflieg.

Mit Schließung der Fakultät (siehe unten) wurden alle Arbeiten abgebrochen. Am 28. Februar 1961 entschied das Politbüro die Einstellung des Flugzeugbaus. Diese Entscheidung wurde den Betrieben der Luftfahrtindustrie erst am 16. Mai 1961 bekannt gegeben. Faktisch bedeutete dies ebenfalls das Ende der akademischen Forschung. Die Parteileitung hatte bereits 1960 an den Hochschulen über eine Reduzierung der Luftfahrt über die Fakultätsparteileitung informiert, womit man auch Möglichkeiten zur Republikflucht einschränken wollte. Man verbreitete noch Zweckoptimismus, denn zu diesem Zeitpunkt war noch nicht klar, dass es zu einer vollständigen Einstellung kommen sollte[15].

Doch zum 31. August 1961 verfügte das Staatssekretariat für das Hochschulwesen, dass die Fakultät für Luftfahrtwesen an der TU Dresden aufzulösen sei. Teile sollen in die neu geschaffene Fakultät für Maschinenwesen integriert werden.

Die verschiedene Institute (angewandte Aerodynamik, Flugzeugfestigkeit, Flugzeugkonstruktion und Strahltriebwerke) gehörten dazu. Andere Bereiche wurden der Fakultät für Elektrotechnik (Luftfahrtgeräte) und Technologie (Flugzeugfertigung) angegliedert.

Tatsächlich wandte sich die Forschung danach dem Maschinen-, Fahrzeug- und Schienenbau zu. Trotzdem gelang es, weitere Forschung und Entwicklungsarbeit zu leisten. Kontrolle und Druck stellten dabei durchaus vergleichbaren Bedingungen wie zur NS-Zeit dar. 1965 gründete Günter Weber die Arbeitsgruppe Kunststoff Segelflugzeugbau (AKUS) an der TU Dresden. Unter seiner Leitung entwickelte und baute er mit Studenten der TU das Segelflugzeug **We-3**. Der Rumpf bestand aus mit GfK Wickelmuffen[16] verbundenen Stahl- und Alurohren und sollte mit GfK verkleidet werden. Das Gewebe erhielt man als Geschenk von Interglas in Ulm (tatsächlich wurde es später für einen Transportanhänger verwendet). Flügel und V-Leitwerk sollten ohne Rippen als GfK-Balsa-Sandwich entstehen. Die Leermasse sollte lediglich 165 Kilo betragen, dies hätte eine Flächenbelastung von 27,8 kg/m^2 bedeutet. Mit einer Gleitzahl von 40 (allerdings nur bei einer geringeren Geschwindigkeit) wäre sie durchaus konkurrenzfähig gewesen. Die We-3 war sogar für die Weltmeisterschaften 1968 in Leszno (Polen) vorgesehen. Sie wurde aber nicht fertig, was nicht zuletzt an der kreativen, aber nicht unbedingt teamfähigen Arbeitsweise von Günter Weber lag. Die Arbeiten am Prototyp wurden 1972 eingestellt. Flugfähig war die We-3 letztlich nur als ferngesteuertes Model.

AKUS-Logo.

Das einzige im Geheimen und ohne jegliche Beteiligung der Gruppe fertiggestellte Flugzeug war die von zwei Motorradmotoren angetriebene **DOWA-81** des AKUS-Mitglieds Gerhard Wagner (wissenschaftlicher Assistent am Institut für Technische Mechanik), mit der er und seine Familie im Jahre 1981 aus der DDR fliehen wollten. Einen Tag vor dem geplanten Flug wurde er verhaftet. Tatsächlich befand sie die staatliche Luftfahrtinspektion der DDR für das anschließende Gerichtsverfahren als flugfähig. Heute befindet sich die DOWA-81 in der Flugzeugwerft Oberschleißheim des Deutschen Museums in München.

Die wirkliche Neugründung der Akaflieg Dresden fand auf Initiative einiger Studenten am 7.4.1998 statt. Recht bald fand sie Aufnahme in die Idaflieg und bereits 1999 fand das Idaflieg-Wintertreffen in Dresden statt. Zunächst galt es den Segelflug als Hochschulsport zu etablieren und die Beschränkungen der früheren DDR abzuschütteln. Zu dieser Zeit flog man noch in Großrückerswalde[17]. Von dort hatten die Akaflieger ihr erstes Segelflugzeug erhalten, einen Bocian mit 500 Stunden Restlaufzeit.

Dass die Akaflieg Dresden bereits einen geschichtsträchtigen Hintergrund besaß, war ihren Gründern damals

Die DOWA 81 in der Flugwerft des Deutschen Museums in Oberschleißheim bei München.

Der Entwurf der D-B 11 im Exposé der Akaflieg. Eine Besonderheit sind die zahlreich vorgesehenen Meßstellen.

Die Vorstellung des bisherigen Baufortschritts der D-B11 auf der Aero 2017 in Friedrichshafen.

noch gar nicht bekannt. Mit Hilfe der Universität fanden die Gründer eine erste Werkstatt, die sie zu einem annehmbaren Mietpreis nutzen durften. Im November 2001 fand sich dann eine Gruppe, die ein Konzept für eine eigene Konstruktion entwarf. Anknüpfend an die eigene Tradition wird es das elfte Baumuster der Akaflieg Dresden, die D-B 11. Während sich die ersten Ideen mit der PW-1 UL[18] der Technischen Universität Warschau befassten, reifte der Plan, den schon älteren Bocian durch einen modernen Doppelsitzer zu ersetzen. Vorgesehen war eine konventionelle Bauform komplett aus Faserverbundwerkstoffen. Die Tragflächen sollten weder Wölbklappen besitzen noch Wasserballast aufnehmen können. Wenn möglich, sollten Komponenten anderer Segelflugzeuge verwendet werden. Entweder durch die Verwendung von Tragflächen eines anderen Flugzeuges oder eines anderen Rumpfes. Die weiteren Komponenten würden dann im Eigenbau ergänzt werden.

So favorisierte man den Rumpf der D-43 der Akaflieg Darmstadt mit den nebeneinander liegenden Sitzen. Man erwartete ein robustes Segelflugzeug (für den Schulbetrieb) und ansprechende Flugleistungen. Vorteil eines Rückgriffs auf bekannte Teile versprach eine vereinfachte Zulassung nach der damaligen JAR 22.

Entwurf und Konstruktion zogen und ziehen sich allerdings bis heute in die Länge. Wie in jeder anderen Akaflieg wechselten die Studenten nach einigen Semestern. So entwickelten sich Konstruktionen weiter. Neue Mitglieder setzten neue Impulse oder gelangen zu vollkommen anderen Schlussfolgerungen.

So wandelte sich der Side-by-Side-Rumpf zu einer konventionellen Sitzanordnung. Wollte man ursprünglich auf einen bereits entwickelten Rumpf zurückgreifen und die Flügel selbst entwerfen, kehrte sich dieser Ansatz vollkommen um. Das aktuelle Konzept sieht eine eigene Konstruktion vor. Die Tragflächen sollen – basierend auf dem Duo Discus XL – zehn Befestigungspunkte für Messausleger erhalten. Wahrscheinlich steht dies im Zusammenhang mit den bisherigen Beiträgen in der Idaflieg, dort beteiligte sich die Akaflieg Dresden mit aerodynamischen Messungen im freien Flug. Angedacht ist eine Messung von im Betrieb auftretenden Belastungen[19]. Für den regulären Flugbetrieb soll ein zweiter Flächensatz entstehen.

Für das Cockpit ist eine möglichst hohe Sicherheit im Fall eines Crashs konzipiert. Ein Urmodell entstand um Formspanten aus Holz. Hiervon sollten die Negativformen abgenommen werden. Bereits 2011 stellte die Akaflieg das Mockup des Cockpits auf der Aero in Friedrichshafen aus. Im April 2016 konnte dann diese Form fertiggestellt werden. Erneut präsentierte die Akaflieg das mit einem Rumpfteil verlängerte Mockup mit einer Dummyhaube auf der Aero 2017.

Zuletzt ist es ein wenig still geworden um die weitere Entwicklung der D-B 11. Die Akaflieg selbst ist fliegerisch aktiv und es bleibt zu hoffen, dass neue Mitglieder ihren Weg in das Konstruktionsteam finden werden.

1 Der F.V.D. wurde bereits 1914 gegründet.

2 1920 hatte der Flugtechnische Verein Dresden die Leitung des Verbands Deutscher Modell- und Gleitflugvereine inne und richtete in dessen Namen den Aufruf in der Zeitschrift »Flugsport«.

3 Oft waren ehemalige Dresdener maßgeblich an Forschung und Entwicklung an anderen Orten beteiligt. Klemperer war mit der »Blauen Maus« bei der Akaflieg Aachen erfolgreich, der erste Flugzeugwart der F.V.D. Horst Muttray wechselte 1924 zur DVL in Berlin-Adlershof und von dort ein Jahr später zur Aerodynamischen Versuchsanstalt für Luftfahrt (AVA) nach Göttingen.

4 1924 wechselte Muttray zur Deutschen Versuchsanstalt für Luftfahrt (DVL) nach Berlin Adlershof. Ein Jahr später wurde er Assistent an der Aerodynamischen Versuchsanstalt für Luftfahrt (AVA). Ab 1937 bis zum Ende des zweiten Weltkriegs war er als Abteilungsleiter an der Deutschen Forschungsanstalt für Segelflug (DFS) tätig.

5 Das doppelkufige »Stehaufchen« war allerdings bereits am Rhönwettbewerb 1921 recht erfolgreich gewesen und erzielte immerhin Preisgelder in Höhe von 1.500 Mark. Konstrukteure waren Muttray, Seifert und Spiess.

6 Der Motor saß im Schwerpunkt hinter dem Piloten und trieb die Luftschraube im Bug über eine Fernwelle an.

7 Im November des gleichen Jahres verunglückte er mit der D-B 4 tödlich, als sich im Sturm an den Elbhängen bei Rockau das Seitenruder löste und ihn mit dem Flugzeug gegen einen Baum schleuderte. An seinen Kopfverletzungen starb er einen Tag später.

8 Gruppenfluglehrer und technischer Leiter der Akaflieg Dresden.

9 Sie erlitt bei einer Landung einen so schweren Schaden, dass eine Reparatur nicht sinnvoll erschien.

10 Mit der Regierungsübernahme wurde der gleichnamige Deutsche Luftfahrtverband (DLV) aufgelöst und durch den Deutschen Luftsportverband ersetzt.

11 Es gibt Berichte darüber, wie in Dresden Studenten für das MfS angeworben wurden. Auch war der Dekan der Fakultät Wilhelm Richter selbst »Geheimer Informant« (spätere Bezeichnung IM).

12 Hermann Landmann studierte Maschinenbau in Aachen und trat 1920 der Akaflieg (Flugwissenschaftliche Vereinigung) Aachen bei. Seine erste Konstruktion war die LA 1 »Pipö«, die 1922 von Wolfgang Klemperer eingeflogen wurde. Sein Weg führte von Stuttgart (Assistent von Georg Madlung) bis nach Stettin. Ab 1952 lehrte er an der Universität Rostock und nahm am 1. Juli 1953 die Professur für Aerodynamik an der Fakultät für Leichtbau – der späteren Fakultät für Luftfahrtwesen – der damaligen Technischen Hochschule Dresden an.

13 Bis zur Auflösung der Fakultät besuchten im Durchschnitt 53 Studenten die Vorlesungen von Landmann.

14 Luftfahrt in Sachsen, Uni Media GmbH Leipzig 1998.

15 Hier kann nur über den Vorgang als solchen berichtet werden. Im Gegensatz zur Bundesrepublik war der Flugzeugbau in der DDR zentral gesteuert, Innovationen daher schwierig. Die Einstellung der Produktion fällt zwar in die Zeit des Kalten Krieges, war wahrscheinlich jedoch nicht von Moskau gesteuert, sondern die SED-Parteiführung selbst holte sich dort die Erlaubnis hierzu. Der Grund dafür könnte gewesen sein, dass sich schon seit einiger Zeit große Probleme mit dem beim VEB Flugzeugwerke Dresden von Brunolf Baade (einem früheren Mitglied der Akaflieg Berlin) entwickelten Passagierflugzeug 152 andeuteten. So ging der Prototyp bei einem Absturz am 4. März 1959 verloren. Zudem war der Flugzeugbau in der DDR weitgehend auf sich selbst gestellt, die Unterstützung aus der Sowjetunion war spärlich. Auch bestand ein erheblicher Mangel an Maschinen und Material.

16 Diese Verbindung ergab hohe Festigkeiten bei Bruchversuchen.

17 Seit Juni 2003 fliegt die Akaflieg Dresden auf dem 55 Kilometer von Dresden entfernten Fluggelände Schwarzheide.

18 Die Konstruktion war ein einsitziges Segelflugzeug mit lediglich 11 Metern Spannweite und einen recht bescheidenen Gleitwinkel von 16:1.

19 Bereits beim früheren Schulflugzeug Bocian sollten solche Lastmomente untersucht werden. Anlass war damals die vom Hersteller begrenzte Lebensdauer von 3000 Stunden und man suchte nach einer Möglichkeit der Verlängerung.

OSKAR URSINUS

Ursinus bei der Vorführung seiner Flugmaschine 1910.

Am 11. März 1878 wurde Oskar Ursinus in Weissenfels (Thüringen) geboren. Nach der Schule studierte er am Technikum Mittweida Elektrotechnik und Maschinenbau. Als junger Ingenieur arbeitete er zunächst im Tiefbau, verfasste technische Aufsätze und wurde Herausgeber einer Zeitung für Ingenieure. Schnell galt aber sein Interesse den zunehmenden Erfolgen der ersten Luftfahrtpioniere. In dieser Zeit, als die Gebrüder Wright in Amerika ihre ersten Flugversuche unternahmen, gründete Ursinus 1908 die Fachzeitschrift »Flugsport«.

Diese Zeitschrift blieb nicht sein einziges Engagement. So gehört Oskar Ursinus neben Fritz Huth (1872–1948), dem Luftschiff-Konstrukteur August von Parseval (1861–1942), sowie dem Flugpionier und späteren Staatssekretär im Reichsluftamt August Euler (1868–1957) zu den Gründern des »Verein deutscher Flugtechniker«[1]. Ziele des Vereins waren »Die Konstruktion von Flugapparaten und die Ausübung des Flugsports«.

Die Internationale Luftfahrtausstellung ILA im Jahr 1909 in Frankfurt nutzte Oskar Ursinus und stellte seine und die Ideen des Vereins einer breiten Öffentlichkeit vor[2]. So übernahm er für den Verein deutscher Flugtechniker das Arrangement der Präsentation. Das mag auch für die Darmstädter Schüler interessant gewesen sein (siehe Akaflieg Darmstadt), die angetan von der Luftfahrtausstellung mit eigenen Konstruktionen begannen. Zumindest finden sich 1909 auch Hinweise, dass Ursinus auch selbst geflogen ist, wird er doch als zweiter Vorsitzender des Frankfurter Flugtechnischen Vereins zu den »Im Flugtraining befindlichen Herren« gezählt[3].

Ursinus entwarf eigene Flugzeuge und Motoren und gründete Flugvereine sowie flugtechnische Institutionen. Wo immer es ging, versuchte er auch den Modell- und Gleitflugsport zu fördern. Der Aufruf[4] von Erich Meyer aus Dresden in der Zeitschrift »Flugsport« und sein persönlicher Einsatz führten schließlich 1920 zum ersten Rhönsegelflugwettbewerb.

Von der Wasserkuppe, dem bis heute »Heiligen Berg« der Segelflieger, ging schließlich auch die Bewegung um die Welt, die so vieles zur Entwicklung der Luftfahrt auf den Gebieten der Aerodynamik, Statik und Meteorologie beigetragen hat. Ursinus zeigte im »Flugsport« immer wieder Vorbilder der Luftfahrt[5], konstruierte anregende Beispiele und unterstützte die Entwicklung und den Bau eigener Flugzeuge. Bis ins hohe Alter war der »Rhönvater Ursinus«, wie er liebevoll genannt wurde, ein eifriger Förderer der Fliegerei. Oskar Ursinus starb am 7. Juli 1952 im Alter von 74 Jahren in Frankfurt am Main.

1 Dieser Verein ist der Vorläufer des 1910 neu gegründeten Vereins Deutscher Flugzeug Industrieller. Gründungsunternehmen waren die Albatroswerke GmbH, die Automobil- und Aviatik GmbH, die Dorner Flugzeug-Gesellschaft mbH, die August Euler Flugzeugwerke, die Hans-Grade Flieger-Werke, die Harlan Flugzeugwerke GmbH, die Edmund Rumpler Luftfahrzeugbau und die Flugmaschine Wright GmbH. 1919 erfolgt die Umbenennung in »Verband Deutscher Luftfahrtzeug-Industrieller« und in den 1920er Jahren in »Reichsverband der Deutschen Luftfahrtindustrie«.

2 U. a. wurde ein flugtechnischer Kurs mit 16 Doppelstunden angeboten.

3 1910 stellte er die »neue Ursinus Flugmaschine« vor. Der mit einem 20 PS-Motor angetriebene Einsitzer wurde fast vollständig von ihm alleine gebaut.

4 Artikel: »Ruf an alle Gleit- und Segelfluginteressenten«.

5 Es existiert von ihm ein Gemälde des Malers Georg Poppe aus dem Jahr 1940, es gehört allerdings zur typischen Nazi-Kunst einer Verherrlichung der »netten Deutschen« im zweiten Weltkrieg.

FLUGTECHNISCHE ARBEITSGEMEINSCHAFT AN DER HOCHSCHULE ESSLINGEN e.V.

DIE FAG BIS 1945

Aus dem Heft über das Fliegerlager 1936 und 1937 auf dem Klippeneck.

Ab dem Winterhalbjahr 1914/1915 begann der Schulbetrieb an der »Königlich Württembergischen Höheren Maschinenbauschule zu Eßlingen«. Ausgegliedert aus der wenige Kilometer entfernten »Stuttgarter Königlichen Baugewerkeschule«[1] erfolgte schulischer, jedoch kein akademischer Lehrbetrieb. Erst ab Mitte 1921 wurden mit Erlass des zuständigen Ministeriums aus Schülern »Studierende«[2], auch wenn weiterhin eine Schulordnung bestand. Im Oktober 1927 fassten Schüler/Studierende den Entschluss für die Gründung einer Fliegergruppe. Am 28. Januar 1928 fanden sich 12 Gründungsmitglieder zusammen und so entstand die Flugtechnische Gruppe (FTG). Immerhin gewannen sie Wolf Hirth als Schirmherrn. Recht ambitioniert war eines ihrer Ziele: Die Vorbereitung einer Fachrichtung Luftfahrzeugtechnik als selbstständiges Fach an der Maschinenbauschule. Tatsächlich entstand dieses Fach dort fast acht Jahre später.

Selbst mit anfänglich einfach eingerichteter Werkstatt, schafften es die Mitglieder und bauten 1928 einen Schulgleiter. Ein Jahr später begann der Flugbetrieb auf dem Gelände am Nordhang der Teck. Für die Folgejahre sind aus den Berichten kaum neue Aktivitäten zu entnehmen. Dies änderte sich erst nach der Machtergreifung der Nationalsozialisten 1933, als die Gruppe über eine schon länger bestehende freiwillige Mitgliedschaft im Württembergischen Luftfahrtverband in den Deutschen Luftsportverband eingegliedert wurde. Als dann 1935 tatsächlich das Lehrfach »Flugzeug und Fahrzeugbau« an der HMBE eingerichtet wird, führte dies dazu, dass die FTG wie die Fliegergruppen anderer Ingenieurschulen in die Deutsche Versuchsanstalt für Luftfahrt (DVL) eingegliedert wurde. Als alleiniges Mitglied im Deutschen Luftsportverband (DLV) wäre die Integration in das Nationalsozialistische Fliegerkorps notwendig gewesen. Mit Eingliederung in die DVL erfolgte die Umbenennung in eine Flugtechnische Arbeitsgemeinschaft (FAG).[3]

Zum Leiter der FAG wurde von der DVL der Fachdozent für den Flugzeugbau der Ingenieurschule bestellt. Mit der großzügigen Unterstützung der DVL wurde die Werkstatt an die Schule verlegt. Zwei Werkstattleiter konnten finanziert werden. Die aktiven wissenschaftlichen Arbeiten in der FAG bekamen die Anerkennung als Studien- und Semesterarbeiten, gleichwohl blieb die Gruppe recht klein. Unter diesen günstigen Bedingungen entsteht als erstes Forschungsprojekt der Entwurf für ein Flugzeug mit vorne liegendem Höhenruder, es sollte mit einem Motorradmotor angetrieben werden. Dieser Entwurf (**E1**) kam allerdings nicht zur Umsetzung, da er die mittlerweile verschärften Bauvorschriften nicht erfüllte. **E2** war eine modifizierte Gö 3 Minimoa von 1936. Der Auftriebsbeiwert wurde erheblich gesteigert und die (tatsächlich auch heute erfahrbare) unzureichende Wendigkeit deutlich verbessert. Allerdings war das Überziehverhalten sehr kritisch. Eine

Eines der wenigen Bilder der E3 vor dem Transport zum Rhönwettbewerb 1938.

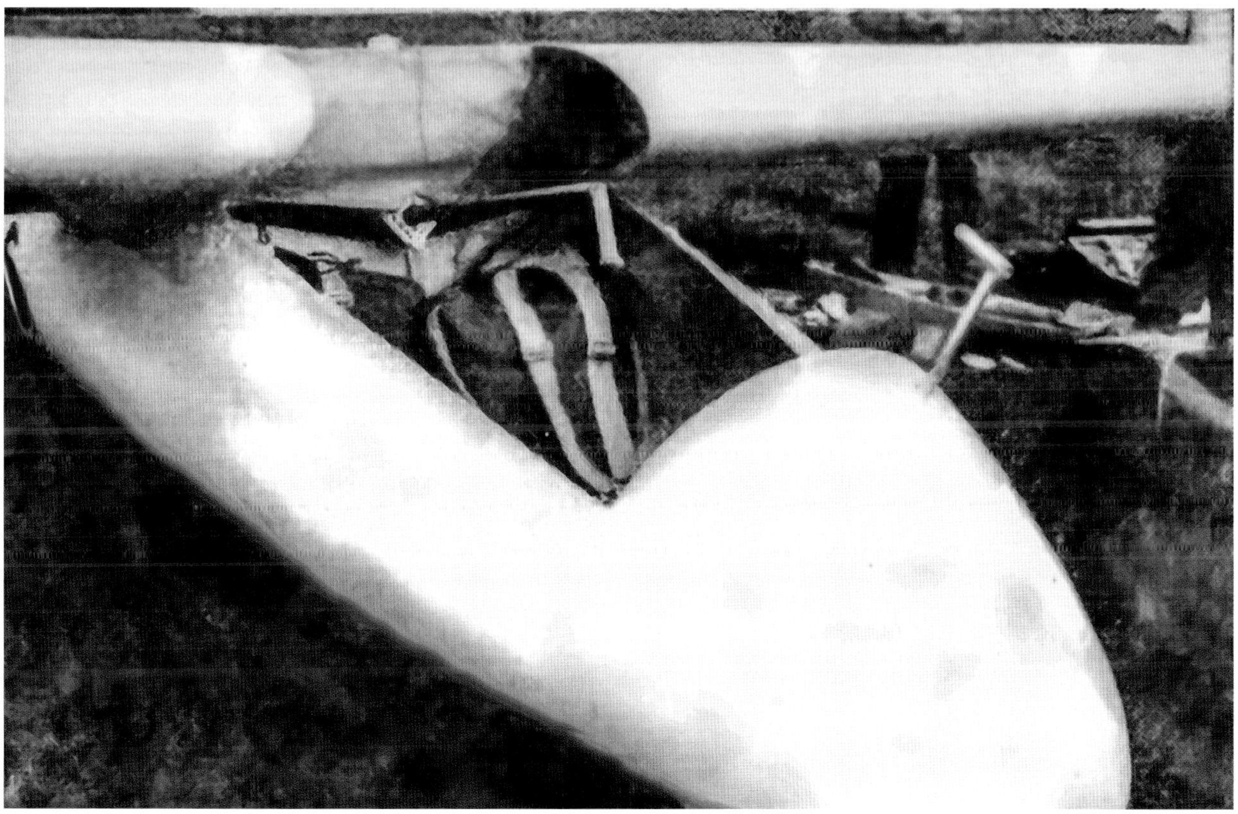

Zwischen beiden Sitzen ragt von oben nach vorn die hängende Knüppelsteuerung.

Der stromlinienverkleidete Transportanhänger für die modifizierte Minimoa.

wirkliche Neukonstruktion gelang der FAG Eßlingen 1937 mit der **E3**, einem Doppelsitzer in sehr leichter Bauweise.

Gleich mehrere Innovationen kamen in diesem Segelflugzeug zur Anwendung. Es wurde ein NACA 2312/19 Profil gewählt (an Stelle bisheriger Göttinger Profile), dessen Stärken im Schnellflug lagen. Damit der Stirnwiderstand des Rumpfes gering blieb, wurden die beiden Sitze nebeneinander angeordnet, doch seitlich gestaffelt versetzt. Vollkommen neu war, dass die Beschläge nicht verschraubt, sondern verleimt wurden. Zeitlich knapp war dann die E3 vor dem Rhönwettbewerb 1938 fertig geworden. Als Neukonstruktion hatte sie einige Probeflüge zu absolvieren, dies war für die Piloten zugleich eine gute Gelegenheit die eigene Konstruktion fliegerisch kennen zu lernen.

Plan der E 3

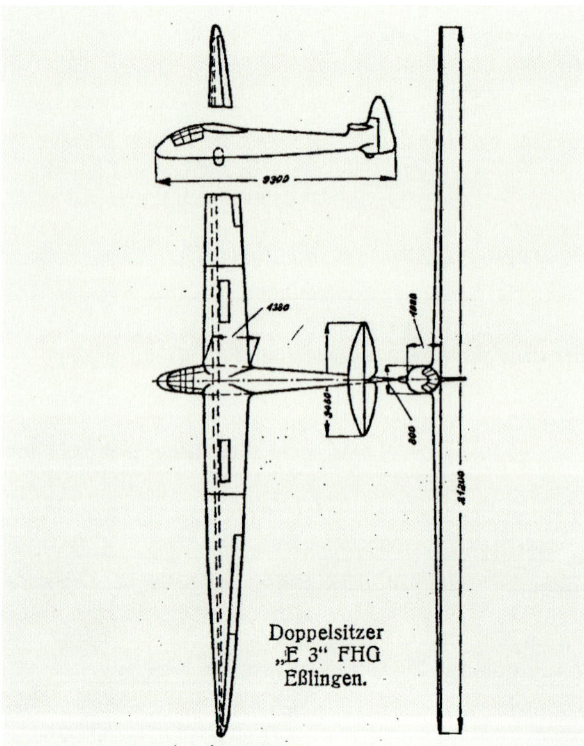

E3 1938

Spannweite	21,20 m
Länge	7,30[4] m
Flügelfläche	20 m^2
Rüstgewicht	200 kg
Fluggewicht	360 (400) kg
Flächenbelastung	18 kg/m^2
Höchstgeschw. V_{ne}	kA
Gleitzahl	25 (22) bei 70 km/h (90 km/h)

Als recht kompliziert erwies sich die Steueranlage für die Piloten. Wegen der räumlichen Enge erhielt die E3 eine hängende Knüppelsteuerung.

Der dreiteilige Flügel besaß einen breiten Kastenholm mit holzbeplankter Torsionsnase, das Sperrholz darauf war nur 1,5 mm dick (teilweise nur 1 mm). Ab dem Holm waren die Tragflächen bespannt. Die Querruder waren zweigeteilt und wurden über Stoßstangen aus Dural angetrieben. Sämtliche Beschläge – auch die des Hauptholms – waren allseitig verleimt und in das Holz eingelassen. Die Festigkeitsberechnungen ergaben, dass die bisher üblichen Rohrnieten dagegen keine Vorteile besaßen. Die Rumpfröhre besaß lediglich eine Beplankung mit 1 mm Sperrholz und relativ weit auseinanderliegenden Spanten, jedoch zahlreichen Längsleisten. Das Rumpfvorderteil wurde doppelt beplankt ausgeführt. Die Haube war für den Notausstieg abwerfbar. Weil das Leitwerk oberhalb des Rumpfs angebracht war, musste es abgestrebt werden. Das gefederte Fahrwerk sollte in einer späteren Version einfahrbar umgestaltet und das Seitenruder spreizbar ausgeführt werden, damit es als Luftbremse funktionieren sollte.

Insgesamt überzeugte die E3 bei der »19. Rhön« als schnellstes Segelflugzeug im Wettbewerb. Doch war aus damaliger Sicht gleichzeitig die Sinkgeschwindigkeit zu hoch, sodass die, bei noch schwacher Thermik, am frühen Morgen begonnenen Wettbewerbsflüge für sie weniger geeignet waren. Gleichwohl gelang der Besatzung am letzten Wettbewerbstag ein ganz besonderer Flug, als sie in einem Gewitter mit 10 weiteren Flugzeugen den bis dahin geltenden Höhenweltrekord mit 8000 Metern deutlich überboten.[5]

Nächstes Projekt war eine Weiterentwicklung der E3, doch letztlich kam das Baumuster E4 über ein Entwurfsstadium nicht hinaus. Stattdessen flossen die Arbeiten in Änderungen an der E3 ein. So erhielt sie ein neues und wirksameres Seitenruder und die Tragflächen wurden modifiziert. Mit dem Projekt **E5** widmeten sich die Studenten einem recht praktischen Problem: Sie entwarfen einen Transportanhänger mit einer zweiteilig abnehmbaren Stromlinienverkleidung. Mit einer recht geringen Straßenbreite und einem tiefen Schwerpunkt konnte man schon deutlich schneller auf der Straße unterwegs sein. Den ersten Anhänger nahm die modifizierte Minimoa auf. Mindestens 120 weitere Transportwagen wurden anschließend in Lizenz bei Eberle in Schorndorf[6] gebaut, an anderer Stelle ist großzügig von 800 die Rede.

Nachfolgeprojekt **E6** war ein an den Doppelsitzer E3 angepasster Anhänger mit stromlinienförmiger Verkleidung. Eine Auftragsarbeit des Reichslufthaftministeriums (gemeinsam mit den Hochschulen in Darmstadt und Stuttgart) befasste sich mit Sandwichbauweisen für Rumpf und Flügel. Erprobt wurde mit Metallen, Schaum- und Kunststoffen neue Bauweisen für den Flugzeugbau. Mehrere hundert Probestücke wurden so gefertigt. Die FAG Eßlingen führte dies als Projekt **E7**.

Alle weiteren Entwicklungen, ein vollkunstflugtaugliches motorbetriebenes Leichtflugzeug **E8**, eine Weiterentwicklung als Hochdecker **E9** sowie ein STOL Flugzeug, ähnlich dem Fieseler Storch **E10** kamen über ihre Projektstadien nicht hinaus. Die Kriegseinwirkungen und die Heranziehung zu vorrangigen Projekten ließen mehr nicht zu.

Einzelne Mitglieder waren unabhängig von der FAG fliegerisch höchst erfolgreich (so der Geschwindigkeitsweltrekord von Hans Dieterle am 30. März 1939 mit 746,6 km/h mit einer Heinkel 100 V8), aber ähnlich den anderer akademischen Fliegergruppen wurden auch (damals prämierte) Studienarbeiten über die »Ballistik des Bombenabwurfs« gefertigt. Immerhin gab die DVL den Ton an.

Am 22. April 1945 besetzen die amerikanischen Truppen Eßlingen. Nicht nur die Maschinenbauschule wurde geplündert, auch die im Innenhof auf dem Transportanhänger abgestellte E3 wurde in Brand gesteckt. Die übrigen Flugzeuge der Gruppe auf dem Gelände in Kirchheim/Teck wurden entweder zerstört oder verschwanden spurlos.

DIE FTAG NACH 1945

Etwas später als bei anderen akademischen Fliegergruppen wuchs auch in Eßlingen[7] der Wunsch der Ingenieurschüler, die Themen Flugzeugbau und Fliegen wieder aktiv aufzunehmen. Leider war das Fach Flugzeugbau nicht Teil des Lehrplans an der Ingenieurschule.

Trotzdem kam es kurz nach Jahresanfang am 26. Januar 1952 zu einer Neugründung. Man wählte den früheren Namen »Flugtechnische Fachgruppe an der Staatlichen Ingenieurschule Eßlingen e.V.« (FTG). Recht bald fand die Gruppe auf ihren Antrag hin die Aufnahme in die Interessengemeinschaft der akademischen Fliegergruppen Idaflieg. Waren doch die früheren wissenschaftlichen und technischen Arbeiten bestens bekannt[8].

Anfängliche Schwierigkeiten, ähnlich derer anderer Akafliegs, war die Suche nach einer geeigneten Werkstatt. Erst durch die Hilfe von Prof. Dr.-Ing. Karl Meerwarth erhielten die Akaflieger 1953 Räume. Durch seine Vermittlung erhielt die FTG eine finanzielle Unterstützung des Landes, so dass die Anstellung eines hauptamtlichen Werkstattleiters möglich wurde. Erstes Flugzeug war ein Schulgleiter SG 38, geflogen wurde auf der Hahnweide und in Albstadt-Degerfeld.

Es war naheliegend, dass die Forschung und Entwicklung im Segelflugzeugbau Fragestellungen aufgriffen, die bereits vor 1945 existierten. Die Akaflieger widmeten sich dem Thema des vorgepfeilten Flügels und dessen Problemen[9]. Für den Flug- und Schulbetrieb geeignetes Gerät war knapp. So war eine weitere Anforderung, dass eine neue Konstruktion doppelsitzig sein sollte und die Flugleistungen nicht hinter denen eines Doppelraab zurückblieben.

Bereits kurz nach Neugründung der FTG stand der Entwurf fest. Die **E11** erhielt einen Stahlrohrrumpf, die Flosse, ebenfalls Stahlrohr, gehörte zum Rumpfgerüst und nahm das oben liegende Höhenleitwerk auf. Die beiden Sitzen waren hintereinander. Flügel und T-Leitwerk baute man in Holzbauweise. Die kräftige Vorpfeilung am Hauptholm

4.) Flugbetrieb.

Wie im Wintersemester, so konnte auch in diesem Sommersemester der Flugbetrieb zusammen mit der FFG-Stuttgart durchgeführt werden. Es wurden wieder Flüge durchgeführt, die im ingenieurmäßigen Rahmen lagen. Ferner konnten durch einige Bedingungsflüge die Luftfahrerscheine verschiedener Kameraden wieder erneuert werden. Es wurden 2 C-Prüfungen, 4 Schleppgenehmigungen und 2 5Stundenflüge durchgeführt. Überhaupt wurde in diesem Sommersemester hauptsächlich Wert auf segelfliegerische Weiterbildung gelegt. Mit unserer Motormaschine Kl 25 D-EAGY konnten wir auch interessante Flüge durchführen, so unter anderem

Steigmeßflüge, Erfliegen der Polare, Wollfaden-Versuche,

Linke Spalte: Auszug aus dem Jahresbericht 1942

E 11 *1965*

Spannweite	16 m
Länge	6,20 m
Höhe	1,25 m
Flügelfläche	14,6 m²
Rüstgewicht	155 kg
Fluggewicht	240 kg
Streckung	17,53
Flächenbelastung	16,42 kg/m²
Höchstgeschw.	225 km/h
Gleitzahl	30 bei 68 km/h

Die E 11 ist bereit zum Windenstart.

betrug 25 Grad, beabsichtigt war ja ein deutlich messbarer Pfeilwinkel. Von der Ju 287 war bekannt, dass eine unzureichende Steifigkeit der Flügel bei ihrer Verwindung zu einer unkontrollierten Erhöhung des Anstellwinkels im Außenflügelbereich führte. Um dieses bekannte Problem zu vermeiden, beschränkten die Akaflieger die Spannweite auf 12,5 Meter. Zugleich waren die Tragflächen sehr stark zugespitzt, so dass eine kompakte und genügend steife Konstruktion entstand.

Anfänglich baute man die Flügel jeweils nur mit vier Hauptrippen und zwei hinter dem Hauptholm liegenden Hilfsholmen. Die Felder dazwischen erhielten profilgebende Leisten und bildeten mit dem Hauptholm ein Gitterfachwerk. Die Torsionsnase wurde über formgebende Scheiben aus dem neuartigen Werkstoff Hartstyropor gezogen und stützte sich mit Hilfs- und Hauptrippen auf den Hauptholm ab. Belastungstest ergaben aber, dass die Knotenpunkte zu stark belastet wurden. Die gesamte Konstruktion war zu elastisch. Es blieb nichts anderes übrig als weitere Verstärkungen einzubauen.

Sehr wohl berücksichtigten die Studenten einen möglichen Strömungsabriss. Das verwendete Profil Gö 682 war im Innenbereich um 18 % aufgedickt und um vier Grad (bis 30 % der Spannweite) negativ verwunden. Damit sollte ein Strömungsabriss an Innenflügel sicher vermieden werden. Als weitere Maßnahme war das Profil im Außenbereich ebenfalls um weitere ein Grad negativ geformt. In der Flugerprobung zeigte sich, wie wichtig diese konstruktiven Details waren.

Der Rumpf war innen sehr geräumig aufgebaut. Sollten doch sowohl Messgeräte untergebracht als auch eine Schulung im Doppelsitzer möglich sein. Während man die Flosse mit GfK verkleidete, erhielten Rumpf, Flächen und Leitwerk eine Bespannung. Im Rumpfende war ein Bremsfallschirm untergebracht, der sich später bei den Landungen als weniger wirksam im Vergleich zu einfachen Luftbremsen erwies.

Erstflug war am 14. August 1965 auf der Hahnweide. Die E11 hob im Flugzeugschlepp recht zügig ab und musste gleich deutlich nachgedrückt werden, bis endlich auch das Schleppflugzeug abhob. Im F-Schlepp selbst flog sie recht labil und die Piloten berichteten, dass offenbar bei böigem Wetter Quer- und Seitenruder zu wenig Wirksamkeit zeigten. Im freien Flug waren dagegen unangenehme Flugeigenschaften für Piloten unauffällig. Die Rollwendigkeit (45 Grad rechts/links nach 45 Grad zur gegenüberliegenden Seite) war mit sechs Sekunden trotz der geringen Spannweite recht lange. Bei einem Überziehversuch[10] mit 52 km/h in ruhiger Luft geriet die E11 in einen Superstall.[11] Die E11 »saugte« sich förmlich in diesen Flugzustand. Nur durch die noch wirksamen Querruder konnte das Flugzeug soweit beeinflusst werden, dass es nach vorne abkippte. Das Höhenruder wurde erst wieder wirksam, nachdem eine Geschwindigkeit von 110 km/h erreicht wurde.

Im Prinzip war ein Seitengleitflug möglich, der allerdings nur unter 65 km/h Wirksamkeit zeigte. Allerdings sah man davon ab, da die kritischen Langsamflugeigenschaften bekannt waren. Obwohl das Segelflugzeug kaum auf dem Sporn aufsetzte, blieb die Landung dank der gut gefederten Kufe und des Hauptrades unspektakulär. Weitere Flüge beim Idafliegtreffen in Braunschweig[12] folgten. Doch die unbefriedigende Zuladung, zum Beispiel für die Flugschulung, ließen die Akaflieger von einer weiteren Zulassung der E11 absehen. Nur einen Monat nach ihrem Erstflug, am 11. September 1965 hob sie das letzte Mal ab. So sehr sich die Studenten auch bemühten, es fand sich kein Museum, diese außergewöhnliche Konstruktion aufzunehmen. So beschloss man die Verschrottung und verbrannte sie auf dem Flugplatz Degerfeld[13].

Das Ende der E11 auf dem Flugplatz Degerfeld.

Bereits 1958 hatte man eine Ka7 für die Anfängerschulung erworben. Als Projekt **E12** baute man eine Ka8b. Beide wurden fast 30 Jahre lang vom Verein genutzt.[14] Diese und weitere Flugzeuge konnten meist dank der großzügigen Unterstützung von Gunter Eheim[15] erworben werden. Eheim stieß bereits 1938 zu damaligen FAG und half als Alter Herr immer wieder aus. 1974 erfolgte die Umbenennung in »Flugtechnische Arbeitsgemeinschaft an der Fachhochschule für Technik Esslingen e.V. – FTAG«. Fast zeitgleich stellte das Land Baden-Württemberg seine finanzielle Förderung der Akaflieg ein. In der Folge musste die FTAG die hauptamtliche Stelle eines Werkstattleiters aufgeben. Weil die fachliche Anleitung der Studenten nunmehr unterblieb, litt unter diesen Auswirkungen nicht nur die konkrete Werkstattarbeit, sondern es führte zu einem deutlichen Rückgang neuerer Forschungsvorhaben. Die Kräfte reichten gerade noch aus, das eigene Fluggerät betriebsfähig zu halten.

Die Konstruktion und Anfertigung von Komponenten für den Bau einer Segelflugstartwinde zogen sich seit Ende der 70er-Jahre in die Länge. So nahm das Projekt **E13** zehn Jahre in Anspruch. Zugleich war dies mit dem Auszug aus der bisherigen Werkstatt verbunden, da das Gebäude wegen Umbaumaßnahmen abgerissen werden sollte. Man fand einen vorübergehenden Unterschlupf für ein knappes Jahr. Schließlich wurde die Winde mit Unterstützung der Fachhochschulleitung soweit fertiggestellt, dass 1988 im August die ersten Probestarts folgen konnten. Im Rückblick betrachtet war das Projekt E13 der Weg in eine Entwicklungstätigkeit, die den Fahrzeugbau betraf und nicht der Entwicklung von Segelflugzeugen. War die Winde zunächst noch für eine Schlepplast von 650 kg ausgelegt, so ist sie mittlerweile für weitere 100 Kilogramm Abflugmasse zugelassen. Im Zuge der Projekterweiterung wurde die Antriebswelle zu einer Drehmomentmesswelle »aufgewertet«. Zusammen mit weiterer Sensorik konnten beim Sommertreffen 2018 in Aalen die Schlüsselparameter im Windenstart aufgezeichnet werden. Dies soll ein Zwischenschritt zu komplett vollautomatischen Windenstarts sein.

Mit der **E14** wurde der Versuch unternommen, ein Segelflugzeug der Standardklasse zu entwickeln. Ausgangsüberlegung war ein Flugzeug, das mit einer sehr geringen Flächenbelastung bestens für schwachen Thermiklagen gerüstet sein sollte. Unter Verwendung von Kohlefaser wollte man ein Leergewicht von nur 130 Kilogramm erreichen. Der Flügelfläche sollte gleichwohl große Wassertanks (150 kg Ballast) aufnehmen können, sodass ein großes Leistungsspektrum abgedeckt gewesen wäre. Doch nach fast 20 Jahren Entwicklungsarbeit gab es nur den Rumpf mit den Flügelübergängen sowie das Fahrwerk im Rohbau. Eines der ungelösten Probleme war die Fahrwerksbetätigung. Der stark eingeschnürte Rumpf bedingte eine vergleichsweise große Fahrwerksschwinge, deren manuelle Bewegung in mehreren Etappen zu erfolgen hätte.

Ende 2011 lösten sich die Akaflieger von dem Projekt und so wurden im Februar 2012 sämtliche Teile nach Kanada verschifft. Hatte sich doch der Initiator des Projekts, Karl Pfister[16], bereit erklärt, zumindest den Versuch zu unternehmen, die E14 weiter zu bauen. Es lagen keine

Das Projekt E13 der Akaflieg Esslingen.

weiteren Berichte vor, ob der Weiterbau tatsächlich stattgefunden hat.

Höchst bemerkenswert ist die Entwicklung des autonomen Seilrückholfahrzeugs **E15**. Ende 2012 entstand mit sehr großem Gruppeneinsatz (hauptsächlich Studenten des Fachbereichs »Technische Informatik«) ein kleiner, elektrisch angetriebener LKW. Auf dem Stand der Idaflieg stellte die FTAG das Projekt während der Aero 2013 in Friedrichshafen vor. Ambitioniertes Ziel war es, sich im September 2013 am europäischen Wettbewerb EURATHLON[17] für intelligente und autonome Roboter in Berchtesgaden zu beteiligen. Dies gelang auch und die Akaflieger erhielten einen Preis für die beste Teamleistung. Seine Stärke lag abschließend darin, dass er bei einem simulierten Brand in einem Tunnel eine gute Bildaufklärung lieferte.

Auf dem Flugplatz Grabenstetten und beim Wintertreffen 2014 in Stuttgart wurde das Fahrzeug per Fernsteuerung präsentiert. Die Informatikstudenten gründeten daraufhin den Verein B.R.A.I.N. Robots an der Hochschule Esslingen.

Der Roboter, der liebevoll »Monique« getauft wurde, konnte bei der Reutlinger Feuerwehr bei Katastrophenübungen in der Jugendarbeit eingesetzt werden.

Nicht unerwähnt sollte bleiben, dass die FTAG anderen Idafliegmitglieder (zum Beispiel Stuttgart oder Dresden) bei deren Bauprojekten oder notwendigen Reparaturen behilflich ist.

Seit 2018[18] widmet sich die FTAG mit ihrem Projekt **E16** einem elektrisch angetriebenen doppelsitzigen Fahrzeug. Das mittlerweile fertiggestellte Cockpit entspricht dem Rumpfvorderteil eines Arcus. Ein möglicher Nutzen soll die Rückholung von gelandeten Segelflugzeugen auf dem Gelände sein. Die Akkus sollen auswechselbar sein, so kann ein Einsatz für den gesamten Flugtag garantiert werden. Die Integration des elektrischen Antriebsstranges und die komplette Entwicklung der Batterie sollen in Eigenleistung erbracht werden.

Der Rumpf der E14 besaß einen extrem dünnen und leichten Rumpf. Es wäre sicher ein sehr interessantes Segelflugzeug geworden.

»Monique«, der elektrisch betriebene autonome Kleinlaster als Projekt E15.

Neuestes Projekt der Akaflieg der rollende Doppelsitzer E16 für das Segelfluggelände.

1 Mit Ende des ersten Weltkriegs erfolgte die erste Umbenennung in »Staatliche Württembergische Höhere Maschinenbauschule Eßlingen« (HMBE). Erst 1938 wurde daraus die »Staatliche Ingenieurschule Eßlingen«.

2 So stieß die Flugtechnische Arbeitsgemeinschaft auch erst 1952 zur Idaflieg hinzu. Ausschlaggebend waren damals die vor 1945 gezeigten wissenschaftlichen Arbeiten.

3 Auch wenn die Idaflieg 1933 aufgelöst (und doch geduldet) wurde, war bis dahin die Trennung zwischen akademischen (selbstverwalteten) Gruppen und den gelenkten Fliegergruppen der Ingenieurschulen (nach 1945 bis zum Beginn des »Bologna-Prozesses« waren dies die Fachhochschulen) recht klar. Aus diesem Grund behandelt dieses Buch nicht die flugtechnischen Arbeitsgemeinschaften (FAG), auch wenn sie selbst richtungsweisende Entwicklungen betrieben hatten. Keine Regel ohne Ausnahme: Die FTAG Esslingen mit ihrer (späteren) Mitgliedschaft in der Idaflieg.

4 In der Zeitschrift Flugsport von 1938 weicht der darin abgebildete Plan von den Angaben der heutigen FTAG ab, dort ist eine Rumpflänge mit 9,30 m angegeben.

5 Zugesprochen wurde der Höhenrekord mit 8100 Metern schließlich Walther Drechsel von der Deutschen Lufthansa in einer Minimoa.

6 Den Anhänger gab es bereits 1937, also ein Jahr vor Fertigstellung der E3. Aus den Berichten der Akaflieg geht nicht hervor, wie das Projekt E5 zeitlich vor dem Flugzeug E3 fertig werden konnte.

7 Ab 1964 änderte sich die Schreibweise von »Eßlingen« zu »Esslingen«

8 Die Aufnahme einer Ingenieurschule in die Idaflieg stellte eine Ausnahme dar, üblicherweise waren in ihr nur akademische Fliegergruppen vertreten.

9 Das frühere Mitglied Holzbauer hatte das Versuchsflugzeug Ju 287 mit starker Vorpfeilung geflogen.

10 Bei weiteren Versuchen trat dieser Flugzustand nicht mehr auf, das Segelflugzeug trudelte.

11 Als Superstall bezeichnet man die komplette Abschottung des Höhenruders durch die Wirbel der Flügel bei einem Strömungsabriss. Bei Segelflugzeugen tritt dieser sehr gefährliche Flugzustand nur bei obenliegenden Leitwerken auf.

12 In einem Bericht ist zu lesen, dass sie »gar nicht so schlecht flog« und es wird erwähnt, dass sie besonders stabil im Sackflug und im Trudeln sei.

13 Seit 1973 fliegt die FTAG auf dem Fluggelände Grabenstetten (Schwäbische Alb).

14 Weitere Flugzeuge wie ein Bölkow 207 (Schleppflugzeug), eine Ka6 CR oder ab 1968 ein Cirrus gehörten dem Verein. Mittlerweile ist die Flotte recht groß und besteht aus ASK 21, Discus T und Discus CS, einem Jeans Astir CS sowie einem Motorsegler G 109B.

15 Der Name dürfte vielen im Bereich der Aquaristik und der Modellspielwaren bekannt sein.

16 Nach seiner Tätigkeit bei Grob in Mindelheim wechselte Pfister in die USA. 1997 gründete er in Kanada das vorwiegend im Rüstungsbereich tätige Unternehmen Armatec. Bis heute ist die E14 unvollendet.

17 Dieses von der europäischen Union unterstützte Programm erfuhr im Lauf der Zeit eine kräftige inhaltliche Wandlung. So war es 20 Jahre zuvor noch eine Förderung für Tourismus und Sport.

18 Seit 2018 kooperiert die FTAG mit der Akaflieg Stuttgart.

AKAFLIEG HANNOVER

DIE AKAFLIEG BIS 1945

Das Gründungsjahr der Akaflieg Hannover nachzuvollziehen ist nicht ganz schlüssig, da die Akten des Amtsgerichts im zweiten Weltkrieg verloren gingen. Während sich am 11.4.1921 etwa 70 Interessenten fanden, um den Hannoverschen Verein für Flugwesen zu gründen, ist nicht ganz sicher, ob sich die »Flugwissenschaftliche Gruppe an der Technischen Hochschule Hannover« vor oder nach diesem Datum gründete. Zumindest sind die Vorstände beider weitgehend identisch[1]. Weiterer zentraler Akteur war die Hannoversche Waggonfabrik HAWA[2]. Denn sie rief bereits 1918 mit einer Spende von 100.000[3] Mark das Flugwissenschaftliche Forschungsinstitut der Technischen Hochschule Hannover ins Leben. Leiter wurde Prof. Dr. Pröll, assistiert von seinem Doktoranden Georg Madelung. Diese Personen waren es dann, die sich zum zweiten Rhönwettbewerb 1921[4] in der Konstruktion des **Vampyr**[5] zusammenfanden.

Die kurz abgestrebte Konstruktion besaß bereits einen einholmigen Flügel mit drehsteifer sperrholzbeplankter Torsionsnase, dies sollte auch für hohe Geschwindigkeiten ein ausreichende Verwindungsstabilität ergeben. Der Holm war als I-Träger mit Kiefernholzgurten aufgebaut. Die tragenden Hauptrippen befanden sich jeweils in einem Abstand von 50 Zentimetern. Der Flügel war dreiteilig aufgebaut, das Mittelstück maß 6,60 Meter. Mit den beiden Ansatzstücken von je drei Metern ergab sich die Spannweite von 12,60 Meter. In der ersten Version enthielten die Ansatzstücke Querruder nach dem Klappensystem. Die komplette Tragfläche konnte zum Ausgleich der Lastigkeit entsprechend dem Gewicht der Piloten in einem gewissen Bereich verschoben montiert werden. Recht auffällig waren auch die drahtverstärkten drei lederverkleideten großen Fußbälle, auf denen der sperrholzverkleidete (oben und unten war der Rumpf bespannt) Vampyr mit einem weitaus geringeren Widerstand gegenüber einer Kufe rollte[6].

Mit dem Vampyr gewannen die Akaflieger nicht nur einige Preise (u.a. 15.000 Mark für die beste Gleitzahl). Vielmehr überbot Martens fünf Tage nach Ende des Wettbewerbs auf der Rhön gar den Rekord von Klemperer (Aachen). Sein Flug über 7,5 Kilometer und einer Dauer von über 15 Minuten und war eine neue Weltbestleistung. Man muss diese Leistung besonders hoch einschätzen, denn der Vampyr war alles andere als leicht zu fliegen. Mit seinem kurzen Rumpf und dem ungedämpften Höhenruder konnte es schnell zu Eigenschwingungen kommen[7]. Im Jahr darauf war die **H1** überarbeitet und die ursprünglich vorgesehene Flächenverwindung der Außenflügelhinterkante statt der bisherigen Klappen eingebaut.

H-1 »Vampyr« *1921*

Spannweite	12,60 m
Länge	5,54 m
Streckung	10,8
Flügelfläche	16 m²
Rüstgewicht	130 kg
Fluggewicht	210 kg
Flächenbelastung	13,10 kg/m²
Gleitzahl	16 bei ?? km/h

Friedrich Hentzen im Jahr 1922 auf dem »Vampyr«.

Das vergrößerte Seitenleitwerk sorgte für eine bessere Steuerbarkeit um die Hochachse. Martens[8] schraubte die Flugzeit auf über eine Stunde hoch und wenige Tage später, am 24. August stellte Hentzen einen neuen Weltrekord mit einem Segelflug von 3 Stunden und 6 Minuten auf. Die Akaflieg gewann nicht nur den neu eingeführten Industriepreis (100.000 Mark[9]), sondern zugleich den Wettbewerb sowie den Preis für die beste Konstruktion.

Die ebenfalls mitgebrachte Konstruktion **H2 »Greif«**, eine verbesserte Version[10] des Vampyr, wies allerdings extrem schlechte Flugleistungen auf. Später erkannte man, dass der Grund ein zu großer Ausschnitt für den Piloten in der Flügelnase war. So lag ein großer Bereich des Mittelflügels in komplett abgelöster Strömung.

Mit dem Kleinsegler **H5 »Spatz«** hatte man nicht sehr viel Glück, denn er ging bereits bei den ersten Flügen zu Bruch. 1924 reiste die Akaflieg mit der **H6 »Pelikan«**[11] zum Wettbewerb auf die Rhön. Aufgeführt war das Flugzeug nicht als Konstruktion der Akaflieg Hannover, sondern als »Eigent. Flugw. Forsch.-Inst. Techn. Hochschule Hannover« (Zeitschrift Flugsport) beschrieben. Ziel der bei HAWA gebauten Konstruktion war die Erprobung von Torsionsnasen mit engem Radius bei einem besonders dünnen Profil. Es besaß eine Gleitzahl von 22 und wog leer nur 75 Kilo. Die Spannweite betrug 15 Meter. Obwohl die Bespannung mit in die Festigkeit eingerechnet worden war, flog die H6 zunächst und war sogar erfolgreich bei den erzielten Tagesprämien. Am 12. August schaffte der Pilot Gustav Koch eine Strecke von 1,75 Kilometern und

In der Septemberausgabe 1922 der Zeitschrift »Continental Echo« erschien ein Bild über den Empfang bei Reichskanzler Ebert. Von links Hans Hackmack (Akaflieg Darmstadt), Konsul Karl Kotzenberg (Veranstalter Rhönwettbewerb, ab 1924 Präsident der Rhön-Rossitten-Gesellschaft), Arthur Martens (Akaflieg Hannover), Reichspräsident Friedrich Ebert, Friedrich Hentzen (Akaflieg Hannover)

Zum Zugspitzflug brachte die Akaflieg Hannover den »Greif« mit.

Arthur Martens auf »Moritz« (die verbesserte Version der H1 Vampyr) 1924 im Flug auf der Rhön.

Der rechte Flügel und das Seitenruder brachen kurz nach dem Gummiseilstart bei der H6 ab. Pilot Gustav Koch überstand den Absturz mit »leicht angestauchten Haxen« und spülte abends das Erlebte mit Rhönschnaps hinunter.

hielt sich über 21 Minuten in der Luft. Doch kurz danach hatte er Glück im Unglück, als beim Start der Außenflügel abbrach und das Seitenruder zerschlug. Die eigenwillige Festigkeitsberechnung[12] sah man dem »Pelikan« sogar an, denn die Flügel hingen am Boden stark durch (so wie man es heute von den »Superorchideen« kennt).

Mit der **H7**[13] entwarfen die Akaflieger einen Doppeldecker zu Schulungszwecken mit gutmütigen Flugeigenschaften und einem einfachen, reparaturfreundlichen Aufbau. Trotz des weiten Wegs von Hannover schulten sie damit auf der Wasserkuppe und flogen dort auch im Winter bei Schnee.

Zum Küstenflugwettbewerb 1925 auf Rossitten wurde die Akaflieg Hannover (neben Cöthen und Darmstadt) von den Veranstaltern eingeladen und durfte sich kostenlos beteiligen. Die Akaflieg verbesserte die Konstruktion des Greif (H2), der bei einem Flug von der Zugspitze zu Bruch gegangen war. Die **H8 »Phönix«** sah selbstschreibende Messgeräte vor, mit denen im Flug Aufzeichnungen gemacht werden konnten. Die H8 wurde nach Entwürfen von S. und W. Günter unter Anleitung von Prof. Pröll in Hannover von der HAWA gebaut.

Die Konzentration der Gruppe in den Jahren nach 1925 lag mehr auf dem Motorflug, da in Hannover die nächsten nutzbaren Berge weit entfernt waren. Zugleich erhielten die Flugzeuge die bis heute gültige Bezeichnung AFH (Akaflieg Hannover). Mit der **AFS 1**[14] **»Schnecke«** entwarfen die Studenten im Rahmen einer Diplomarbeit im gleichen Jahr einen Doppeldecker. Die »Schnecke« machte ihrem Namen insofern alle Ehre, da sie durch die Vorflügel eine Minimalgeschwindigkeit von 35 km/h (135 km/h Reisefluggeschwindigkeit) besaß. 1929 hatte der zur Flugschulung gedachte Doppeldecker seinen Erstflug. Angetrieben von einem 55 PS Siemens S10 erlaubte das Flugzeug eine Zuladung von 210 Kilogramm (bei einem Leergewicht von 380 Kilogramm). Schon nach 10 Meter Rollweg kam das Flugzeug bereits zum Stehen. Es wies bei einer Spannweite von 10,5 Metern eine Flügelfläche von über 22 m^2 auf. Insgesamt erinnerte die Konstruktion eher an ein Motorflugzeug des ersten Weltkriegs, die Musterzulassung erfolgte 1931.

Die AFS 1 »Schnecke« im Rohbau.

Der formschöne Hochdecker H8 »Phönix« vor dem Start in Rossitten 1926. Sie war der H6 sehr ähnlich. In ihr war ein Vierfachschreiber eingebaut und in Rossitten wurden photometrische Aufnahmen von außen gemacht.

Aufzeichnungen der Messgeräte bei einem Flug 1926.

Mit der H7 wurde auch im Winter auf der Wasserkuppe geschult.

Der politische Wechsel 1933 führte die Akaflieg Hannover beinahe an ihre Auflösung. Die Flugzeuge waren an den DLV zu übergeben und zum Teil schon umregistriert. Die Initiative des ehemaligen Darmstädter Akafliegers Otto Fuchs (und seines Abteilungsleiters Mathias Bös) bei der DVL sah eine besondere Förderung des Ingenieurnachwuchses für die (ehemaligen) Akafliegs vor. Die Lösung lag in der Umwandlung der Akaflieg Hannover in eine Flugtechnische Fachgruppe. So wurde aus der Akaflieg die FFG an der Technischen Hochschule Hannover.

Man erhielt in der Hochschule neue Räume. Das erste dort von den Studenten gebaute Flugzeug war ein Grunau Baby IIb. In der Zeit vom 24. bis zum 27. August 1933 beteiligte man sich am Deutschlandflug. Unterstützt von örtlichen Unternehmen konnten die Studenten mit fünf baugleichen Klemm L 26 unter dem Namen »Landesverband Hannover« antreten. Das Reglement sah vor, dass bei fünf baugleichen Maschinen eine Gutschrift von 50 Punkten erfolgte, sofern sie zeitgleich starteten und die Ziellinie gemeinsam innerhalb von 15 Sekunden überflogen. Letztlich war genau die Leistung in der Formation ausschlaggebend und so gewannen sie mit den Piloten Köhnk, Höfft, Dietrich, Rose und Beseler. Für die Siegerehrung sollten die Besatzungen »in Uniform« antreten. Folgsam traten die Studenten »uniform« an und erschienen alle gemeinsam mit gleichem, weißem Overall. So nahmen sie den Zusatzpreis des Reichsministers für Luftfahrt, eine Klemm L 26 mit Sternmotor entgegen. Für die nächsten Jahre wurde es als Schulflugzeug sehr stark genutzt und war beliebt.

Erneut widmeten sich die Studenten in der FFG der Konstruktion von Segelflugzeugen und schufen für den Rhönwettbewerb 1938 ein einsitziges Segelflugzeug. Die **AFH 4** mit abgeänderten Fowlerflügel entstand im Entwurf bereits 1937. Ihr Bau begann, nachdem die neue Infrastruktur mit Flugzeughalle, Metall- und Holzwerkstatt, Konstruktionsbüro sowie Wohn- und Aufenthaltsräumen (gefördert von der DVL) auf dem Flugplatz Hannover-Vahrenwald zum Jahreswechsel fertig geworden war.

AFH 4
D-9-463
1938

Spannweite	15 m
Länge	6,5 m
Streckung	22,5 (19,7)
Flügelfläche	10 (11,4) m²
Rüstgewicht	170 kg
Fluggewicht	270 kg
Flächenbelastung	26,3 (23) kg/m²
Geringstes Sinken	0,72 cm/s bei 69 km/h
Gleitzahl	32 bei 91 km/h

»Uniform« zur Siegerehrung: Die beim Deutschlandflug 1933 siegreiche „Klemm-Staffel“ aus Hannover.

Die AFH 4 auf dem Flugfeld in Vahrenwald 1938.

Mit der AFH 4 sollte ein Flugzeug mit möglichst großer Geschwindigkeitsspanne und guter Wendigkeit geschaffen werden. Gebaut wurde ein freitragender Mitteldecker mit einer abgeänderten Flächenklappe. Im eingefahrenen Zustand lag die Klappe im Profil, ausgefahren vergrößerte sie die Flügelfläche um 14,4%. Zusätzlich war der Fowlerflügel in Schritten von 5 Grad bis zu 40 Grad als Landeklappe verstellbar. Auch ließen sich die Querruder gemeinsam um bis zu 10 Grad nach unten verstellen. Dies erlaubte eine (erflogene) Mindestgeschwindigkeit von 45 km/h, während die Höchstgeschwindigkeit bei 300 km/h lag. Um ein Flattern bei dieser hohen Geschwindigkeit zu vermeiden, war der aus TeBu 40 gefertigte Hauptholm überdimensioniert und extrem steif gebaut worden.

Die elliptischen Flügel mit einem Knick etwa bei der Halbspannweite waren um 2,5 Grad nach vorne gepfeilt. Das komplett in Holzbauweise gefertigte Flugzeug besaß eine mit Tennisbällen gedämpfte eingestrakte Kufe und alle Ruderantriebe erfolgten über Stoßstangen. Die geblasene Plexiglashaube erlaubte eine verzerrungsfreie Sicht. Zusätzlich besaß die AFH 4 bereits ein Funkgerät (**AFH 7**).

Trotz dieser Qualität des Flugzeugs gelang es den Studenten der FFG Hannover nicht, einen der vorderen Plätze im Rhönwettbewerb zu erobern. Der Grund war ein tragischer Unfall. In den ersten Tagen des Wettbewerbs stürzte ihr Pilot Wolfgang Schulz mit der AFH 4 im Lee tödlich ab.

Die nächsten Projekte der FFG Hannover beschäftigten sich mit den Themen Thermiksuche und der Verbesserung von Funkgeräten (AFH 7), bis 1940 wieder eine Neukonstruktion in Angriff genommen wurde. Die **AFH 10** (vorgestellt beim Idaflieg-Sommertreffen 1941 in Prien) war eine Weiterentwicklung der AFH 4 mit verändertem Wölbklappen-Flügel. Zusätzlich erhielt sie Luftbremsen und die Flügelfläche lag nunmehr bei 13 m². Das Wölbklappenflugzeug (35% der Flügeltiefe) sah deren Verstellung von -10 bis + 30 Grad Klappenstellung vor. Der einholmige Tragflügel besaß eine drehsteife Torsionsnase und die Querruder waren im Verhältnis ein zu fünf differenziert[15]. Obwohl sie von Beginn an als Gruppenflugzeug konzipiert war, sollte sie trotzdem auch ein Leistungsflugzeug sein.

Die Flügel waren mit zwei Bolzen verbunden, weitere vier dienten der Rumpfbefestigung. Die Rumpfform war von der AFH 4 übernommen, der Pilotensitz bereits halbliegend angeordnet worden. Dies erlaubte eine Beschränkung der Rumpfhöhe. Der Leitwerksträger bestand aus einer dreh- und biegesteifen Röhre in Schalenbauweise. Alle Steuerungen waren kugelgelagert und die Seitenruderpedale im Flug verstellbar. Die Federung der Kufe und des Sporns übernahmen eingebaute Tennisbälle, ein späteres Rad war fest verbaut und bremsbar. Gerade noch rechtzeitig zum Idafliegtreffen 1941 in Prien wurde die AFH 10 fertiggestellt.

Insgesamt wies die AFH 10 gutmütige und harmlose Flugeigenschaften auf. Weil der Spalt an den Wölbklappen verkleidet war, hatte sie wohl im Langsamflug eine geringe Neigung für einen plötzlichen Strömungsabriss. Immerhin lag die Mindestgeschwindigkeit bei nur 48 km/h.

Sie überlebte im Gegensatz zu vielen anderen Akafliegkonstruktionen den zweiten Weltkrieg in einem Schuppen mit eingebautem Zwischenboden vollkommen unbeschädigt. 1945 von den Briten beschlagnahmt wurde sie angeblich nach 1950 in Farnborough verschrottet[16].

Das Cockpit der AFH 4 .

AFH 10
D-9-826
1941

Spannweite	15 m
Länge	6,50 m
Streckung	17,35
Flügelfläche	13 m²
Rüstgewicht	165 kg
Fluggewicht	255 kg
Flächenbelastung	19,23 kg/m²
Geringstes Sinken	0,65 cm/s bei 52 km/h
Gleitzahl	25 bei 88 km/h
V_{ne}	300 km/h

Die AFH 10 beim Idafliegtreffen in Prien .

Die AFH 10 bei ihrer Vorstellung 1941 in Prien.

Die AFH 10 im Jahr 1941 kurz nach dem Start. Das Fahrwerk ist abgeworfen und am rechten Bildrand zu sehen. Das später fest eingebaute Rad diente hauptsächlich dem erleichterten Transport am Boden.

DIE AKAFLIEG NACH 1945

Im Verlauf der Vorbereitungen einer Neugründung der Akaflieg Hannover erfuhren die Studenten, dass die frühere Akaflieg tatsächlich immer noch existierte. Denn die in eine FFG umgewandelte Akaflieg war niemals als Verein eingetragen worden, noch wurde die "ehemalige" Akaflieg im damaligen Vereinsregister gelöscht. So ersparte man sich die Neugründung und berief eine Mitgliederversammlung ein. Sechs ehemalige Mitglieder (darunter der noch im Vereinsregister als Vorsitzender stehende Joachim Beseler[17]) fanden so zusammen. Sieben neue Mitglieder kamen hinzu und am 5. Oktober 1951 gab es wieder eine Akaflieg Hannover.

Nicht ganz ohne Ambitionen strebten die Akaflieger an, dass ihr erstes Segelflugzeug ein Kranich III werden sollte. Zur damaligen Zeit war das Flugzeug sehr teuer, aber eines der besten Doppelsitzer. Ohne Instrumente und Anhänger kostete es 10.900 DM. Die Akaflieger schafften das Unmögliche und erhielten das Geld dank eines Kredits von Prof. Hensen (Institut für Wasserbau). Im Herbst 1952 starteten sie mit ihrer D-6013 zum Abnahmeflug. Die Anschaffung des neuen Segelflugzeug feierte man natürlich groß in der Presse. Im Frühsommer 1953 eröffnete der Flugplatz in Vahrenwald (er existierte bereits seit 1912) wieder und die Akaflieger zogen mit ihrem Doppelsitzer zahlreiche Besucher an[19]. Die bald darauffolgende erste norddeutsche Segelflugmeisterschaft in Hildesheim gewannen sie souverän. Leider gab es zum Ende des Jahres einen ersten tödlichen Unfall, als der englische Schlepppilot des Kranich III im Start tödlich verunglückte. Nur knapp konnte der Pilot des Segelflugzeugs noch ausklinken.

Eine erste Winde entstand als Projekt **AFH 13**. Sie besaß eine Strömungskupplung und war zu Beginn mit 95 PS eher leistungsschwach und eher für Einsitzer nutzbar. Der Kranich III verlangte aber eine höhere Leistung und so erhielt sie bald einen stärkeren Motor.

Als Projekt **AFH 12** (die Weiterentwicklung war **AFH 14**) wurde ein Funkgerät mit Transistoren entwickelt. Damals war es das erste in Deutschland. Bei der ersten Deutschen Meisterschaft 1954 in Oerlinghausen kam es dann zum Einsatz, es wurde sogar von den Funktechnischen Werken[21] ab 1956 in Serie gebaut. Beim Idafliegtreffen 1957 entwickelte man die Rauschsperre, heute als »Squelch« bekannt. Die Entwicklung eines eigenen Flugzeugs kam zunächst noch nicht in Betracht. Mit den Projekten **AFH 15** bis **AHF 19** befassten sich die Akaflieger aus Hannover mit dem Antrieb eines Propellers durch ein Staustrahltriebwerk, eines Temperaturdifferenzmessgerätes (das war ein Thermikfühler, der an den Randkeulen des Kranich III angebracht wurde) sowie mit der Messung der unterschiedlich auftretenden Seilkräfte im Windenstart. Man forschte sogar an einer Weiterentwicklung der Ka6 in Kunststoffbauweise.

Die Winde im Jahr 1954 in Betrieb.[20].

Eine neue leistungsfähige Winde entstand in der Folge als Projekt AFH 20 auf einem selbstfahrenden Unimog. Erst 1974 beschloss die Mitgliederversammlung der Gruppe, dass die Akaflieg wieder ein Segelflugzeug bauen sollte. Allerdings sollte es sich hierbei (noch) nicht um einen eigenen Entwurf handeln, sondern man wollte den Bausatz einer Neukom Elfe S4D erwerben. Die Besonderheit dieses Segelflugzeugs war ihre Konstruktion als Sand-

Einweisung in das Funkgerät AFH 14 beim Idafliegtreffen 1963. Flugzeug war der für verschiedene Projekte genutzte Kranich III der Akaflieg Hannover

Von der Winde AFH 20 wurden gleich zwei Stück gebaut. Eine ging an den Herforder Verein für Luftfahrt e.V. in Oerlinghausen. Der Seileinlauf erfolgte direkt auf die schmalen Trommeln, geführt durch einen längeren Schwenkarm ohne überflüssige Spulvorrichtung. Durch die direkte Seilführung auf die Trommeln sollte das Biegemoment für das Seil vermindert werden, welches üblicherweise an den Azimutrollen entsteht und erheblich zum Verschleiß beiträgt.

wich verschiedener Materialen bis hin zu einem Hauptholm aus Leichtmetall. Durch den Bau gewannen die Studenten Erfahrungen und Routine. Während das Cockpit als GFK-Sandwich-Bauteil zum Bausatz gehörte, musste der Rumpf vollständig in Sperrholz-Schalenbauweise mit Spanten und Gurten und einer GFK-Lage auf der Sperrholzbeplankung selbst gebaut werden. Flächen und Höhenleitwerk erwarb man im Rohbau. Innerhalb von weniger als zwei Jahren konnten sie die Elfe als Projekt **AFH 21** fertigstellen und im Sommer 1976 zum Erstflug starten.

Ab Mai 1976 erfolgte der Wechsel vom bisherigen Fluggelände in Vahrenwald zum Flugplatz Oppershausen. Dort fliegt man bis heute. Nach zähen Verhandlungen mit dem Hannoverschen Aero-Club fand man eine Lösung. Zwei Jahre später bestand die Akaflieg fast nur noch aus Flugschülern (vom 20 Mitgliedern blieben nur 12 übrig).

Nach ihrer Fertigstellung war es aus Sicht der Akaflieger notwendig einen Transportanhänger zu bauen. Daraus entstand das Projekt **AFH 22**. Als Anekdote ist dies bemerkenswert, denn unter der gleichen Bezeichnung entwarfen sie die Eigenkonstruktion eines Doppelsitzers, der heute noch im Einsatz ist. Knapp zwei Jahre nach der Fertigstellung der Elfe erhielt die Akaflieg 1978 von Firma Grob in Mindelheim das Angebot, für 3500 DM einen Satz Vorserientragflächen des Doppelsitzers Twin Astir zu erwerben. So entstand aufbauend auf dem günstigen Kauf

Die AFH 21 kommt im Sommer 2020 nach ihrer Restaurierung zur Landung.

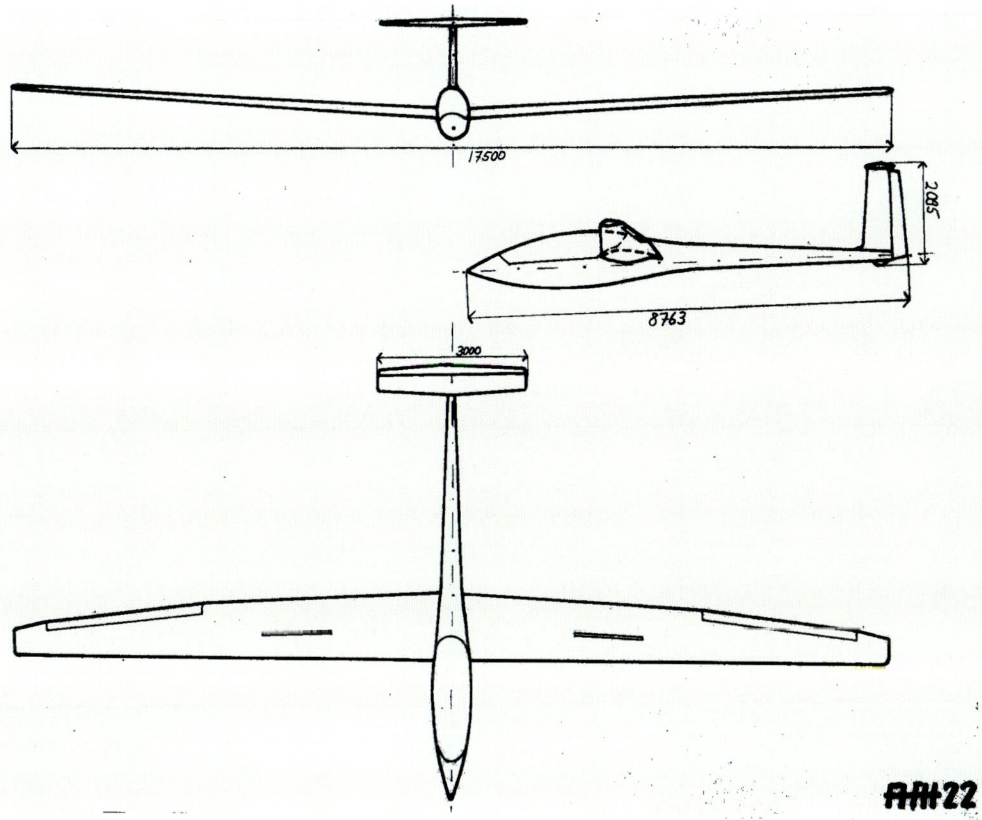

3-Seiten-Riss der AFH 22.

nach harter Diskussion[23] unter den Mitgliedern der Plan, einen Doppelsitzer zu konstruieren und zu bauen.

Für die Entwicklung des Rumpfes bezogen sich die Akaflieger auf entsprechende Untersuchungen innerhalb der Idaflieg. Der komplette Strakplan entstand 1:1 auf einem Plotter. Der Aufbau ähnelt dem Verfahren, wie es mit mehreren Bildern bei der FVA 20 in Aachen dargestellt ist. In 18 Stunden Dauerarbeit wurde der geschliffene und vorbehandelte Rumpf mit sechs Lagen GFK-Gewebe belegt.

Das sehr hohe und gefederte Rad (es musste später etwas nach vorne versetzt werden, weil das Flugzeug beim Ausrollen auf die Nase zu gehen neigte) wird mit einer Hydraulik aus- und eingefahren[24]. Diese Lösung erschien sinnvoll, da das Fahrwerk einen weiten Weg mit einer Drehung zurückzulegen hatte und die Kräfte für eine mechanische Bedienung zu hoch erschienen. Das T-Leitwerk ist sehr hoch ausgeführt. Die sehr exakte und leichtgängige lineare Rudersteuerung verleitet im Windenstart dazu, zu früh und zu stark zu ziehen. Am 31. Oktober 1982 erhob sich **»Pegasus«** zum ersten Mal auf dem Vereinsgelände in Oppershausen in die Luft.

Die große einteilige Haube wird mit einem doppelten Parallelogramm bei der Öffnung so über den Haubenrahmen gehoben, dass sich der Drehpunkt neben Rumpf befindet. Diese Mechanik befindet sich ausschließlich zwischen beiden Pilotensitzen. Vier Studienarbeiten flossen in Konstruktion und Entwicklung ein. 12.000 Arbeitsstunden waren erforderlich und die etwa 60.000 DM betragenden Baukosten konnten fast vollständig durch Material- und Geldspenden eingeworben werden.

Das Schwesterflugzeug der AFH 22 war die fs31 der Akaflieg Stuttgart. Auch sie erwarben einen Satz Vorserienflügel des Twin-Astirs und da sie zeitlich etwas vor den Kollegen aus Hannover lagen, konnten die Hannoveraner bei den Nachweisen zur Festigkeitsberechnung auf die Werte der fs31 zurückgreifen. Dies stellte schon eine deutliche Arbeitserleichterung dar.

AFH 22 »Pegasus«

Spannweite	17,5 m
Länge	8,77 m
Streckung	17,10
Flügelfläche	17,80 m²
Rüstgewicht	379 kg
Fluggewicht	587,40 kg
Flächenbelastung	25-33 kg/m²
Geringstes Sinken	0,65 cm/s bei 92 km/h
Gleitzahl	38 bei 102 km/h

Die AFH 22 beim Idafliegtreffen 2015 in Aalen-Elchingen.

Blick vom vorderen Sitz in der AFH 22 über Aalen-Elchingen.

Das blieb von der abgebrannten Halle in Oppershausen 1982 übrig.

Schon im Jahr darauf entstanden die ersten Entwürfe für ein Standardklasseflugzeug. Mit dem Projekt **AFH 24**[25] sollte zum einen der Widerstand erzeugende und störende Haubenspalt eliminiert, zum anderen eine extreme Rumpfeinschnürung direkt hinter den Tragflächen konstruktiv umgesetzt werden. Hierbei ermöglichte die Kohlefaser durch höhere Festigkeit eine Gewichtsersparnis bei gleichzeitig kleiner Rumpfoberfläche. Um Konstruktions- und Arbeitszeit zu sparen und das Projekt in einer überschaubaren Zeit abschließen zu können, wurden Serientragflügel der DG 300 und ein ASW 24 Höhenleitwerk gekauft. Der komplette Rumpf, das Seitenleitwerk und -ruder, die Steuerung sowie das Fahrwerk waren Eigenkonstruktionen. Ursprünglich war sogar ein V-Leitwerk vorgesehen, doch erfüllte dies nicht die Leistungserwartungen. Die letztendliche Festlegung des Leitwerks erfolgte 1988 in der Mensa auf einem Quittungsbogen.

Während die AFH 24 in der Werkstatt in Vahrenwald entstand, fiel die Holzhalle auf dem Flugfeld in Oppershausen im Februar 1982 einer Brandstiftung zum Opfer. Mit ihr verbrannten vier Segelflugzeuge (darunter der private Salto mit dem Kennzeichen D-0001) sowie Fahrzeuge. Die Versicherungssumme reichte zum Glück aus, um eine neue und größere Halle aus Metall recht bald erbauen zu können.

In Vahrenwald machten die Arbeiten an der AFH 24 Fortschritte. Der Haubenspalt sollte hinter den Piloten verlegt werden und man fand als Lösung ein komplett verschiebbares und abnehmbares Rumpfvorderteil. Zum Ein- und Aussteigen wird der gesamte geschlossene Haubenbereich nach vorne geschoben. Der nach hinten verlegte Haubenspalt dient gleichzeitig als Turbulator. Da das Rumpfvorderteil nicht in die Festigkeit des Rumpfes miteinbezogen ist, ließ sich der Haubenrahmen sehr weit nach unten setzen. Die sehr großzügige Haube gewährte eine gute Sicht. Da dieses Rumpfvorderteil keinerlei Kräfte aufnehmen konnte, war eine besondere Konstruktion des Cockpitträgers notwendig. Dieser nimmt alle Steuerelemente, den Instrumentenpilz sowie den Piloten auf und musste entsprechend robust ausgelegt werden. Ein Sicherheitsaspekt war hierbei die Verwendung von Kevlar, um bei einem Crash die Aufschlagenergie aufnehmen zu können und das Entstehen scharfer Splitter und Bruchkanten zu vermeiden[26].

Ein so verschiebbares Vorderteil verlangte nach einer besonderen Lösung für den Notausstieg. Der fest verbaute, auf einem Schlauch ruhende Haubenrahmen kann mit verbundenen Kohlendioxidpatronen im Notfall abgesprengt werden. Mit einem vorläufigen Seitenruder[27] (Geschwindigkeitsbegrenzung bis 140 km/h) fand am 30. September 1991[28] in Braunschweig der Erstflug statt.

AFH 24

Spannweite	15 m
Länge	6,75 m
Streckung	21,91
Flügelfläche	10,27 m²
Rüstgewicht	257 kg
Fluggewicht	500 kg
Flächenbelastung	29-48,69 kg/m²
Geringstes Sinken	<0,65 cm bei ?? km/h
Gleitzahl	41 bei ?? km/h

Das nach vorne geschobene Cockpit. Am Rumpf sind Fäden für Strömungsmessungen angebracht.

Die AFH 24 im Flug über Oppershausen.

Beim Idafliegtreffen im folgenden Jahr wurde sie vermessen. Fast zeitgleich mit dem Entstehen des Einsitzers war der Neubau einer Startwinde **AFH 25** unaufschiebbar geworden. Der bisherigen bereiteten zunehmend die höheren Gewichte der Segelflugzeuge Schwierigkeiten. Zahlreiche Funktionen wurden über Druckluft gesteuert, diese konnte mit einem an den LKW-Motor angeschlossenen Kompressor erzeugt werden. In einem Wortspiel erhielt die Winde den Namen »Anemoi« (Plural von altgr. Ánemos = Wind), brachte also Wind unter die Flügel.

Ab 1992 griff man das nächste Segelflugzeugprojekt mit der **AFH 26** auf. Es wurde sogar schon ein Kennzeichen D-5526 vorgemerkt. Vorgesehen war ein Wölbklappenflugzeug mit 18 Metern Spannweite. Fast vollständig aus kohlefaserverstärktem Gewebe gebaut entstanden bis 2005 der Rumpf mit dem Fahrwerk sowie die Formen für die Flügel in Negativbauweise. Interessanter Ansatz war die Entwicklung eines gewichtsoptimierten »intelligenten« Tragflügels. Das Zauberwort hieß »Aeroelastic Tailoring«[29]. Belastungen, die normalerweise beim Durchfliegen einer vertikalen Böe auftreten, sollten dadurch reduziert werden, dass sich die Flügelspitzen beim Beginn der Durchbiegung nach unten verdrehen. Dies hätte den Anstellwinkel und den Auftrieb automatisch verringert. Auf diese Weise sollte eine starke Durchbiegung der Tragflächen vermieden werden. Für diese Konstruktion wäre eine spezielle Ausrichtung der Kohlefasern beim Bau der Flächen notwendig gewesen, was im Handlaminierverfahren nicht möglich erschien.

Zu wenig Beachtung fand die Entwicklung eines Streckenflugrechners (1996) mit dem Projekt **AFH 27**. Die Genauigkeit der Druckmessungen war aber so überzeugend, dass die Meßeinheit beim Idafliegtreffen im gleichen Jahr zum Einsatz kam. Immerhin wurde angedacht, das fotografische Vergleichflugverfahren unter Einbeziehung von GPS-Daten und höchster Messgüte weiter zu entwickeln.

Das Projekt wurde allerdings weiter fortgeführt. Ein ähnliches Schicksal widerfuhr der Entwicklung von Ansteckflügeln (**AFH 28**) mit Winglets für die DG 600. Ziel war eine auf 18 Meter Spannweite optimierte Version und es wurde sogar die Flugerprobung begonnen. Eine Besonderheit lag darin, dass die 1750 mm langen Ansteckohren nicht nur mit einem CAD-System konstruiert wurden, sondern auch dass die letzten 1100 mm der Spannweite jeweils um einen Winkel von 12 Grad gegenüber der Tragfläche angehoben wurden. Eine Erprobung fand beim Idaflieg Sommertreffen 1999 statt. Das Projekt wurde ab 2018/2019 nicht weiter fortgeführt, es war von der Zeit überholt worden.

In den letzten Jahren verzeichnen die Berichte der Akaflieg Hannover eher die Beteiligung an fliegerischen

Eine Flasche Sekt zerschellte am 4. November 1989 an der massiven Konstruktion und weihte die Startwinde AFH 25 ein.

Der Rumpf für die AFH 26 war bereits teilweise hergestellt, das Projekt wurde aber aufgegeben.

Die DG 600 der Akaflieg Hannover mit den damals neuen Winglets.

Veranstaltungen. Im Rahmen der Forschung wird aber über einen interessanten Beitrag im Luftfahrtforschungsprogramm (LuFo) des Bundesministerium für Wirtschaft und Energie (BMWi) berichtet. Das Thema ist die Entwicklung von nachrüstbaren Modulen für ältere Segelflugzeuge zur Erhöhung der Crashsicherheit. In dem Projekt wird sich ein Flugzeugtyp vorgenommen, für den dann mehrere Elemente zur Belastungsreduzierung der Piloten bei einem Unfall konstruiert und mittels moderner Rechenmethoden auf ihre Effektivität hin überprüft werden. Dabei wird es später besonders auf die Berücksichtigung der baulichen Möglichkeiten in den Segelflugzeugen ankommen. Zum Schluss soll eine hinreichend gute Empfehlung für die Anwendung von Rechenprogramm zur Vorhersage für die Konstruktion von entsprechenden Bauteilen für andere Flugzeugtypen herauskommen. Dieses Projekt wird im Verbund mit weiteren Institutionen durchgeführt und die entwickelten Bauteile sollen später eine EASA Zulassung erhalten. Die wirtschaftliche Verwertung soll dann in die Hände der Industrie gelegt werden.

Solche Untersuchungen und Studien sind ein praktikabler Weg für die Student*innen von akademische Fliegergruppen in der heutigen Zeit. Neben den zunehmend zeitlich langgestreckten Zeiträumen für die Entwicklungen ganzer Flugzeuge, können durch überschaubare Projekte wertvolle Beiträge für den Flugzeugbau geliefert und gleichzeitig auch Wissen für das persönliche Studium gewonnen werden. Die Akaflieger in Hannover gehen da einen guten Weg.

1 Es handelt sich um die Studenten (und ehemaligen Weltkriegspiloten) Walter Blume, Fritz Hentzen, Arthur Martens und Eduard Voigt.

2 Die HAWA baute nicht nur Eisen- und Straßenbahnen, sondern auch Traktoren und Elektroautos. Im ersten Weltkrieg reparierte sie Flugzeuge und erhielt 1915 die Lizenz, selbst Kampfflugzeuge herzustellen. Chefkonstrukteur war ab 1916 Hermann Dorner. Nach Ende des ersten Weltkriegs widmete man sich der Zivilluftfahrt und ehemalige Weltkriegspiloten fanden dort eine Anstellung. Arthur Martens (siehe Vampyr) stellte als Werkspilot mit der HAWA F6D 84 einen Höhenrekord von über 8400 Metern auf. Als er später mit dem Vampyr auf der Wasserkuppe flog, war er ein erfahrener Pilot und keineswegs ein Abenteurer.

3 Mit Ende des ersten Weltkriegs und der bald einsetzenden galoppierenden Inflation verloren Gelder schnell an Wert. Es galt auch mit Spenden schnell zu handeln, denn bald kostete ein Brot schon 1 Mio. Mark. So sind alle bei den Rhönwettbewerben ausgelobten Preise unter diesem Gesichtspunkt zu sehen. Den Konstrukteuren und Piloten ging es nicht ums Geld, sondern um Erfolg. Siehe auch Anmerkung 8.

4 In der Meldung taucht die Bezeichnung »Akademische Fliegergruppe Hannover« auf.

5 Die drei Studenten, Blume, Hentzen und Martens zeichneten für die Konstruktion eines Entwurfs von Madelung verantwortlich, gebaut wurde der Einsitzer unter der Leitung von Dorner bei der HAWA.

6 Langsdorff schreibt dazu 1931 (Buch »Das Segelflugzeug«): »Die Konstruktion ist als sehr glücklich zu bezeichnen. Die Bälle sichern gute Federung, ermöglichen leichtes Abkommen, bieten denkbar geringen Widerstand und sind ziemlich unempfindlich gegen Schiebelandungen. Sie haben sich sowohl im Betrieb auf der Grasnarbe, als auch auf weichem Schnee bewährt.«

7 Vier weitere »Vampyr« wurden gebaut und verkauft. Dabei hatten die neuen Eigentümer durchaus sehr große Probleme mit dessen Flugeigenschaften. Dies belegt, welch guter Pilot Martens war.

8 Vor dem Ende seiner Segelfluglaufbahn baute Martens die erste Segelflugschule der Welt auf der Rhön auf (Flugschule Martens).

9 Allerdings war dies ein Preis in Zeiten galoppierender Inflation. Ein Jahr später beklagte Oskar Ursinus, dass die Druckkosten der Zeitschrift »Flugsport« durch den Verkaufspreis nicht mehr gedeckt würden und bat die Leser um eine Überweisung in Höhe von 3 Millionen Mark.

10 Die H2 besaß einen ovalen holzverkleideten Rumpf und nur noch zwei Bälle als Räder.

11 Der Bau wurde von der gleichnamigen Schreibwarenfirma unterstützt.

12 Immerhin wurde die H6 Pelikan von der technischen Kommission für den Wettbewerb zugelassen. Es gibt sogar ein Foto in einer Zeitschrift, was die H6 beim Küstenflugwettbewerb auf Rossitten 1924 zeigt. Die hinter der H6 liegende Idee war ein Segelflugzeug zu bauen, dessen Konstruktionsgewicht geringer als das der Zuladung war. Die Konstruktion wog nur 75 Kilogramm und besaß eine Gleitzahl von 25.

13 Der 1925 entworfene Gleiter Szybowiec S-III aus Polen wies sehr große Ähnlichkeiten mit der Konstruktion auf.

14 Möglicherweise wurde dieses Flugzeug auch als AFH 1 oder H9 geführt, die Akaflieg Hannover ist sich hier selbst nicht sicher, wie ihre eigene Internetseite berichtet. AFS bedeutete »Akaflieg Schulflugzeug«. Seit dieser Konstruktion werden alle Neuentwicklungen als AFH »Akaflieg Hannover« geführt, dies auch nach 1933, als die Akaflieg sich zur FFG wandeln musste.

15 Die Differenzierung bedeutet, dass immer, wenn (zum Beispiel 1 zu 5) das linke Querruder um 1 Grad nach unten ausgeschlagen wird, das rechte um 5 Grad nach oben ausschlägt. Weil grundsätzlich bei jedem Querruderausschlag durch die sehr unterschiedlichen Widerstandswerte gleichzeitig eine Drehung um die Hochachse stattfindet, verringert die Differenzierung diesen Effekt deutlich. Bewegt sich ein Querruder nach unten (=Auftriebs- und Widerstandserhöhung am Flügel), sollte der gegensinnige Ausschlag am anderen Flügel um Werte größer sein, der annähernd dem Widerstandswert des gegenüberliegenden Flügels entspricht. Alle Flugzeuge (ob mit oder ohne Motor) besitzen heute diese differenzierten Querruder.

16 Nach Chris Wills (Gründer des Vintage Glider Clubs – VGC –) stand sie noch 1950 in Farnborough. Danach wurde sie dort in den Regen gestellt und später wohl verbrannt.

17 Später wurde Dipl.-Ing Joachim Beseler erster Präsident des Luftsport-Verbandes Niedersachsen.

18 Ein besonderer Einsatz der Akaflieger war am 12. Februar 1962 notwendig, als im Schneesturm das Dach der Flugzeughalle wegzufliegen drohte. Mehrere Stunden verbrachten sie liegend als Beschwerungsteile auf dem Dach und retteten so Halle und Flugzeuge.

19 Doch bereits 1955 wurde der Platz wieder geschlossen (die Akaflieger hatten dort eine Halle erworben und wiederaufgebaut) und es begann die Vorbereitung zur Umwandlung in ein Gewerbegebiet der nach dem Krieg schnell wachsenden Stadt Hannover.

20 Ein wenig widersprüchlich sind die Bezeichnungen. Während der Erbauer 30 Jahre später in der Erinnerung von der AFH 14 spricht, dürfte es sich eher um das Projekt AFH 13 gehandelt haben.

21 Die Funktechnischen Werke Hannover gingen aus der früheren »Huth Apparatefabrik GmbH« (vor 1945 waren die beiden Gesellschafter die Berliner Firmen Lorenz und Telefunken) hervor, später gingen sie in die Telefunken GmbH über.

22 Nun besaßen die Akaflieger nicht nur einen leistungsfähigen Doppelsitzer, 1957 waren auch sie durch die Spende von 6000 DM in der Lage, eine Fauvel AV 36 zu erwerben. Damit ließen sich die fliegerischen Anforderungen weitgehend abdecken.

23 Tatsächlich war es sehr umstritten, ob es sich um einen Einsitzer oder einen Doppelsitzer handeln sollte. Während die erfahrenen Mitglieder lieber ein einsitziges Übungsflugzeug gesehen hätten, setzte sich in der entscheidenden Abstimmung die Mehrheit der neuen Mitglieder (darunter viele Flugschüler) mit ihrem Plädoyer für einen Doppelsitzer durch.

24 Elf Pumphübe sind erforderlich. Zur Überwachung dient eine optische Anzeige mit einer grünen Lampe.

25 AFH 23 war ein Höhenleitwerk mit Solarzellen für eine DG 200

26 Text Beschreibung AFH 24 aus der Internetseite der Akaflieg Hannover.

27 Erst mit Seitenruder Nummer neun konnte diese Beschränkung entfallen.

28 Der Bericht der Akaflieg Hannover weicht von anderen Darstellungen (insbesondere ehemaliger Akaflieger) ab. Danach sollte der Erstflug genau einen Monat früher gewesen sein.

29 Entnommen aus der Projektbeschreibung der AFH 26.

AKAFLIEG KARLSRUHE

DIE AKAFLIEG VOR 1945

Als am 11. November 1928 in Mühlhausen südlich von Pforzheim trotz schlechter Wetterbedingungen ein Gleitflugwettbewerb stattfand, beteiligte sich auch die frisch im Wintersemester 1927/28 gegründete Akademische Fliegergruppe Karlsruhe[1]. Mitgebracht hatten sie ihren ersten Gleiter **»Zögling«**, den sie im Kellerraum der Aula in der Hochschule nach den Plänen der Rhön-Rossitten-Gesellschaft gebaut hatten. Schon Pfingsten hatten sie in Mühlhausen die ersten Flüge erprobt.

Die Gruppe war mittlerweile von ursprünglich sieben Mitgliedern weitergewachsen. Im Sommer hatten sie sich schon an der 9. »Rhön« beteiligt und brachten mehr als 500 Reichsmark an Prämien mit nach Hause. So starteten sie im Herbst mit dem Bau eines zweiten Segelflugzeugs in Anlehnung an den Zögling und gaben ihm den Namen **»Feldberg«**. Als sie es dann Pfingsten 1929 auf eben diesem Feldberg im Schwarzwald einflogen, endete alles beim dritten Flug in einer Tanne.

Dass ein Gleiter zu Bruch gehen kann, konnten die frisch gegründeten Akaflieger schon zuvor erfahren. Hatten sie zu Beginn von der gerade zuvor aufgelösten Segelfliegergruppe Karlsruhe einen Gleiter (**Brigant**) übernommen, machten sie bald ihren ersten (glimpflich verlaufenen) Flugunfall. Besonders günstig war ein geblümter Stoff und so erhielt der reparierte Gleiter den Spitznamen **»Bliemchen«**. Beim nächsten Bruch (der Gleiter kippte auf die Seite) wickelte sich dann die gesamte Konstruktion buchstäblich um den Piloten. An eine Reparatur war nicht mehr zu denken.

Von Beginn an waren die Bedingungen für die Akaflieg Karlsruhe recht anders, als dies für andere Akafliegs galt. Zum einen standen sie im Schatten des Karlsruher Luftsportvereins, dessen Vorsitzender zu dieser Zeit Roland Eisenlohr war. Die Gründung der Akaflieg Berlin knapp 20 Jahre zuvor geht ebenfalls auf Eisenlohr zurück. Mittlerweile hielt er an der Technischen Hochschule Karlsruhe Vorlesungen. Wenngleich er die neue Akaflieg förderte, kam sie in ihren Anfangsjahren nur schwer aus dem Schatten des Luftsportvereins heraus.

Das im Rahmen einer Diplomarbeit 1928 entwickelte Hochleistungsflugzeug **HL28** hatte seinen Erstflug im Jahr darauf. Das Segelflugzeug mit 20 Meter Spannweite besaß einen sehr weit hinten liegenden Schwerpunkt, so dass das Höhenleitwerk mit zum Auftrieb beitragen musste. Planerisches Ziel war, dass man selbst schwächste Aufwinde nutzen konnte. Jedoch kam es beim Erstflug zu einem Strömungsabriss. Sogar der Flug nach der Reparatur führte zum gleichen Ergebnis. Danach weigerten sich weitere Piloten, mit der HL28 zu starten und betrachteten sie als gefährliche Fehlkonstruktion. Weil sie aber sehr sorgfältig und ansprechend gebaut war, erhielten die Akaflieger hierfür einen Preis. Das Geld investierten sie in den Kauf eines Segelflugzeugs »Hol's der Teufel« der Firma Schleicher.

Nicht besonders glücklich begann eine Episode mit zwei Motorflugzeugen von Typ Klemm (1929 eine Klemm L25 a und 1931 eine Argus-Klemm). Zügig nahm man mit

Zu Beginn waren es noch sieben: Erste Flüge mit dem Zögling in Mühlhausen.

Links: Die »Feldberg« hing am Feldberg in den Baumspitzen.

Rechts: Der Gleiter »Brigant« in den Anfängen der Akaflieg.

Fluglager auf dem Feldberg 1929.

Der Tragflächenaufbau der Karlsruhe. Das Bild vermittelt einen Eindruck der Spannweite, so dass gegenüber der M Ia das Mittelstück kürzer gewesen sein muss.

Erhalt der ersten Maschine die Motorflugschulung auf. Es war tragisch, dass es am 9. Mai 1931 es zu einem tödlichen Zusammenstoß auf dem Flugplatz Karlsruhe kam.

Das 1929 begonnene Segelflugzeug **»Karlsruhe«** kann man durchaus als angelehnt an die M Ia von Hermann Mayer (zuvor FVA Aachen) betrachten[2], allerdings wies die Konstruktion der Akaflieg eine Reihe von Besonderheiten auf. Gegenüber dem Flugzeug von Hermann Mayer war das Mittelstück im Rumpf des insgesamt zweiteiligen Flügels deutlich kürzer[3].

So verwendete der Flügel im Gegensatz zur M Ia einen Haupt- und einen Hilfsholm, wurde doch bei den meisten Konstruktionen zu dieser Zeit zwei Hauptholme verwendet. Vorteil der neuen Konstruktion war, dass der Holm die größte Dicke des Profils darstellte und als Kasten recht stabil war. Zwischen allen Rippen lagen kreuzweise »Fachwerksscheiben« (oder Verstrebungen), von denen je eine vom Hilfsholm zum oberen und eine zum unteren Hauptholm führte. Alle diese Verstrebungen wurden infolge des Torsionsverhaltens des Flügels nur auf Zug belastet. Der Hilfsholm konnte recht leicht konstruiert werden und eignete sich zum Anschluss der Querruder.

Auffällig war, dass der Schwerpunkt der gesamten Konstruktion wieder sehr weit hinten lag. So musste das Höhenleitwerk Auftrieb wieder liefern (was die Gefahr eines Strömungsabrisses erhöhte).

Die Akaflieger 1930 auf der Wasserkuppe.

Im 11. Rhönwettbewerb 1930 wurde sie als »Karlsruhe B9« geführt und kleinere Preise konnten die Akaflieger unter anderem für Flüge mit mehr als zwei Stunden gewinnen. Während sie bereits auf dem heimischen Flugplatz erfolgreich den Autoschlepp mit einem LKW getestet hatten (immerhin 120 Meter Schlepphöhe), stellten sie den Autoschlepp 1931 als **»Karlsruher Hochstartmethode«** vor. Dabei lief das Startseil vom Segelflugzeug über eine Umlenkrolle am Auto zu einer Befestigung an einem Pfahl. Vorteil war die so verkürzte Schleppstrecke bei zugleich geringerer Geschwindigkeit des Autos.

Letztmalig beteiligten sich die Akaflieger 1932 am Rhönwettbewerb und brachten ihre Neuerwerbung »Baden« mit. Dieses Segelflugzeug (Kassel 25) hatten sie bei den Fieseler Werken erworben[4]. Bei diesem Wettbewerb waren sie mit 3 Flugzeugen auf der Wasserkuppe vertreten. Und als eine der ganz wenigen Teilnehmer schafften sie es, ohne einen Bruch aus der Rhön zurückzukehren. Doch der politische Wechsel zu den Nationalsozialisten bereitete der noch jungen Akaflieg ein schnelles Ende. Auseinandersetzungen mit ehemaligen Mitgliedern führten zu Denunziationen und am Ende wurde sogar der damalige Vorsitzende verhaftet. Die Flugzeuge erhielten Startverbot und im Mai 1933 löste sich die Akaflieg Karlsruhe auf[5]. Alle Flugzeuge[6] wurden dem DLV Ortsgruppe Karlsruhe übereignet.

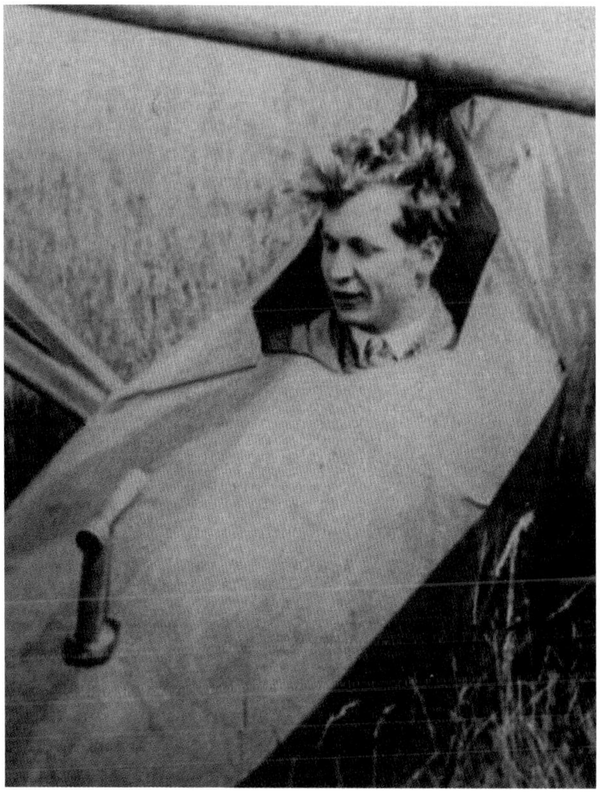

Berthold von Freydorf vor dem Start in der Karlsruhe auf der Wasserkuppe.

Das Segelflugzeug »Baden« im Gummiseilstart.

Die »Baden« bei ihrer Teilnahme auf der Wasserkuppe 1932.

DIE AKAFLIEG NACH 1945

Schon bevor der Segelflug nach dem zweiten Weltkrieg wieder erlaubt war, fanden sich Studenten der Technischen Hochschule Karlsruhe zusammen. Mit Ungeduld warteten sie auf die Freigabe. Endlich, am 22. Mai 1951 gründeten sie die Akaflieg Karlsruhe neu und bereits bei ihrem Start hatte sie 78 Mitglieder. Besonderes Ziel der Gruppe war die Kombination von besten Bedingungen für den Segelflugsport und ernster wissenschaftlicher Arbeit.

Auf dem Gelände der TH erhielt man einen Werkstattraum. Noch im Gründungsjahr richteten die Studenten ihn her und schon ab dem Jahreswechsel 1951/1952 konnten sie ihn nutzen. Der Plan für den Neustart stand bereits fest: Ausbau der Werkstatt, Bau eines Segelflugzeuganhängers[7], Anschaffung eines »Doppelraab«, Bau einer Winde und zweier Sprechfunkgeräte. Den Doppelraab erhielt die Akaflieg sogar als Geschenk. Als erstes Forschungsprojekt griff man die Untersuchung neuartiger Seile für den Windenschlepp auf. Mit dem neu gebauten Anhänger konnte dann der Doppelraab in Nabern/Teck abgeholt werden. In der nunmehr als zu klein empfundenen Werkstatt entstand 1954 als Schul- und Übungsflugzeug ein L-Spatz 55. Sogar die Anschaffung eines Motorflugzeugs Bücker (Bü 181) »Bestmann« für etwas mehr als 13.000 DM war möglich. Die weitere Spende eines Opel Lastwagens ermöglichte den Aufbau einer Startwinde auf dessen bisherigen Ladefläche. Viel schneller als bisher konnte so der Windenstartbetrieb wieder auf- und abgebaut werden.

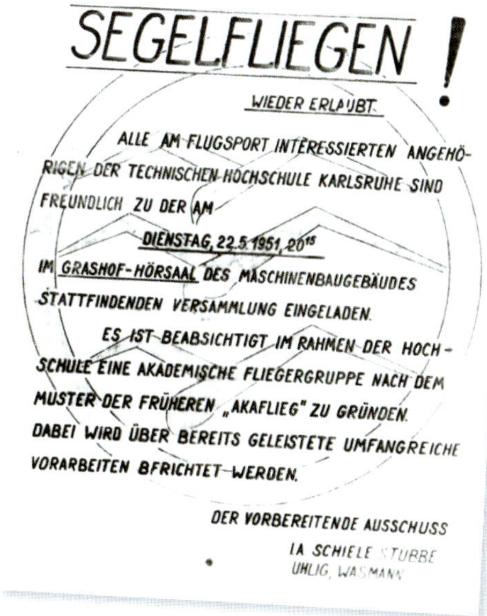

SEGELFLIEGEN !

WIEDER ERLAUBT.

ALLE AM FLUGSPORT INTERESSIERTEN ANGEHÖRIGEN DER TECHNISCHEN HOCHSCHULE KARLSRUHE SIND FREUNDLICH ZU DER AM

DIENSTAG, 22.5.1951, 20[15]

IM GRASHOF-HÖRSAAL DES MASCHINENBAUGEBÄUDES STATTFINDENDEN VERSAMMLUNG EINGELADEN.

ES IST BEABSICHTIGT IM RAHMEN DER HOCHSCHULE EINE AKADEMISCHE FLIEGERGRUPPE NACH DEM MUSTER DER FRÜHEREN „AKAFLIEG" ZU GRÜNDEN.

DABEI WIRD ÜBER BEREITS GELEISTETE UMFANGREICHE VORARBEITEN BERICHTET WERDEN.

DER VORBEREITENDE AUSSCHUSS

IA SCHIELE STUBBE

UHLIG, WASMANN

Einladung zur Wiedergründung der Akaflieg Karlsruhe 1951.

Erste Forschungsaufträge des neuen Bundesverkehrsministeriums waren »Untersuchungen von Windenschleppseilen« und die »Vermessung des Startsvorgangs von Segelflugzeugen im Windenstartbetrieb«. Mit einem Gerät zeichneten sie Seilzug und Seilwinkel auf. Beide Projekte wurden über Jahre verfolgt. Eines der Ergebnisse war, dass die Biegung des Seils durch die Rollen im Seileinlauf wesentlich den Verschleiß beeinflusst. Später konstruierte man eine Winde, die bei einem optimierten Seileinlauf sogar auf eine Spulvorrichtung verzichten konnte. Am 7. Juni 1963 wurde diese Winde tatsächlich in Betrieb genommen.

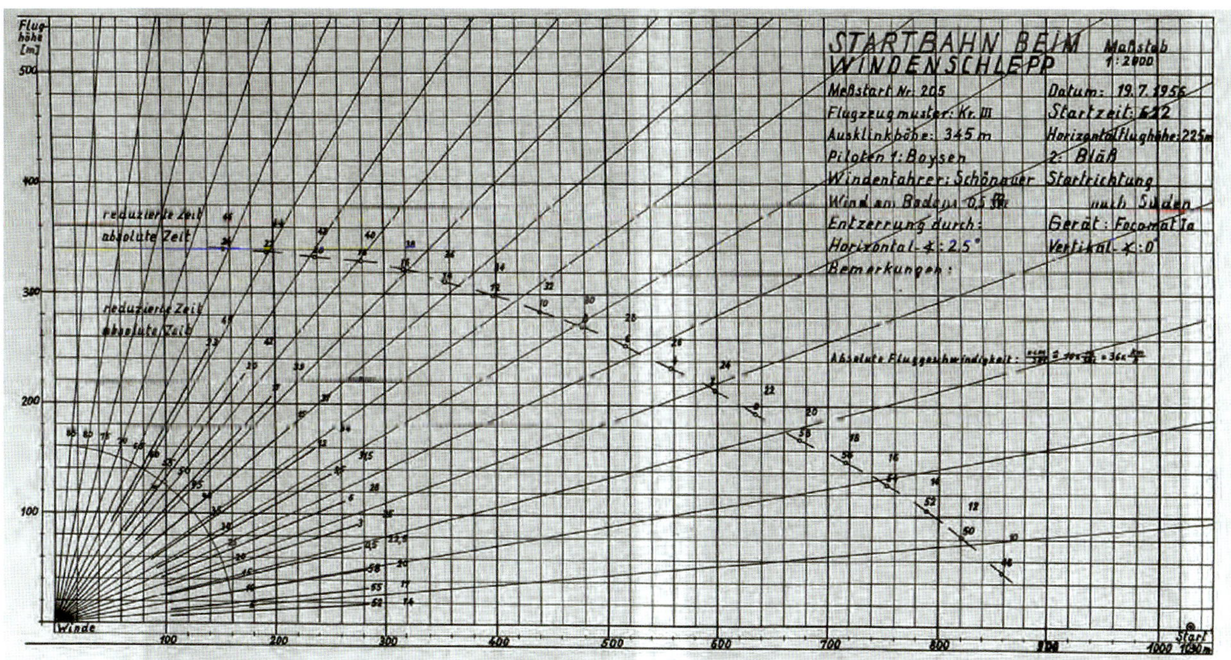

Im Jahresbericht 1956 wurde ausführlich über die Messungen berichtet. Die Starts fanden morgens kurz vor- oder nach Sonnenaufgang mit dem Kranich III der Akaflieg statt.

Auch wenn man selbst sah, dass die Zeit für den Entwurf und die Konstruktion eines eigenen Flugzeugs noch zu früh war, entstand 1954 im Rahmen einer großen Studienarbeit der Entwurf für einen Motorsegler. Dieses Projekt wurde in den nächsten Jahren weiterverfolgt, man dachte sogar über die Verwendung der Tragflächen einer Ka7 nach. Zusätzlich sollte der Propeller im Segelflug zusammengefaltet werden. Das Projekt mündete Jahre später in der AK 1.

Beim Idafliegtreffen 1956 in Egelsbach (es beteiligten sich 10 Akafliegs) wurden neue Flugzeuge der Kollegen aus Darmstadt (D 34) und München (Mü 22) auch mit den Konstruktionen von Firma Allgeier dem »Geier 2«, sowie von Schleicher, der »Ka 6« verglichen. Die Ka 6 begeisterte dabei so sehr, dass man sich zu einem Eigenbau entschloss und bei Schleicher die beiden Holme mit beplankter Nase, eine Haube und ein Rad kaufte. Feste fliegerische Ereignisse kristallisierten sich heraus und hatten für lange Jahre Bestand: Neben dem Idafliegtreffen waren dies das Fluglager in Reute/Tirol sowie das Pfingstlager in Dijon.

Ende 1958 verkaufte man die Bücker 181 und man bestellte bei Klemm in Böblingen eine Klemm 107. Im Frühjahr 1959 wurde die Ka 6 BR fertig gestellt[8]. Drei Jahre später folgte eine selbst gebaute Ka 8 und weil man sich seit 1960 (erster Lehrgang der TH Aachen) mit glasfaserverstärkten Kunststoffen beschäftigte, fanden sich einige GFK-Teile in ihr wieder. Durchweg gelang es der Akaflieg Karlsruhe seit ihrer Neugründung, dass die vier Segelflugzeuge pro Jahr zwischen 400 bis 500 Stunden in der Luft waren. Dies zeigt deutlich, dass neben dem Studium und aller Forschungs- und Entwicklungsarbeit sowie den zahlreichen Baustunden (pro Jahr mehr als 3000![9]) das Fliegen nicht zu kurz kam.

Das Problem einer unzureichenden Werkstatt hatte sich in den letzten Jahren herauskristallisiert. 1960 lag dann ein Entwurf vor. Jedoch musste dieser Plan fallen gelassen werden. Am 9. Juli 1966 erfolgte dann nach einem Umbau und Umzug im Rahmen der Jahreshauptversammlung die Einweihung der ehemaligen Versuchshalle des Lichttechnischen Instituts.

1965 entstand der erste Entwurf für den Motorsegler **AK 1.** Für den Bau waren einige Eckdaten vorgesehen: Während im Segelflug die Leistungen einer Ka 6 zu erreichen waren, sollte auf Eigenstartfähigkeit nicht verzichtet werden. Mit einer zeitbeständigen Konstruktion plante die Gruppe die Wartung und Überholung auf ein Mindestmaß zu beschränken. Sogar ein Serienbau wurde ins Auge gefasst. Besonderes Anliegen war es, dass die AK 1 ohne jedes Hilfspersonal startklar gemacht werden konnte. Letztendlich entsprach Jahre später die Fertigstellung recht genau dieser Planung.

Tragflügel und Leitwerk sollten aus einer Leichtmetallkonstruktion bestehen, der Rumpf ein selbsttragendes Rohrgerüst sein und mit einer GFK-Schale verkleidet werden. Von einer aufgeschäumten Positiv-Polyurethanform dachte man eine Negativform abzunehmen, in welche die GFK-Lagen einzulegen waren. In der Praxis eignete sich das Verfahren jedoch nicht. So wurde für den Bau eine Positivform aus Gips hergestellt und hiervon die Negativform abgenommen. Wie schon bei der ersten Planung zehn Jahre zuvor sollte ein Hirth-Motor zum Einsatz kommen.

Da ein Selbststart verlangt war, wurde der Motor Hirth F 10 A gewählt. 26 PS (11 kW) sollten ausreichen, bei ausreichender Länge der Startbahn in die Luft zu kommen. Die Position des Motors lag über dem Rumpf. Die Luftschraube wirkte als Druckschraube. Im Segelflug wurde der Motor samt Druckluftschraube in dem Rumpf nach vorne eingefahren. Im eingefahrenen Zustand war das Triebwerk durch Klappen abgedeckt. Diese Motoranordnung brachte zwar einige konstruktive Schwierigkeiten, da der Motor allein durch die Kraft des Piloten aus- und eingefahren werden musste, hatte aber den Vorteil, dass zwischen Motor und Luftschraube keine störanfälligen Übertragungselemente vorhanden waren. Ein weiterer Vorteil bestand darin, dass es keine Kühlprobleme geben sollte.

Der Rumpf bestand aus Rumpfboot und einem Leitwerksträger. Der Leitwerksträger war eine selbsttragende Duralröhre ohne Spanten oder Stringer. Sämtliche tragenden Teile des Flügels bestanden aus Leichtmetall und waren miteinander vernietet. Die 0,5 mm dicke Beplankung aus plattiertem Dural wurde durch ein Wabensystem aus Schaumstoff (Conticell) gegen Beulung gestützt. Jeder Flügel besaß nur sieben Metallrippen.

Trotz Verklebung der Holmstege wurden sie vernietet, die Klebung selbst wurde nicht in den Festigkeitsnachweis aufgenommen. So entstanden 1966 die Tragflächen[10]. Beim Idafliegtreffen 1969 in Braunschweig-Waggum konnten die Studenten dann sogar eine FK 3 fliegen und realistisch erfahren, wie ihre AK 1 später sein wird. Später sollte die Akaflieg Karlsruhe selbst eine FK 3 erhalten.

Im Jahr 1970 schlossen die Belastungsversuche erfolgreich ab. Das Einziehfahrwerk und der Klappmechanismus waren fertiggestellt und am 9. Januar 1971 hob die AK 1 zu

AK 1
1971

Spannweite	15 m
Länge	7,20 m
Höhe	n.a.
Flügelfläche	14,36 m²
Leergewicht	300 kg
Fluggewicht	380 (später 395) kg
Streckung	15,65
Flächenbelastung	26,5 kg/m²
Höchstgeschw. V_{ne}	250 km/h
Gleitzahl	30 bei 80 km/h

Ein »Geier 2b« 2018 in Aalen-Elchingen.

Die AK 1 befindet sich heute in der Flugwerft des Deutschen Museums München.

ihrem Erstflug ab. Fanden die ersten Flüge noch im Geradeausflug in fünf Metern Höhe statt, gelang am 16. Januar die erste Platzrunde.

Bald erfolgten im Rahmen der Flugerprobung einige Änderungen. Die GFK-Verkleidung war doch zu schwer und wurde ebenso wie die Klappen der Triebwerksabdeckung neu gebaut. Die Bedienung für Triebwerk und den Klappmechanismus geriet allerdings mit vier Bedienhebeln etwas umständlich.

Weil die Akaflieg nicht über die Gelder zur Anschaffung teurer Flugüberwachungsinstrumente verfügte und die Leistungsflugpiloten dies bemängeln, machte man aus dieser Not eine Tugend und entwickelte 1972 einen Flugdatenrechner, der sogar polares Sinken berücksichtigte. Dieses Projekt entwickelte sich im Lauf der Jahre weiter und wurde als Sollfahrtrechner **AK 3**[11] weitergeführt.

Gleich zwei Metallflugzeuge konnten im Jahr darauf auf dem Flugplatz Karlsruhe-Forchheim getauft werden. Weil die AK1 ein Mischling aus Segelflug- und Motorflugzeug war, erhielt sie den Namen »**Mischl**«. Zu Ehren des Alten Herren und ihres Konstrukteurs taufte man die FK 3 auf den Namen »**Flotter Otto**«.

Am 27. Oktober entschied die Mitgliederversammlung, dass das nächste Projekt wieder ein Motorsegler (nunmehr in GFK-Bauweise) werden sollte. Nach 20 Jahren trennte man sich vom Kranich III und baute für die FK 3 einen GFK-verkleideten Anhänger. Der fehlende Doppelsitzer ersetzte im Jahr darauf ein Blanik.

Für das neue Projekt **AK 2** war der Metallrohrrumpf im Rohbau 1974 weitgehend fertig. Die Tragflächen sollten von einer Glasflügel 604 übernommen werden, so wie insgesamt das Wölbklappenflugzeug äußerlich einer H-604 weitgehend entsprechen sollte. Die Verkleidung des Rumpfvorderteils übernahm wie bei der AK 1 eine GFK-Hülle um ein Gerüst aus Metallrohren. Im weiteren Verlauf entschloss man sich, dass der Motor fest im Rumpf untergebracht und nur die Luftschraube ausgeklappt werden soll. Probleme bereiteten zu dieser Zeit die Anforderungen an das Brandschott und die Abführung der Wärme bzw. die Kühlung, damit die GFK-Verkleidung nicht zu warm wird. Die Motorerprobung auf dem eigenen Prüfstand verlief nicht zufriedenstellend, doch war zu dieser Zeit mit einem Gesamtgewicht von 40 Kilogramm und 45 PS laut den Berichten der Akaflieg kein anderer Motor auf dem Markt. 1979 kam es zu der Entscheidung für einen anderen Motor, dieser benötigte aber eine Flüssigkeitskühlung. Dies machte die Antriebseinheit sehr schwer. Nachdem die Tragflächen mit der Hilfe von Glasflügel gebaut wurden, entsprach das Cockpit weitgehend der Glasflügel H-604. Aus damaliger Sicht der Akaflieger stellte es das Optimum dar. 1981 stellten sie die AK 2 sogar als 1:1 Modell auf der Hannover Messe aus und sorgten für großes

Es ist nachvollziehbar, wie schwer damals die Entscheidung für oder gegen das Projekt gewesen sein muss. Das Bild zeigt, wie weit die AK 2 im Jahr 1981 gediehen war.

Interesse. Im Jahr zuvor hatte der Rumpf seine GFK-Verkleidung erhalten. Das Aus- und Einfahren der Luftschraube erfolgte mit Hilfe eines Elektromotors. Die Schwierigkeiten mit der Antriebseinheit und die lange Projektdauer riefen zunehmend nach einer grundsätzlichen Entscheidung.

Ein neues, paralleles Projekt war der Flugdatenrechner/Messwerterfassungsanlage **AK 4**[12]. Einbezogen wurden Endanflug, Sollfahrt für das beste Gleiten, Entfernungseinstellung zum Ziel sowie Flugzeit. Für insgesamt 16 Messkanäle gab es Eingänge. Die Elektronik digitalisierter Baugruppen stecke 1983 noch in ihren Anfängen und so besaß die erste Version noch die Größe eines Schuhkartons und wog 4 Kilo. Ein Magnetband zeichnete die Messwerte auf. Mit dem Gerät (getestet beim Idaflieg-Sommertreffen in Aalen-Elchingen) ließen sich sehr gut Flüge, die meteorologischen Bedingungen sowie die Steuereingaben (und deren Güte) der Piloten überprüfen. Das AK 4 kam des Öfteren bei den Idaflieg-Sommertreffen zum Einsatz.

1984 kristallisierte sich als neues Projekt **AK 5** die Entwicklung eines FAI Standardklasseflugzeugs heraus. Zugleich war dies das Ende des ehrgeizigen Projekts AK 2 »Die Unvollendete«.

Mit der AK 5 ging es zum einen um die Herausforderung, ob die Akaflieg Karlsruhe überhaupt in der Lage sei, ein modernes Segelflugzeug zu bauen. Zu dieser Zeit waren bereits Muster wie DG 100, LS 4 oder Discus auf dem Markt und hinter deren Leistungen wollte man nicht zurückstehen. Wie schon bei der AK 2 hielt man viel von den Konstruktionen der Firma Glasflügel[13]. Von Beginn an sah man außerdem vor, dass die AK 5 in zwei Versionen gebaut werden sollte. Einmal in GFK-Bauweise, ein zweites Muster unter der Verwendung von Kohle- und Aramidfasern (Kevlar). Eines der Ziele war, Erfahrungen in der Verwendung von CKF zu gewinnen. Auch wenn man sich vorstellte, dass die Fertigstellung bereits 1985 erfolgen sollte, dauerte es bis zum Erstflug 1990 noch eine ganze Studentengeneration.

Das bedeutete jedoch nicht, dass die Mitglieder ihr Studentenleben nur noch zwischen Universität und Werkstatt verbrachten. Denn wie in den Jahren zuvor und denen danach waren die Akaflieger sehr aktiv sowohl bei den Segelflugfreizeiten, in Wettbewerben und natürlich im Rahmen der Idafliegtreffen.

Für die AK 5 war eine verkürzte Version des Rumpfs der H 604 vorgesehen. Man konnte auf die Formen zurückgreifen, allerdings mussten sie ebenso wie die der Flügel zunächst aufwendig saniert werden. In die, in einem zweiten Arbeitsschritt neu gebauten Negativformen, wurden dann die Gewebelagen eingefügt. Für die Tragflächen griff man auf die Formen der Falcon zurück und verwendete deren Profil HQ 21.

»Mercules« mit nur einem Triebwerk und einem Fahrerstand für Winden- und Straßenbetrieb.

Zeitgleich mit dem Bau des neuen Segelflugzeugs entstand mit dem Projekt **AK 6** ein elektronisches Variometer. Sowohl die Entwicklung der Elektronik, Aufbau und Bestückung der Platinen als auch die Software entstanden bei der Akaflieg. Für Flugschüler konnte die Anzeige auf ein Minimum reduziert werden. Es ließ sich die Sollkurvenfahrt in der Thermik berechnen und ein integrierter Höhenmesser unterstützte die Planungen von Endanflügen. Das Instrument erhielt eine Flüssigkeitskristallanzeige mit Tastaturfeld, die Dicke betrug nur 2 cm. Verbunden mit einer Steuerleitung konnte das eigentliche Gerät an einem anderen Ort eingebaut werden. Zwischen 1985 und 1987 entstand mit **AFK-3** im Eigenbau eine neue Startwinde, die als **»Mercules«** ab 1987 ihren Dienst aufnahm. Natürlich nicht »irgendeine Winde«, sondern eine Winde, die mit nur einem Motor sowohl fahren als auch schleppen konnte[14].

Es folgte ein Forschungsprojekt zur Nachberechnung und Optimierung realer Starts an. Dieses Projekt entwickelte sich über Jahre[15] weiter und eines der Ergebnisse war eine Telemetrieanlage zur Übertragung von gemessenen Zustandsgrößen während des Windenstarts. Nebeneffekt war die Verbesserung der Windenfahrerausbildung. Über den Zwischenschritt des Projekts **AK 7** (Modellierung des Windenstarts) mündete es in das »Airspeed Transmission from Sailplanes« (ASTS). So konnte der Windenfahrer auf einem Display ablesen, um welchen Typ von Fluggerät es sich handelt und die Soll- mit der Ist-Geschwindigkeit vergleichen. Mit Hilfe dieses Instrumentes ließ sich der Windenschlepp genau steuern und kontrollieren.

1986 konnte der Bruchflügel der AK 5 erfolgreich getestet werden. Besonderheit der Negativform des Rumpfes war, dass sie horizontal getrennt war. So konnten alle Steuerteile und weitere Einbauten verklebt werden, während sich die Schale noch in der Form befand. Damit reduzierte man die Gefahr, dass sich etwas verzog. Bauarbeiten im Rumpf nach dem Zusammenfügen beider Schalen entfielen somit komplett. 1989 war die AK 5 soweit fertiggestellt, dass die geforderten Flatteruntersuchungen (beginnend mit Standschwingversuchen in Göttingen) aufgenommen wurden. Die anschließende Flatterrechnung (bis 1,2 x V_D)[16] erfolgten im Rahmen einer Diplomarbeit.

Nach sechs Jahren intensiver Entwicklungs- und Bautätigkeit war der Erstflug am 1. Juni 1990 auf dem Flugplatz Karlsruhe-Forchheim. Die Steuerfähigkeit erwies sich als ausgezeichnet, das Höhenruder reagierte sehr feinfühlig.

Die intensive Flugerprobung bis hin zur Trudelerprobung schloss sich direkt an. Dabei erwies sich die AK 5 als ein »lehrbuchhaftes« Segelflugzeug. Nicht ohne Stolz reisten in diesem Jahr die Akaflieg Karlsruhe mit diesem Prototyp zum Idaflieg-Sommertreffen nach Aalen-Elchingen. In den wenigen restlichen Monaten der Flugsaison war dann die AK 5 insgesamt 80 Stunden in der Luft[17].

Während das gutmütige neue Segelflugzeug in erster Linie der Schulung diente, entstand noch vor dem Bau eines zweiten Musters der AK 5 der Entwurf für ein Leistungsflugzeug der Standardklasse. Dies war der Grundstein für den 15 Meter Flieger **AK 8**. Die Tragflächen waren nicht als Mehrfachtrapez, sondern tatsächlich als Vollellipse vorgesehen. Die Formen sollten mit einem CAD-Programm entworfen und von einer Fräsmaschine (des Instituts für Werkzeugmaschinen und Betriebstechnik der Universität) hergestellt werden.

AK 5 *1990*

Spannweite	15 m
Länge	6,80 m
Höhe	n.a.
Flügelfläche	10,71 m^2
Leergewicht	245 kg
Fluggewicht	485 kg
Streckung	21,01
Flächenbelastung	29,4 kg/m^2
Höchstgeschw. V_{ne}	270 km/h
Gleitzahl	41 bei 80 km/h

AK 5b *1996*

Spannweite	15 m
Länge	6,80 m
Höhe	n.a.
Flügelfläche	10,66 m^2
Leergewicht	255 kg
Wasserballast (Flügel) + 5 kg Heck	160 kg
Fluggewicht	485 kg
Streckung	21,11
Flächenbelastung	42,2 kg/m^2
Höchstgeschw. V_{ne}	270 km/h
Gleitzahl	39 bei 105 km/h

Nachdem man durch die Erfahrungen bei Entwurf und Bau der AK 5 »klüger«[18] geworden war, begann nun auch der Bau der **AK 5b**. Eine gewisse Eile war geboten, denn es zeichnete sich ein »Generationswechsel« der Akaflieg-Mitglieder ab. Erster Bauabschnitt waren die Tragflächen. Wie ursprünglich geplant, fanden Kohlefasern teilweise Verwendung. Hinzu kamen zahlreiche Detailverbesserungen wie ein kleiner und kompakter Instrumentenpilz und ein um mehrere Kilo leichteres Fahrwerk. Der Haubennotabwurf erhielt eine komplette Überarbeitung. Für die Anlenkung des Seitenruders verwendete man die »Hänle-Steuerung« mit einer Schubstange. Dadurch konnten die Seitenverkleidungshutzen an der Hinterkante der Seitenflosse entfallen. 1993 begann der Rumpfbau und da die Akaflieg keine Erfahrungen in der Verwendung von CFK besaß, baute man in einem Zwischenschritt einen Übungs- und Belastungsrumpf (ohne Einbauten). Wie bei der AK 5 waren die Negativ-Formschalen des Rumpfs horizontal getrennt. Anfang 1994 konnte der Belastungstest erfolgreich abgeschlossen werden[19].

Nun entstand der eigentliche Rumpf. Das Fahrwerk entsprach der DG 600. Die Steuerungskinematik bestand aus einem »passend gemachten« Mix einer Standard Austria S und des Discus b.

Nicht nur die Entwicklung der AK 5b stand 1994 im Mittelpunkt, es konnten auch zwei Flugzeuge getauft werden. Nachdem die Flugerprobung der AK 5 weitgehend abgeschlossen war und eine DG 500 auf eine 20 Meter Version mit Winglets umgebaut wurde, erhielten beide Flugzeuge am 11. Juni ihre Namen. Die **AK 5** war nunmehr die **»Ardea«** (griechisch für Reiher) und die DG 500/20 AK wurde zu »Argo«. Doch so erfreulich die Taufe war, zeichnete sich doch ab, dass die Stadt Karlsruhe das Flugplatzgelände für den Aufbau einer Messe verwenden wollte. Tatsächlich schloss am 30. September 2000 der Forchheimer Flugplatz im ersten Schritt für den Motorflug[20].

Immerhin konnte die AK 5b im Lauf des Jahres 1995 weitgehend fertiggestellt werden. Was ursprünglich als zweite Version der AK 5 angedacht war, wurde tatsächlich zu einer Neukonstruktion[21]. Am 26. Mai 1996 hob die **AK 5b** zum ersten Mal ab[22]. Zwei Jahre später wurde nach Abschluss der Flugerprobung das Segelflugzeug mit flüssiger Luft auf den Namen **»Otto K.K.«** getauft.

Betrachtet man die Verteilung und Anzahl der tatsächlich aufgewendeten Baustunden der Akaflieg, grenzt es schon an ein Wunder, dass neben der Werkstatt überhaupt noch Zeit für die zahlreichen Fluglager im In- und Ausland sowie Idafliegtreffen blieb. Hatten die Mitglieder überhaupt noch Zeit für das Studium oder wurde Schlafen und Essen eingespart? Allein auf dem Schuldoppelsitzer ASK 21 unternahmen die Akaflieger im gleichen Jahr des Erstflugs der AK 5b 999 Starts.

Die AK 5 im Jahr 1997 über den Alpen.

Die AK 5b beim Landeanflug in Grabenstetten.

Zeitgleich begann nach jahrelang vorbereitender Arbeit der Bau des stark optimierten Standardklasseseglers **AK 8**. Die Formen für die Tragflächen waren mit einer 5-Achsen-Fräsmaschine des Institutes für Produktionstechnik aus Aluminiumgusssegmenten gefräst worden. Es sollte – wie bereits beschrieben – ein vollelliptischer Flügel mit gerader Hinterkante entstehen. Dies führte zu einer erwünschten langen laminaren Laufstrecke, aber auf der Flügelunterseite bestand die Gefahr einer laminaren Ablöseblase. So wurde die Anbringung eines Turbulators notwendig. Die sehr geringe Querrudertiefe wiederum verlangte eine Querruderlänge von drei Metern, sodass es ab dem Ansatz der Außenflügel geteilt wurden. Wie beim Duo-Discus schlägt dabei das äußere Querruder nur nach oben aus. Weitgehend wurden die Beschlagteile sowie die Kinematik der Luftbremsen von der DG 800 übernommen.

Für den Rumpf wurden die Formen der DG 600 bei Glaser-Dirks Flugzeugbau in Bruchsal gebaut, obwohl sich zu dieser Zeit die Firma selbst in wirtschaftlichen Schwierigkeiten befand. So mussten alle verwendeten Materialien sofort bar beglichen werden. Gebaut wurde eine Segelflugversion der DG 600 ohne Motorkasten und Tank, die Rumpfschale entstand in Kohlefaser-Kevlar-Hybrid Bauweise. In etwas mehr als einem Monat entstand der komplette Rumpf, das übliche Frühjahrslager wurde weitgehend gestrichen.

Die Steuerungskinematik konnte von der DG 600 allerdings nicht übernommen werden. Zum einen, weil die AK 8 als Standardklasseflugzeug keine Wölbklappen besaß und die Tragflächen anders am Rumpf positioniert waren. 2001 wurden die ersten Lagen in die Formen eingelegt (die Außenflügel entstanden bereits 1998 und im Jahr darauf die Holmgurte). 2002 konnte sie zum ersten Mal komplett zusammengebaut werden. Frisch lackiert ganz in weiß präsentierten die Akaflieger ihr neues Segelflugzeug auf der AERO in Friedrichshafen. Einige Monate später war am 28. August 2003 der Erstflug[23]. Gleich danach wurde sie zum Idafliegtreffen nach Aalen-Elchingen gebracht.

Die AK 8 bei ihrem Start in Aalen-Elchingen.

Ein Jahr später[24] beschäftigte sich die Akaflieg Karlsruhe – zuerst theoretisch – mit dem Projekt einer Turbine als Heimkehrhilfe. Als Versuchsträger war eine DG 1000 vorgesehen, ein Eigenstart nicht ins Auge gefasst. Den Vorteilen einer Turbine (hohe Leistung bei geringem Gewicht) stehen Nachteile wie ein hoher Kraftstoffverbrauch und eine thermische Belastung des Leitwerks[25] bei einem Segelflugzeug gegenüber. Zusätzlich erzeugt eine Turbine hohen Lärm. Aus diesen Vorüberlegungen entstand das Projekt **AK 9**[26]. Nach einem Wechsel der ursprünglich vorgesehenen Turbine fand ein Triebwerk mit 392 N von AMT Verwendung. Modifiziert war es mit einem Splitterschutz, damit bei einem Versagen nicht wesentliche Teile der Struktur beschädigt wurden. Das Höhenleitwerk erhielt einen selbstklebenden Alustreifen, für die Erprobung wurden Temperatursensoren angebracht. Nachdem der Motorraum eine feuerfeste Beschichtung erhalten hatte, konnte 2011 die Turbine eingebaut werden. Am 28. August 2011 fand der Erstflug des seinerzeit einzigen doppelsitzigen Segelflugzeugs mit einer Turbine als Heimkehrhilfe statt. Versuche zeigten, dass bei 95 km/h bis zu 1,1 m/s Steigen möglich waren. Die gemessene Lautstärke am Boden betrug dabei 75 dB (A).

2006 entstanden die ersten Überlegungen für ein neues Flugzeug. Durchaus inspiriert von der DG 1000 war an einen Doppelsitzer gedacht, durch die Verwendung von Serienteilen sollte sich der Bauaufwand in Grenzen halten. Doch es kam ganz anders: Vier Jahre nach den ersten Planungen wurde 2010 das Konzept komplett geändert[27]. Die **AK-X** entstand. So sollte es nun ein Nurflügelsegelflugzeug als Tiefdecker mit 15 Meter Spannweite werden. Recht intensiv beschäftigten sich die Akaflieger mit den Plänen der SB 13 der Akaflieg Braunschweig. Man näherte sich

AK 8 1996

Spannweite	15 m
Länge	6,82 m
Höhe	n.a.
Flügelfläche	9,75 m²
Leergewicht	232,8 kg
Wasserballast (Flügel) + 5 kg Heck	120 kg
Fluggewicht	485
Streckung	23,08
Flächenbelastung	46,15 kg/m²
Höchstgeschw. V_{ne}	270 km/h
Gleitzahl	40,5 bei 102 km/h

Die AK 8b mit den optimierten Außenflügeln.

dem Segelflugzeug und erprobte die Grundkonstruktion zunächst an einem 1:4 Modell, ein 1:2 Modell hob am 9. Juli 2015 erfolgreich ab (jedoch handelte es sich dabei nicht um einen Tiefdecker).

Eine Planänderung sah nun den Tragflügel vorne unterhalb des Haubenrahmens vor. Von der SB 13 (Akaflieg Braunschweig) war bekannt, dass beim Durchflug durch turbulente Luft Nurflügelflugzeuge zu einer schwach gedämpften schnellen Anstellwinkeländerung neigen. Man versuchte eine höhere Dämpfung für diese Nickschwingungen durch Vergrößerung der Rückpfeilung[28] auf 25 Grad zu erreichen.

Der Formenbau begann ab 2016 mit Unterstützung von DG Flugzeugbau, dort konnte an den Wochenenden die Industrie CNC-Fräse genutzt werden. Für die Versuche bei der DLR in Stuttgart wurde als Bruchflügel die rechte Fläche gebaut, sie brach erst bei einer Last von über zwei Tonnen. Der konstruktiv beabsichtigte sehr steife Flügel hält damit das 2,8 fache des Mindestlastvielfachen (j = 1,75). Anspruchsvoll ist die Ansteuerung der drei Flaperons pro Tragfläche (eine vor, eine in und eine hinter dem Schwerpunkt. Zum Teil läuft deren Anlenkung vor dem Holm, muss diesen dann durchqueren und verläuft dann teilweise im Wassersackbereich. Zentrale Einheit ist die Mischerplatte[29] im Rumpf, die Höhen- und Querruder aller sechs Flaperons steuert. Bisher macht der Bau zwar langsamere Fortschritte,

Die modifizierte DG 1000 mit Turbine als Projekt AK 9.

als ursprünglich projektiert war, doch muss man berücksichtigen, dass die Gruppenmitglieder wechseln und sich in vieles einarbeiten müssen. Weil aber – anders als bei der AK 2 – von keinen unlösbaren Problemen bisher berichtet wurden, scheint das Projekt zu einem erfolgreichen Abschluss zu kommen. So wurde das Fahrwerk zunächst in einem 3D-Druck hergestellt und auf Funktion und Passgenauigkeit kontrolliert, bevor die endgültige Version CNC-gefräst entstand. Stolz konnten die Akaflieg Karlsruhe ein erstes Teilergebnis der AK X auf der Aero 2019 in Friedrichshafen präsentieren.

Die Planungen für ein »Leben danach« gibt es bereits: Die **AK-eLEVEN** soll ein Messflugzeug mit leicht auszuwechselnden Außenflügeln und einer Messinfrastruktur werden. Das Konzept soll auch zukünftigen Generationen erleichtern, strömungsmechanische Forschung im Freiflug durchzuführen: Die modularen Außenflügel können verschiedene Profile aufnehmen oder lassen Untersuchungen von Grenzschichtbeeinflussungstechniken mit erheblich geringerem Zeit- und Bauaufwand zu. Also eine »Messkrähe« oder ein DLR Kranich III / Janus als Neuentwurf. Die Akaflieg Karlsruhe bleibt und macht es spannend!

[1] Die Datenlage scheint jedoch nicht ganz geklärt, denn so führte die Zeitschrift »Flugsport« bereits 1929 die »Akademische Fliegergruppe Karlsruhe 1925 e.V.« auf. Nicht genau nachvollziehen lässt sich der Beitritt zur Idaflieg, wahrscheinlich erfolgte dies 1929.

[2] Die »Karlsruhe« wurde beim Rhönwettbewerb 1930 als »Typ M Ia« geführt.

[3] Die Beschreibung der »Karlsruhe« im Buch »Das Segelflugzeug« (v. Langsdorf 1931) weicht erheblich von später erstellen Artikeln ab.

[4] 1930 hatte Gerhard Fieseler die Kegelflugzeugbau Kassel erworben und in »Segelflugzeugbau Kassel« umbenannt. Fieseler war einer der Konstrukteure und Anteilseigner bei Raab-Katzenstein am gleichen Ort, allerdings ging diese Firma im gleichen Jahr zuvor in Insolvenz. Antonius Raab vermutete später, dass die Kündigung aller Kredite durch weitere Institute, als die Hausbank in Insolvenz ging, von den Nationalsozialisten betrieben wurde. Denn Raab war den Nationalsozialisten als SPD Mitglied nicht genehm, Gerhard Fieseler schon eher. Übrigens ist Antonius Raab nicht mit dem Münchener Gewerbelehrer Fritz Raab verwandt, dessen »Doppelraab« am 5. August 1951 auf der Wasserkuppe seinen Erstflug hatte.

[5] Die Darstellung des Flugsportvereins 1910 Karlsruhe e.V. war allerdings anders. Dort betrachtete man die Auflösung der Akaflieg als Zusammenlegung beider Vereine. Was zumindest insofern stimmte, als die Flugzeuge der Akaflieg dem Verein überstellt wurden.

[6] Die erst im März 1933 eingetroffene Klemm L26c kam so überhaupt nicht mehr zum Einsatz. Ebenso fiel die mit viel Arbeit aus einem Doppeldecker und Ersatzteilen einer Raab-Katzenstein reparierte »Schwalbe« sowie die Klemm L25a neben den drei Segelflugzeugen (Hol's der Teufel, »Karlsruhe« und »Baden«) an den DLV.

[7] Der Anhänger wurde für das Segelflugzeug Kranich III gebaut. Dessen Anschaffung ist in den Jahresberichten nicht dokumentiert, für einen langen Zeitraum war es aber ein gerne und häufig geflogenes Segelflugzeug.

[8] 1965 stürzte diese Ka 6 in Reutte/Tirol ab und ihr Pilot (ein Gründungsmitglied der Akaflieg Karlsruhe nach dem Krieg) kam dabei ums Leben. 1967 wurde später eine stark lädierte Ka 6 BR angeschafft und 1970 fertiggestellt.

[9] 1967 wuchs dies sogar auf 6800 Arbeitsstunden und steigerte sich in weiter. Alles das wurde leisteten jeweils von weniger als 30 aktiven Mitglieder.

[10] Verzögerungen in der Fertigstellung entstanden insbesondere dadurch, dass der Alte Herr Otto Funk (maßgeblich bisher verantwortlich für die AK 1) viel Zeit für die Fertigstellung seiner Wölbklappen-Konstruktion FK 3 verwendete. Im Prinzip war die (VFW) FK3 die segelfliegende Schwester der AK 1 und flog bereits 1968. Otto Funk führte übrigens die AK 1 als FK 4. Die AK 1 wurde bei der Akaflieg Karlsruhe bis Ende 2008 geflogen, seit 2010 kann man sie in der Flugwerft des Deutschen Museums in Oberschleißheim besichtigen.

[11] 1980 wurde er zum Endanflugrechner AK3-R weiterentwickelt.

[12] Anderer Name war PAMELA (Portable automatische Messwerterfassungsanlage), ein weiterer Forschungsauftrag folgte auf der Basis von AK 4 mit TULLA (Transport und Umwandlung von Luftschadstoffen) im Land Baden-Württemberg und Anrainerstaaten. Dies ist ein recht frühes Experiment zur Erfassung von Klimadaten und Luftverschmutzung. Immerhin war die Akaflieg Karlsruhe eng an das Meteorologische Institut der Universität angelehnt, heute ist es das Institut für Strömungsmechanik. Ab 2002 wird das Projekt als VERTIKATOR weitergeführt.

[13] 1981 hatte dort Hansjörg Streifeneder in seiner freien Zeit als Angestellter den 15-Meter Flieger Falcon gebaut, der wieder auf der SB 12 der Akaflieg Braunschweig basierte. Die sich wiederum auf die H 206 (Hornet) und die H 402 bezog.

[14] Hinter dem Führerhaus konnte auch gleich ein Lepo huckepack transportiert werden.

[15] Zwischenschritt war das Forschungsprojekt AK 7 (Modellierung des Windenstarts)

[16] V_D ist die Bahnneigungsgeschwindigkeit (Design Speed), die für eine Konstruktion höchstens vorgesehen ist. Für die AK 5 ergab sich rechnerisch eine Geschwindigkeit von 195 km/h, üblicherweise liegt die V_{NE} 10% unter V_D. Für die Flugerprobung schienen Geschwindigkeiten bis 270 km/h möglich. Betreut wurden die Versuche vom Institut für Aeroelastik sowie von der Akaflieg Stuttgart. Ein Segelflugzeug besitzt mehrere Eigenfrequenzen und die gilt es im Standschwingversuch zu finden.

[17] Mit der Fertigstellung der AK 5 war sie keineswegs »fertig«, sondern sie wurde im Lauf der Jahre weiterentwickelt. So erhielt sie Blasturbulatoren. Grundsätzlich ist anzumerken, dass die Flugzeuge jeder Akaflieg Prototypen sind und sich in einer beständigen Entwicklung befinden.

[18] Dies ist wörtlich aus dem Jahresbericht 1990 der Akaflieg zitiert.

[19] Für den Test wurde der Rumpf auf die maximal zulässige Temperatur von 54 Grad vorgeheizt, denn mit zunehmender Temperatur nimmt die Festigkeit der Harzmatrix ab.

[20] Schon im Jahresbericht 1994 wurde diese Befürchtung geäußert, die später tatsächlich eintreten sollte. Doch bereits Ende 1996 schlossen sich die Akaflieger mit drei weiteren Vereinen zur »Luftsportgemeinschaft Rheinstetten e.V. (LSG)« zusammen. Somit findet der Flugbetrieb nur wenige hundert Meter östlich vom früheren Flugplatz Karlsruhe-Forchheim statt. Die Einweihung des neuen Geländes fand am 25. und 26. September 2004 statt.

[21] So kamen Aramidfasern in den Querrudern zum Einsatz.

[22] Bereits zuvor wurde das Segelflugzeug auf der Internationalen Luftfahrtausstellung (ILA) in Berlin präsentiert. Schrecksekunde war, als sie beim Hochziehen unter die Decke aus der Halterung rutschte und herunterfiel. Zum Glück mit geringem Schaden.

[23] Nach einem Außenlandeunfall musste die linke Tragfläche neu gebaut, die rechte konnte nach großer Reparatur wiederverwendet werden. Am 17.10.2009 kam sie wieder in die Luft. 2014 wurden die Außenflügel optimiert und neue Winglets entworfen. Die neue Bezeichnung nach dieser wesentlichen Änderung ist nunmehr AK 8b.

[24] Beim Idaflieg-Wintertreffen an der TU Darmstadt kamen neben vielen wesentlichen Inhalten zwei weitere Gedanken auf: Die Akaflieg Karlsruhe stellt die erste Version einer elektronischen Flugerfassung als Open Source Projekt vor und das Museum für Technik in Berlin präsentiert die Idee eines Akaflieg-Museums.

[25] Die Temperatur kann höher sein, als es für eine Epoxyharzmatrix erlaubt ist .

[26] Am Projekt AK 9 lässt sich recht deutlich nachvollziehen, worin der Unterschied zwischen einem Segelflugverein und einer Akaflieg liegt. War gerade erst eine DG 1000 erworben, so wurde sie gleich für Umbauten eingesetzt. Ein Verein hätte den neuen Flieger als »heilige Kuh« behandelt und jeder Kratzer wäre heftig abgestraft worden.

[27] 2010 fand die bisher letzte Umbenennung der Akaflieg Karlsruhe statt. Nachdem aus der Universität das Karlsruher Institut für Technologie geworden war, lautet ihr heutiger Name »Akademische Fliegergruppe am Karlsruher Institut für Technologie«.

[28] Die SB 13 besitzt 15 Grad Rückpfeilung bei 4% Dämpfung. Berechnungen ergaben so eine Dämpfung von 12%.

[29] Auf den Internetseiten der Akaflieg Karlsruhe befindet sich eine gute Dokumentation des Baufortschritts sowie Videos zu einzelnen Bauelementen (wie die Mischereinheit oder das Fahrwerk).

Bruchversuch des rechten Flügels bei der DLR in Stuttgart.

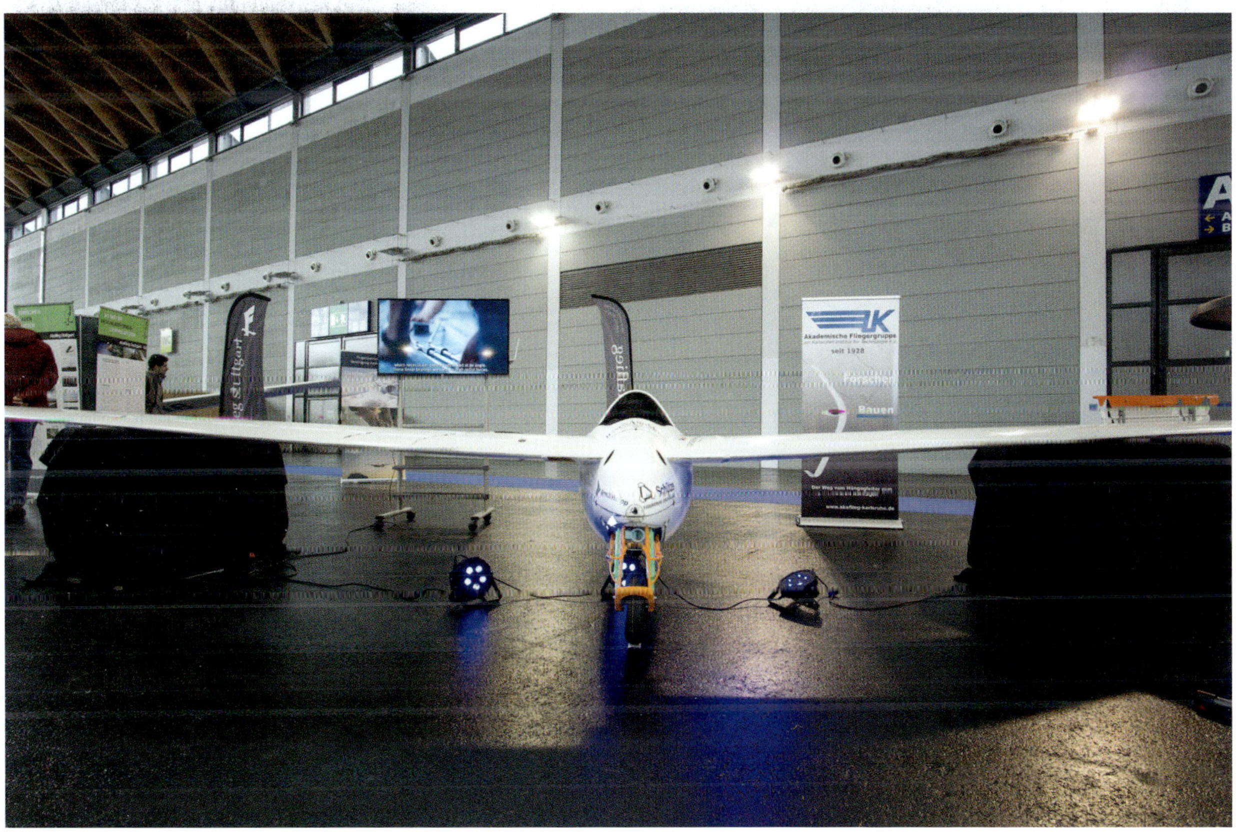

Fertiger Rumpf der AK X auf der Aero 2019 mit Bruchflügel (links Bildseite) und erster neuer Tragfläche.

AKAFLIEG MÜNCHEN

DIE AKAFLIEG MÜNCHEN BIS 1945

Als auch in München die Einrichtung eines Studiengangs für Luftfahrttechnik anstand, riefen die Rektoren der beiden Hochschulen, der Universität und der Technischen Hochschule zur Gründung einer akademischen Fliegergruppe auf. So versammelten sich am 8. Juli 1924 im Hörsaal 532 der TH München mehr als 100 Studenten und gründeten die »Akademische Fliegergruppe München«. Zu dieser Zeit gab es durchaus einen Wettstreit zwischen den einzelnen Hochschulen und in München war man eher »spät dran«.

Dafür war der Zuspruch trotz der zu leistenden Zahlung von 5 Reichsmark[1] umso stärker. Innerhalb kürzester Zeit wuchs die Zahl der Interessierten auf 300 Studierende. Noch im Gründungsjahr entstand als erstes Segelflugzeug **»Vogel Roch«**, ein Hochdecker als Flugboot, das mit dem Motorboot gezogen wurde.

Nach zwei Jahren reiste die Akaflieg mit der neuen Konstruktion **Mü 2 »Münchener Kindl«** zum Rhönwettbewerb 1927 und siegte mit einer Flugzeit von 1 Stunde und 39 Minuten im Übungswettbewerb. Gleich in mehreren Kategorien brachte man Geldpreise mit nach Hause. Im Turmbau der Hochschule erhielt die Akaflieg Räume und Werkstatt. »Hans Huckebein« wurde ihr Maskottchen[2].

Mehr und mehr interessierte neben dem Segelflug der Motorflug. Eine eigenständige Gruppe flog so zunächst in Schleißheim, während der Segelflug in Prien am Chiemsee stattfand. Eine Klemm 25 wurde das erste Motorflugzeug, mit dem (nur mit 20 PS Motorleistung und Schneekufen) 1929 eine Landung auf dem Zugspitzplatt gelang.

AUFRUF

zur Gründung der

Akademischen Fliegergruppe München

Kommilitonen!

Jahrelang haben wir übersehen eine Tätigkeit auszuüben, die für den Sport und den modernen Verkehr von nicht zu messender Bedeutung ist:

das Fliegen!

Während unsere Kommilitonen an anderen Hochschulen die Technik des Motor- und Segelfluges weiterentwickelt und auf deutschen Flugplätzen schöne Erfolge errungen haben, standen wir beiseite, weil wir glaubten, in München ungünstige Verhältnisse für das Fliegen zu haben. Das war falsch. Das private und öffentliche Flugwesen beginnt sich gerade hier zu regen. Darum heißt es für uns Studenten jetzt: **Heraus an die Arbeit!** Es soll sich eine

Akadem. Fliegergruppe München

bilden. Ihr Ziel ist **theoretische und praktische** Ausbildung im Motor- und Segelfliegen. Drei Lehrkurse werden im nächsten Semester beginnen. Besondere Vorlesungen und Besichtigungen einschlägiger Betriebe werden in die Bautechnik von Flugzeugen einführen. Die Leitung der Kurse und Vorlesungen, für die ein Lehrplan aufgestellt wird, liegt in den Händen von Professoren und Assistenten der Technischen Hochschule.

Der Anschluss der Akademischen Fliegergruppe München an die Bayerische Arbeitsgemeinschaft für Flugsport und Flugtechnik ist gesichert. Ihre Sportschule hat bereits 4 Kommilitonen zur Ausbildung als Flugschüler angenommen.

Studenten und Alt-Akademiker!

Kommilitonen der Technischen Hochschule und der Universität!

Tretet der **Akademischen Fliegergruppe** sofort bei! Helft, dass wir alsbald mit vorhandenen und selbstgebauten Maschinen in der vordersten Reihe deutscher Flieger erscheinen können.

Alles Nähere wird in der **Gründungsversammlung der Akadem. Fliegergruppe München**

am 8. Juli 1924 abends 7[15] h im Hörsaal 532 (Techn. Hochschule)

bekannt gegeben werden.

Gründungs-Versammlung

Tagesordnung:

1. Eröffnung durch den ersten Vorsitzenden.
2. Begrüssung durch den Rektor.
3. Vortrag über Zweck und Ziele der Aka-Flieg.
4. Gründung der Aka-Flieg.
5. Satzungen.
6. Wahl von Beisitzern.
7. Verschiedenes.

Vorerst liegen Anmeldebögen auf bei den Studenten-Ausschüssen (Sportämtern) der Techn. Hochschule u. der Universität. Semesterbeitrag 3 Mark. Für dieses Semester fällt der Beitrag weg. Aufnahme-Gebühr 2 Mark.

München, den 3. Juli 1924.

Dr. C. v. Kraus — Dr. W. v. Dyck

Für den vorbereitenden Ausschuß:

Dr. S. Finsterwalder — C. Prinz

H. Weidinger — E. Kropf

Der Aufruf zur Gründungsveranstaltung der Akademischen Fliegergruppe München.

Das Maskottchen »Hans Huckebein«.

Das Flugboot »Vogel Roch« wurde später von der Akaflieg als Mü 1 bezeichnet.

»Münchener Kindl« Mü2.

Mü 3 beim Start auf der Wasserkuppe. Ähnlich dem »Konsul« der Akaflieg Darmstadt einige Jahre zuvor war die Mü 3 ein freitragender Hochdecker, allerdings mit etwas größerer Spannweite.

Mü 3 »Kakadu« 1928

Spannweite	19,2 m
Länge	7,4 m
Höhe	1,5 m
Flügelfläche	17,6 m²
Streckung	22
Leergewicht	170,5 kg
Fluggewicht	240,5 kg
Flächenbelastung	13,50 kg/m²

Obwohl der Motorflug eher den Schwerpunkt darstellte, entstand 1928 unter der Leitung von August Kupper mit der **Mü 3 »Kakadu«**[3] ein freitragender Hochdecker. Den wirklichen Erfolg feierten die Münchener damit bei der »Rhön« 1929 und gewannen hinter Kronfeld und Hirth den Ehrenpreis des Aero-Clubs von Deutschland sowie die Bauprämie »Stiftung der Süddeutschen Luft-Hansa«.

So baute man mit der **Mü 4 »München«** und **Mü 5 »Wastl«** Übungsflugzeuge. Egon Scheibe (er war 20 Jahre alt und neues Mitglied der Akaflieg) schrieb über die schwanzlose Mü 5 (angeblich »längster Flug bis zum Bruch: 15 Sekunden«): »Unser einziger Trost war, dass es anderen Leuten mit schwanzlosen Flugzeugen ähnlich erging«. Immerhin konnte sich die Akaflieg am Rhönwettbewerb 1930 gleich mit drei Flugzeugen beteiligen.

Während Scheibe bereits an der »Kakadu« mit entworfen und gebaut hatte, entstand mit der **Mü 6** im Jahr 1931 ein leichtes, aber robustes Übungsflugzeug. Mit ihr konnte der zu seiner Zeit neuartige Flugzeugschlepp trainiert werden[4].

Insgesamt trat der Motorflug stärker in den Vordergrund. Das Projekt **Mü 7** wurde nicht realisiert. Gebaut wurde das erste selbst entworfene Motorflugzeug **Mü 8**. Auffällig bei dem sehr leichten (und schwach motorisierten) einsitzigen Flugzeugs war die Konstruktion aus Holz und Stahlrohr, so wie es ab der **Mü 10** von Egon Scheibe in der »Münchener Schule« mit zu einem Merkmal werden sollte. Der durchaus fortschrittliche Entwurf eines schwanzlosen Motorflugzeugs war 1932 bereits weit fortgeschritten, als das Projekt **Mü 9** abgebrochen wurde. Berichte von anderen negativen Erfahrungen mit ähnlichen Flugzeugen ließen die Erinnerungen an die Mü 5 aufleben und so wollte man nicht weitere Gelder in ein wahrscheinlich wenig erfolgreiches Projekt stecken.

Ab 1933 stand auch die Akaflieg München unter dem Druck, nicht mehr als eigenständiger Verein existieren zu dürfen. So wurde sie in den Deutschen Luftsportverband eingegliedert und wandelte sich 1934 in eine Flugtechnische Fachgruppe (FFG) um. Inhaltlich unterstanden sie ab 1935 der Deutschen Versuchsanstalt für Luftfahrt (DVL) und wurden direkt von Berlin-Adlershof betreut, während die Motorflugzeuge bereits zuvor an die Hauptübungsstelle Bayern-Süd abzugeben waren[5]. Von ehemals einigen hundert Mitgliedern blieben zunächst nur 13 übrig.

Ein neuer Entwicklungsabschnitt begann, als Egon Scheibe die Leitung dieser Gruppe übernahm. Mit ihm ist die **»Münchener Schule«** verbunden. Ein Kennzeichen seiner Konstruktionen war das damals noch wenig bekannte Rumpfgerüst aus geschweißten Stahlrohren. 1932 konstruierte er den Doppelsitzer Mü 10 mit dem Namen **»Milan«**, der aus verschiedenen Gründen erst 1934 fertig gestellt werden konnte. Diese erste eigene Konstruktion des späteren Dipl. Ing. Egon Scheibe war einer der ersten deutschen Leistungsdoppelsitzer und eines der ersten Segelflugzeuge mit Stahlrohrrumpf. Es besaß erstmals ein eingebautes Rad. Für das Segelflugzeug wurde ein eigenes Profil mit besonderen Qualitäten im Langsamflug entwickelt.

Mü 5 »Wastl«.

Das Motorflugzeug Mü 8 im Winter 1933.

Der Doppelsitzer Mü 10 mit der Passagiertür unter dem Tragflügel.

Die Mü 10 »Milan« in der Flugwerft Oberschleißheim des Deutschen Museums München.

Der freitragende Schulterdecker besaß einen einholmigen Flügel, welcher zweiteilig ausgeführt war. Beim Aufbau wurde zuerst der größere rechte Flügel an drei Punkten mit dem Rumpf verbunden, der linke Flügel dann nur noch am rechten Flügel angeschlossen. Die Querruder aus Stahlrohr waren in Rollen gelagert. Ihr Antrieb erfolgte mit Stoßstangen. Der Rumpf bestand aus Stahlrohr, um, wie es Scheibe damals begründete, »vor allem den zweiten Mann im Rumpf ohne Schwächung des Rumpfverbandes bei guten Einsteigemöglichkeiten unterzubringen«. Im Rumpf waren vor dem Schwerpunkt zwei Räder eingebaut zur Verkürzung der Startstrecke bei Schleppstarts und zur Erleichterung des Transportes im Gelände. Davor lag noch eine gummigefederte Hilfskufe.

Am 21. Juli 1934 führte die Mü 10 – sie blieb eine Einzelkonstruktion – ihre ersten Flüge mit Egon Scheibe durch[6]. Beim Rhönwettbewerb im gleichen Jahr gewann sie einige Preise, später gelang eine Überquerung der Alpen. Die Akaflieg München überließ anschießend den Milan dem Deutschen Museum in München. Aber nach der Wiederzulassung des Segelfluges »liehen« sie ihn dort aus und überholten ihn. Mit der Zulassungsnummer D-1001 wurde der »Milan« das erste in Bayern wieder zugelassene Flugzeug. Insgesamt flog der Doppelsitzer über 2000 Flugstunden, ehe er 25 Jahre nach seinem Jungfernflug 1959 endgültig Aufnahme im Deutschen Museum fand.

Mü 10 »Milan« *1934*

Spannweite	17,8 m
Länge	6,75 m
Höhe	1,5 m
Flügelfläche	20 m²
Streckung	15,65
Leergewicht	185 kg
Fluggewicht	365 kg
Flächenbelastung	18,25 kg/m²
Gleitzahl	22 bei 70 km/h

Unter den Fittichen der DVL erhielt die FFG München eine verbesserte Finanzausstattung, der Flugbetrieb konnte wieder intensiviert werden. Neue Schüler benötigten neue Flugzeuge, so entstanden recht kurz hintereinander 1935 die Typen des Schulgleiters **Mü 11 »Papagei«** und des Übungseinsitzers **Mü 12 »Kiwi«**. Beide abgestrebten Segler verfügten über keine besonders guten Gleitwinkel.

Eine wirklich besondere Entwicklung stellte der freitragende Schulterdecker **Mü 13** dar. Dieses Leistungsflugzeug war eine einsitzige Weiterentwicklung des Doppelsitzers Mü 10 Milan unter Leitung von Egon Scheibe. Mit dem Milan waren eine Reihe von günstigen Erfahrungen gesammelt worden, vor allem in der Stahlbauweise, in der Leitwerksanordnung und in der Profilierung, die bei der Ausarbeitung der Mü 13 als Grundlagen dienten. Vom Typ Mü 13

Übungssegler Mü 12 »Kiwi«.

Eine Mü 13d befindet sich im Deutschen Segelflugmuseum mit Modellflug auf der Wasserkuppe.

Eine weitere Mü13d im flugfähigen Zustand im Jahr 2015 in Aalen-Elchingen.

Mü 13 d »Atalante« *1936*

Spannweite	16 m
Länge	6,02 m
Höhe	1,5 m
Flügelfläche	16,16 m^2
Streckung	15,8
Leergewicht	170 kg
Fluggewicht	275 kg
Flächenbelastung	16,71 kg/m^2
Gleitzahl	28 bei 66 km/h

wurden 1935/36 gleichzeitig zwei Flugzeuge gebaut. Das erste war der **»Merlin«**[7], der im Frühjahr 1936 eingeflogen wurde. Wiesenhöfer von der FFG München gehörte mit dem Merlin im Juni 1936 zu den vier Piloten, die den ersten Zielflug rund um Süddeutschland erfolgreich beendeten. Im Sommer beteiligte man sich gemeinsam mit den Akafliegs aus Darmstadt und Stuttgart am Wandersegelflug.

Eine zweite Ausführung der Mü 13 wurde mit kleinen Änderungen unter dem Namen **»Atalante«** von Kurt Schmidt[8] gebaut, der maßgeblich an der Konstruktion der Mü 13 beteiligt war. Schmidt, der 1933 mit dem Weltrekord im Dauerflug bekannt wurde, hatte 1935/36 fast allein seine Atalante[9] gebaut. Er flog sie kurz vor dem Rhön Wettbewerb ein und siegte schließlich mit großem Vorsprung bei der »17. Rhön«. Mit 13:34 Stunden stellte er einen neuen Rhön-Dauerrekord auf, flog im Zielflug nach Würzburg und vollbrachte mit seinem 250 km Zielflug nach Trier die Bestleistung des Wettbewerbs. Mit einem Schlage war die Mü 13 bekannt, wurde beim Schwarzwald Flugzeugbau in Donaueschingen als **Mü 13d** in Serie gebaut und gehörte bis 1939 zu den beliebtesten Segelflugzeugen. Die drei auffallendsten Konstruktionsmerkmale waren der Stahlrohrrumpf, der Trapezflügel ohne Knick und die ausgezeichnete Lösung des Führersitzes.

Die Mü 13 war ein Schulterdecker in Gemischtbauweise mit freitragendem einholmigen Flügel mit torsionssteifer Flügelnase. Die Klappen waren aus Stahlrohr, um bei der geringen verfügbaren Bauhöhe gute Steifigkeit zu erzielen. Flügel und Leitwerk bestanden aus Holz, Rumpf und Querruder wurden in stoffbespannten Stahlrohr ausgeführt. Der Gitterrumpf hatte einen viereckigen Querschnitt. Durch Verlegung des Pilotenkopfes in die Flügelnase reichte ein kleiner Rumpfquerschnitt von 540 mm. Die Sicht nach vorne und oben war gut. Diese Anordnung der abwerfbaren Haube erregte 1936 allgemeine Beachtung. Durch den Einbau von Cellonfenster in beiden Seiten des Rumpfes verbesserte Egon Scheibe die Sicht nochmals[10, 11].

1937 entstand der leichte Motorsegler »Motormerlin«, er konnte noch mit 45 km/h gelandet werden.

1937 war die Akaflieg München fliegerisch besonders erfolgreich. Beim ISTUS-Kongress in Salzburg gelang ihr mit der Mü 10 neben den Gruppen aus Aachen und Darmstadt die Alpenüberquerung. Direkt nach dem ISTUS-Kongress im Jahr darauf wurde ein Konstruktionswettbewerb eines standardisierten Segelflugzeugs für die Olympischen Spiele 1940 ausgeschrieben. Der Termin für die Fertigstellung war bereits auf Anfang 1939 festgelegt. Es blieb nichts anderes übrig als andere Projekte wie das Motorflugzeug **Mü 14** (letztlich nie gebaut) sowie die **Mü 15** zunächst zurückzustellen. Man war sich im Klaren darüber, dass es sehr schwer sein würde, gegenüber den Ressourcen der DFS mit ihren Möglichkeiten und Werkstätten zu bestehen. Weil die Gruppe mittlerweile die Gebäude und Werkstatt des Reichsluftfahrministeriums auf dem Flugplatz Prien zu ihrer Verfügung hatte, schritten die Arbeiten am Einsitzer **Mü 17** zügig voran. Zum Erstflug hob der Einsitzer am 23.12.1938 ab. In der Endausscheidung in Rom im Februar 1939 reichte es »nur« zu einem zweiten Platz hinter der DFS Meise. Dabei wies die Mü 17 die besseren Flugeigenschaften aus. Ihre fliegerische Qualität bei kompakter und nachvollziehbarer Bauweise führte zu insgesamt 60 Nachbauten. Die im Jahr 1961 von der Akaflieg München gebaute Version gehört noch heute zu ihrem Bestand und wird viel genutzt.

Mü 17 »Merle« *1938*

Spannweite	15 m
Länge	6,02 m
Höhe	1,06 m
Flügelfläche	13,3 m²
Streckung	16,9
Leergewicht	157,7 kg
Fluggewicht	300 kg
Flächenbelastung	22,6 kg/m²
Gleitzahl	26 bei 75 km/h

Zwar erhielten die Münchener Akaflieger immer noch Gelder aus der Luftfahrtforschung, doch zahlreiche aktive Mitglieder waren ab 1939 zum Militärdienst einberufen. Gleichwohl wurde die Mü 15 noch 1940 fertiggestellt und kam bis 1941 auf insgesamt 45 Flugstunden. Bei dem Doppelsitzer handelte es sich um die Weiterentwicklung der Mü 10 »Milan«, doch die Querruderwirkung war schlecht und Kurven mussten mit dem sehr großen Pendelseitenruder gesteuert werden. Immerhin besaß sie die Instrumentierung für den Blindflug. 1941 erlitt sie einen schweren Schaden, Nachfolger sollte die **Mü 20** werden. Jedoch kam es in den Kriegszeiten wie bei der **Mü 21**[12] nicht zu einer Ausführung.

Die nachgebaute Mü 17 der Akaflieg München.

1940 gelang es die Mü 15 fertigzustellen. Zu beachten ist das einziehbare Fahrwerk.

Mit der **Mü 18 »Meßkrähe«** entstand ein Flugzeug in Gemeinschaftsarbeit mit der FFG Danzig und der FFG Göttingen sowie der FAG Chemnitz. Während die Münchener den Rumpf bauten, fertigten die anderen Partner die Flügel. Diese waren im Flug um die Querachse drehbar, so ließ sich der Einstellwinkel verändern. Die Konstruktion sollte Flugprofile erproben und als fliegende Sonde unter einem Schleppflugzeug in ungestörter Strömung fliegen. Gegen Ende des Krieges wurde das Projekt trotz erfolgreicher Testflüge als kriegsunwichtig eingestellt.

Nachdem die Werkstatt der Akaflieg Darmstadt einem Bombenangriff zum Opfer fiel, zogen die Mitglieder nach Prien um. Aufgabe war die Fertigstellung der D-33. Bei der Auftragsarbeit handelte es sich um eine Konstruktion von Alexander Lippisch[13]. In der nunmehr gemeinsamen Arbeit mit der Akaflieg München entstand die jetzt als DM-1 bezeichnete Segelflugversion eines Delta-Überschallflugzeugs. Es war ein rein militärisches Projekt (siehe hierzu auch das Kapitel über die Akaflieg Darmstadt). Letztlich lief die Neuorganisation der akademischen Fliegergruppen ab 1933 auf solche Ziele hinaus[14]. Nach der Besetzung durch die Amerikaner wurde die DM-1 in deren Auftrag selbst nach Kriegsende weitergebaut. Im November 1945 wurde schließlich das fertiggestellte Flugzeug in die USA verschifft.

Das Testflugzeug »Meßkrähe« 1942.

Die DM-1 in Prien im Oktober 1945.

DIE AKAFLIEG MÜNCHEN NACH 1945

Professoren und Studenten gründeten bereits 1949 die »Arbeitsgemeinschaft für Strömungsmechanik« in München. Nach der Kapitulation Deutschlands waren zu dieser Zeit noch alle fliegerischen Aktivitäten verboten. So begannen sie mit den ersten Aufräumarbeiten am Fluggelände in Prien. Zugleich entwickelten ein Starrsegel und erprobten es auf dem Chiemsee[15].

Kurz nach der Wiederzulassung des Segelflugs und des Segelflugzeugbaus beschloss die Altherrengruppe am 6. August 1951 die Eintragung der »Akademische Fliegergruppe München e.V.«[16] ins Vereinsregister. Die Akaflieger verhandelten mit dem Deutschen Museum in München, erhielten ihre dort ausgestellte **Mü 10 »Milan«** und richteten sie wieder flugfertig her. Mit dem Kennzeichen **D-1001** war sie das erste nach dem Krieg in Deutschland zugelassene Segelflugzeug. Als dann vom 24. bis zum 26. August 1951 ein erstes deutsches[17] Segelflugzeugtreffen nach dem Krieg auf der Wasserkuppe stattfand, war die Akaflieg mit ihrer Mü 10 dabei. Insgesamt zwölf Segelflugzeuge[18] flogen in diesen drei Tagen, während mehr als 40.000 Besucher den Neubeginn des Segelflugs beobachteten[19].

Ein halbes Segelflugzeug auf dem Chiemsee.

Noch im gleichen Herbst bauten sie als erstes Flugzeug einen »Spatz« nach den Plänen ihres Alten Herren Egon Scheibe. Erste Diplomarbeiten sollten den Weg für die **Mü 22** als Neuentwicklung legen. Die Teilnahme an der Segelflugweltmeisterschaft 1952 in Spanien mit der Mü 13E »Bergfalke« endete tragisch, als am letzten Tag bei der Abschlusslandung der Doppelsitzer von einer Windhose erfasst und nach Flächenberührung bei extremer Schräglage auf den Kopf gedreht wurde. Der vorne sitzende Chefsfluglehrer der Akaflieg Rudolf Ziegler wurde schwer verletzt und erlag 14 Tage später seinen Verletzungen in einem Madrider Krankenhaus. Sein Begleiter kam dagegen mit leichten Blessuren davon.

Mit einem Forschungsauftrag des Bundesverkehrsministeriums begann 1953 die Konstruktion der Mü 22. Das einsitzige Leistungssegelflugzeug in Gemischtbauweise sollte zusätzlich für Versuche und Messungen dienen. Die negativ gepfeilten und voll mit Sperrholz beplankten Flügel erhielten ein NACA-Laminarprofil[20], die bewährte Gemischtbauweise wurde beibehalten. Der Abstand der Rippen in den Flügel war sehr eng gewählt, damit eine möglichst hohe Profiltreue erreicht wurde. Die Querruder besaßen einen Schaumstoffkern. Der Einsitzer mit Einziehfahrwerk verfügte über Spreizklappen als Landehilfen. Auf Luftbremsen wurde zugunsten der Oberflächengüte verzichtet. Am Ende des rautenförmigen Rumpfs saß ein V-Leitwerk[21]. Am 29. November 1954 hob sie zum ersten Mal auf dem Flugplatz München-Riem ab.[22]

Die Akaflieg übernahm 1955 als Halter den Flugplatz in Prien. Neben der Werkstatt dort erhielt sie zusätzlich eine zweite in der Technischen Hochschule. Die Kosten für die Wiederherstellung des Platzes trugen erheblich dazu bei, dass die Akaflieg finanzielle Sorgen plagten. 1956 wurde sogar erwogen, Teile des Inventars zu verkaufen. Mit Fremdaufträgen hielt man sich über Wasser. Fliegerisch gab es eine Zweiteilung: Schulung, Übung und Erprobung fanden in Prien, Leistungsflüge in Unterwössen statt.

Trotz aller finanziellen Engpässe erwarben sie als erstes Motorflugzeug eine Klemm 35 in der Schweiz. Die Überführung nach Prien geschah sogar, bevor die Alliierten (wenige Tage später am 5. Mai 1955) den Motorflug in Deutschland wieder zuließen. Mit der Bewilligung von Fördergeldern für ihr neues Projekt sah 1957 die Finanzlage wieder besser aus. So konnte das Jahr mit einem Plus von 12.000 DM abgeschlossen werden. Noch während der **Motorsegler Mü 23 »Karchosaurier«** entstand, begann die Diskussion um das Nachfolgeprojekt. Die Mü 23 erhielt das bekannte Mü-Profil für langsame Geschwindigkeiten. Ähnlich dem Projekt »Motormerlin« vor dem Krieg saß der Copilot unter den Flächen.

Die Mü 10 im Gummiseilstart.

Nach eher schlechten Erfahrungen mit einem VW 1200 Motor erhielt die Mü 23 ein VW 1500N Triebwerk. Die Ähnlichkeit mit dem »Milan« war auffällig, allerdings war der Rumpf länger (was einen Mangel des »Milan« ausglich). Sie war das letzte Projekt unter der Leitung von Toni Tröger, der in seiner langen Zeit bei der Akaflieg schon in den 30iger Jahren den »Milan« mitbaute. 1959 hob der Mü 23 »Saurier« zum ersten Mal ab, es war das gleiche Jahr, in dem sich der »Starpilot« Walter Kunz der Akaflieg bei den Deutschen Meisterschaften ganz knapp hinter Ernst-Günther Haase (HKS 3) mit der Mü 22 den zweiten Platz erobern konnte. Das Ticket für die Segelflugweltmeisterschaften 1960 in der Tasche, stürzte er während der Feier zum 35-jährigen Jubiläum der Akaflieg mit der Mü 22a am 8. Juli 1959 in Prien ab und wurde dabei tödlich verletzt.

Im Jahr 1960 darauf begannen die Vorbereitungen für eine zweite Version der Mü 22. Die Konstruktionspläne waren nur unvollständig erhalten geblieben und so mussten unter anderem die Rippen neu gezeichnet werden. Allerdings erhielt der Rumpf bis unter die Flächen eine GfK-Verkleidung, die Spannweite wurde auf 17 Meter verlängert und das V-Leitwerk erhielt ein Pendelruder[23]. Als neues Schleppflugzeug erwarb man einen Fieseler Storch, gerade rechtzeitig, denn die Klemm 35 erlitt einen schweren Motorschaden. Mit dem neuen Schleppflugzeug konnten nun sogar Doppelschlepps unternommen werden.

Einige Bilder der Mü22a 1954, ein Bild zeigt den Start vor dem Flughafengebäude in München Riem.

Mü 22a
1954

Spannweite	16,6 m
Länge	6,95 m
Höhe	k.A.
Flügelfläche	13,54 m²
Streckung	20,4
Rüstgewicht	250 kg
Fluggewicht	400 kg
Flächenbelastung	29,5 kg/m²
Gleitzahl	36 bei 75 km/h

»Karchosaurier« vor dem Start beim Warmlaufen des Triebwerks.

Die Mü22b im Anflug. Die Spreizklappen sind ausgefahren.

Den ersten Nachbau der Mü 17 erhielt die Segelflugschule Unterwössen im Mai 1961. Zwei Monate später hob am 30.07.1961 dann auch bei der Akaflieg München das **»Staatsschiff Nr.1«** mit dem Kennzeichen **D-1740** ab. Sie wird bis heute geflogen und ist damit heute letzter Vertreter vergangener erfolgreicher Konstruktionen. Insbesonders jungen Akafliegern vermittelt sie einen Bezug zu früheren Entwicklungsschritten. Schließlich wanderte nach über 2000 Flugstunden 1963 die Mü 10 »Milan« endgültig zurück ins Deutsche Museum nach München.

Im Lauf der Jahre nahmen die Flugbewegungen in Prien zu. Neben der Akaflieg kamen häufig am Wochenende Motorflugzeuge zu Besuch. Gleichzeitig wollte die Gemeinde das Gelände für eine Ortserweiterungen nutzen, lag doch der Platz zwischen Prien und dem Chiemsee. So fanden die Beschwerden über Fluglärm und die Suche nach Bauland zueinander. So beschloss im Jahre 1962 der Gemeinderat einstimmig, dass der Flugplatz zum Ende Folgejahres zu schließen sei.

Tatsächlich wurde der Flugplatz Anfang 1965 gesperrt und aus den Akafliegern wurden Nomaden zwischen Prien, Unterwössen, Geitau, Oberwiesenfeld (heutiges Olympia gelände) und Fliensbach. Halle und Werkstatt konnten noch bis Ende 1966 genutzt und darin die Mü 22b fertiggebaut werden[24]. Die Mitgliederzahl sank bereits 1964 sehr deutlich. Als sich bei Neuwahlen zunächst niemand sich für den Vorstand fand, drohte sogar die Auflösung der Akaflieg.

Prien wehrt sich gegen Fliegerlärm

hjk. Prien/Chiemsee (Eig. Ber.) — Bei der Bevölkerung in Prien herrscht trotz des Winters Gewitterstimmung. Der Plan der Gemeindeverwaltung, im Süden Priens einen Sportflugplatz anzulegen, hat sie auf die Barrikaden gebracht. In einer von fast 400 [illegible] unterzeichneten Resolution an das Landratsamt Rosenheim, an die Regierung von Oberbayern und an das bayerische Innenministerium wenden sie sich gegen die Flugplatzpläne der Gemeinde. „Sollte diese Resolution nichts nützen, dann wird es in Prien noch einen handfesten Krach geben." Das jedenfalls prophezeite gestern ein bekannter Bürger von Prien der AZ.

Schon der alte Flugplatz von Prien war der Bevölkerung ein Dorn im Auge. Sie sagen: „Der Lärm der Schul- und Schleppflugzeuge war manchmal unerträglich, die Loopings der Sportflugzeuge über dem Ort direkt ge[illegible]." Da für den Platz am Jahresende die Pacht ausläuft und das Gelände ein Wohnungsbaugebiet wird, will der Gemeinderat den Flugplatz verlegen.

Gegen diese Verlegung haben die Bürger nichts einzuwenden. „Wir haben aber etwas gegen die jetzt ausgesuchte Stelle, weil wir dadurch noch mehr belästigt und auch noch mehr gefährdet [illegible] Außerdem liegt das Gelände im Landschaftsschutzgebiet." Sie fragen sich aber auch, ob ein Kurort überhaupt einen Flugplatz braucht? In der Resolution heißt es: „Gelten einige wenige Fliegerenthusiasten mehr als zehntausend schaffende Bürger aus Prien und den umliegenden Gemeinden. Von wem lassen sich hier die Priener Gemeinderäte einwickeln?" Der Gemeindeverwaltung wird weiter schwer angekreidet, daß sie für den Flugplatzbau Unsummen auszugeben gewillt ist, obwohl die Finanzlage der Gemeinde durch Kanalisationen, Straßen- und Wasserleitungsbau bis an die Grenze des für die steuerzahlenden Bürger Tragbaren ausgelastet ist.

Bürgermeister Adolf von Bomhard sagte dazu auf Anfrage der AZ: „Wir haben in der Sache noch keine Beschlüsse gefaßt. Auch die finanzielle Seite ist noch nicht geregelt. Deshalb legen wir den eingebrachten [illegible]

[illegible] rund um Prien ist für einen Schul- und Sportflugbetrieb viel zu wertvoll." Die Regierung hat sich deshalb in ihrem Bericht an das Innenministerium gegen das Flugplatzprojekt der Gemeinde Prien ausgesprochen.

Angebot an Soraya

München (AZ) — Neues Angebot für Prinzessin Soraya, in München lebende Exgattin des Schah Reza Pahlewi von Persien: Eine im Rheinland erscheinende Wochenzeitung will sie als Gesellschaftsberichterstatterin gegen gutes Gehalt engagieren! Die Zeitung begründet ihre Offerte: Soraya habe durch ihr Schicksal das Interesse von Millionen Deutschen erregt. Auch heute noch nehme sie an glanzvollen gesellschaftlichen Ereignissen teil, so daß sie in der Lage sei, korrekte Informationen zu liefern. Prinzessin Soraya, die auf Reisen ist, hat sich zu dem Angebot noch nicht geäußert.

Krokotaschen sind gefragt

W. E. München (Eig. Ber.) — Wertvolle Beute machten Diebe in der Brienner Straße. Die Burschen zertrümmerten mit einem Stein die Schaufensterscheibe eines Lederwarengeschäfts und angelten sich aus dem Schaufenster mehrere Damenhandtaschen aus Krokodilleder. Der Geschäftsinhaber beziffert den Wert des Diebesguts auf 12 000 Mark. Von den Dieben fehlt jede Spur.

Protestbrief war anonym

München (AZ) — Die Leserzuschrift eines angeblich pensionierten Forstmeisters, der sich gegen die große Staatsjagd im [illegible]

Schwabinchen

Sogar die Münchener Abendzeitung vom 15. Januar 1965 berichtete über die Schließung.

Schließlich wurde in Königsdorf in einem moorigen Gebiet ein Gelände gefunden. Gemeinsam mit mehreren Vereinen schloss man sich letztendlich in der »Haltergemeinschaft Flugplatz Königsdorf[25]« zusammen und gestaltete das Areal. 1969 erfolgte dann der endgültige Umzug auf den Flugplatz im Tölzer Land nahe dem Starnberger See. Im Jahr darauf war die Halle aufgebaut und bezugsfertig.

Dieser für die Akaflieg mühsame Weg und der Abschied von Prien setzte aber auch neue Kräfte frei. So stieg allmählich die Mitgliederzahl in der jungen Gruppe[26] an und es wuchs der Wunsch, eine verbesserte Version der Mü 22, die **Mü 22d** zu bauen. Mit diesem Flugzeug begann für die Akaflieg der Einstieg in das Kunststoffzeitalter. Der Rumpfquerschnitt sollte extrem widerstandsarm sein und erhielt aus diesem Grund einen geringen Querschnitt. Gebaut wurde der Rumpf als GfK-Balsasandwich im Positivverfahren. Daraus ergaben sich weitere Änderungen und so erhielt das Projekt die Bezeichnung **Mü 26**. Für den Piloten war der Platz recht beengt und er lag fast waagerecht im Cockpit. Im Fall eines Notausstiegs hätte neben der seitlich klappbaren Haube der Baldachin abgeworfen werden müssen. Ein wenig »sportlich« war auch die Bedienung des Fahrwerks[27].

Der Antrieb für die Spreizklappen aus der Mü 22b konnte für die Verwendung von Wölbklappen übernommen werden. Der Tragflügelaufbau blieb gleich. Unterstützt von den nach oben und unten ausfahrbaren Luftbremsen waren außerhalb der laminaren Laufstrecke die nach hinten versetzten Klappen bis 45 Grad ausschlagbar. Es war konstruktiv beabsichtigt, dass steile Anflüge bei möglichen Außenlandungen im Gebirge sicher durchgeführt werden konnten. Der Erstflug der »fliegenden Zigarre« fand im Juli 1971 in Oberpfaffenhofen statt.

Die Projekte **Mü 24 (Milan II)** und **Mü 25** kamen über ihr Planungsstadium nicht hinaus. Gerade der Bau des Milan II wurde heiß diskutiert. Mit 20 Meter Spannweite und dem für Langsamflug geeigneten Mü-Profil sollte der Doppelsitzer die gut bekannten Mängel der Mü 10 ausbessern.

Die Entwicklung und Bau der **Mü 27** war ein geliebtes und zugleich auch gehasstes Flugzeugprojekt der Akaflieger. Immerhin war es das erste Segelflugzeug, welches komplett in GfK-Bauweise entstehen sollte. Die Bauphase begann im Jahre 1973. Geplant war ein Doppelsitzer mit 22 Meter Spannweite und einer veränderbaren Tragflächengeometrie. Über die gesamte Spannweite sollte eine Flächenklappe[28] ausgefahren werden. Bei einem maximalen Abfluggewicht von 900 Kilogramm konnte die Flächenbelastung um 36% von 37,6 kg/m² (Klappen aus-

Start der Mü 26 »fliegende Zigarre« im Flugzeugschlepp in Königsdorf.

Ein schönes elegantes Flugbild des Doppelsitzers Mü 27 nahe den Alpen.

Mü 27
1979

Spannweite	22 m
Länge	10,3 m
Höhe	2,1 m
Flügelfläche (Klappen ein – aus)	17,6 bis 23,9 m
Streckung (Klappen ein – aus)	27,5 bis 20,2
Leergewicht	712 kg
Fluggewicht	900 kg
Flächenbelastung (Klappen ein – aus)	51,1 bis 37,6 kg/m²
Gleitzahl	42 bei 75 km/h
V_{max} (Klappen ein – aus)	200 bis 140 km/h

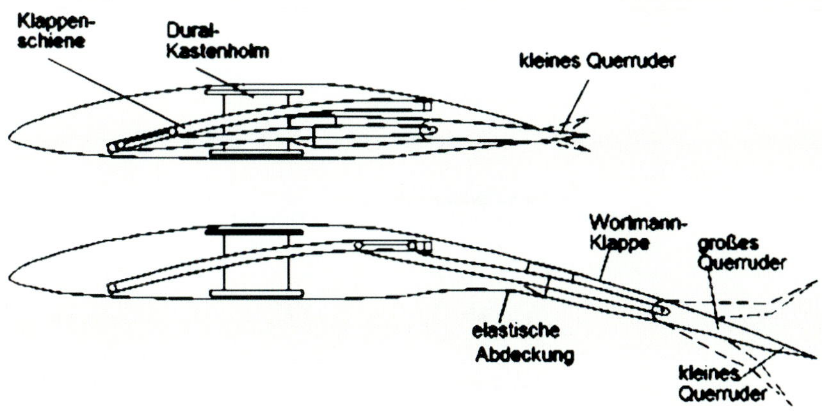

Das Funktionsprinzip der Wortmannklappe bei der Mü 27.

gefahren) auf 51,1 kg/m² (Klappen eingefahren) erhöht werden. Zur Unterstützung der Wortmannklappen dienten Elektromotoren.

Der vierteilige Flügel mit seinem genieteten Alu-Kastenholm nahm alle Kräfte auf. Die Klappen fuhren spielfrei über gekrümmte Schienen. Die Flügel wurden im Positivverfahren als GfK-Conticell-Sandwich gebaut. Dieses Verfahren führte jedoch zu weiterem Gewicht, da das endgültige Profil den Einsatz von recht viel Spachtelmasse erforderte.

Kompliziert war die Gestaltung der Querruder. Pro Flügel waren jeweils zwei vorgesehen. Während im eingefahrenen Zustand der Klappen ihre Tiefe 10 % betragen hätte, wäre dies im ausgefahrenen Zustand auf 7,5 % reduziert worden. Daher wurden diese als doppelt und hintereinanderliegend ausgeführt. Im ausgefahrenen Zustand betrug die Querrudertiefe dann 20 %. Trotz späterer Modifikationen blieben die Querruderkräfte sehr hoch (25 kp) und während einer Veränderung der Fowlerklappen konnten die Querruder nicht bedient werden.

Die Mü 27 kommt zur Landung, der Bremsschirm ist geöffnet.

Der Erstflug am 24. Februar 1979 verlief erfolgreich, jedoch zogen sich Änderungen an der Konstruktion über mehr als 10 Jahre hin. An einigen Stellen ließ sich Gewicht einsparen. Beim Idaflieg Vergleichsfliegen zeigte sich, dass durch den Spalt zwischen Klappe und Flügel die Gleitzahl geringer als berechnet war. Keinesfalls durfte beim F-Schlepp eine Geschwindigkeit von 140 km/h überschritten werden, da beim Durchfliegen einer Böe Querruderflattern auftreten konnte.

Insgesamt war die Mü 27 ein interessantes Forschungsobjekt. Über einen Zeitraum von 30 Jahren wurde sie von der Akaflieg genutzt und blieb trotz der höheren Anforderungen an die Piloten ein einzigartiges Segelflugzeug. Nach 711 Flugstunden im Dienst der Akaflieg ist sie seit dem Jahr 2009 in der Flugwerft des Deutschen Museums neben der FS 29 (Stuttgart) zu besichtigen. Selbst die Akaflieg bemerkte in ihren Veröffentlichungen, dass die Mü 27 möglicherweise ein wenig über das selbst gesteckte Ziel »hinausgeschossen« sei und ein Opfer ihrer eigenen Komplexität geworden war.

Die Fertigstellung der Mü 27 war noch in ihrer »heißen« Phase, da entstanden Überlegungen für ein nächstes Projekt. Diesmal ging es nicht um die Teilnahme an einem Kunstfluglehrgang der Idaflieg, sondern um ein Konzept für das »weltbeste einsitzige Segelkunstflugzeug«. Ursprünglich dachte man an ein Flugzeug mit zusätzlich passablen Thermikflugeigenschaften. Für eine hohe Rollwendigkeit plante man eine Spannweite von 12 Metern (mit Ansteckflügel 14 Meter). Ein symmetrisches Profil mit Wölbklappen sollte für den Rückenflug ein einwandfreies Flugbild erlauben. Nach oben ausfahrbare Bremsklappen hatten im senkrechten Sturzflug zu gewährleisten, dass die Höchstgeschwindigkeit nicht überschritten wurde. Gute Trudel- und Turneigenschaften wurden konstruktiv bei der Auslegung von Seitenleitwerk und Höhenruder berücksichtigt. Schließlich war eine Höchstgeschwindigkeit von 380 km/h vorgesehen.

Eine sehr wesentliche Eigenschaft bestand in der Wölbklappenautomatik. Man übernahm nicht das System der Akaflieg Aachen, sondern entwickelte System mit einer Masse an einem Hebelarm im Rumpf, das geschwindigkeits- und lastabhängig stets die Wölbklappen optimal ohne Zeitverzögerung setzte. Ein Pilot konnte sich daher auf den Kunstflug voll konzentrieren.

Ab Herbst 1979 begann der Flügelbau in Negativschalen. Recht praktisch ist, dass bei symmetrische Profilen Ober- und Unterseite gleich sind. Der selbstgebaute Rumpf entstand bei der Firma Glasflügel in der Form des »Mosquito«. Ein verändertes Höhenruder der SF 34 kam von Scheibe.

Als dann die **Mü 28** auf der Aero 1983 vorgestellt wurde, besaß sie noch keine funktionstüchtige Steuerung. Deren Fertigstellung zog sich noch bis kurz vor ihrem Erstflug am 8. August in Oberpfaffenhofen hin. Sie flog vollkommen unproblematisch, was lag also näher als sie gleich am nächsten Tag zum Idafliegtreffen nach Aalen-Elchingen zu schleppen? Nachdem sie dort ausgiebig auch von anderen Akafliegs getestet worden war, begann im September dann die Erprobung der Wölbklappenautomatik[29] in Königsdorf. Das Ergebnis war recht eindeutig: Ab nun wollte jeder diese Hilfe.

Die Untersuchung der Flattereigenschaften zog einige konstruktive Änderungen (u.a. ein leichteres Seitenruder) nach sich. Eine Flatterneigung zeigte sich außer an den Wölbklappen bei allen anderen Rudern und Klappen. Erst eine Dämpfung im Flügel verhinderte, dass sich die Luftbremsen bei 360 km/h alleine (z.T. einseitig) ausfuhren. In der Erprobung für den Kunstflug wurde die Mü 28 bis zu einer TAS von 480 km/h erprobt[30]. An der neuen Winde (Startschuss gleichzeitig mit dem Bau der Mü 28) testete man Schlepps bis zu 175 km/h, was damals von der Windenfahrerin starke Nerven verlangte.

Seit 1984 ist die Mü 28 bei Kunstflugwettbewerben erfolgreich. Teilweise waren so viele Piloten auf diesem Prototyp gemeldet, dass man vermuten konnte, es würde sich um ein Serienflugzeug handeln[31].

Da man nun einmal den Weg für den Kunstflug eingeschlagen hatte, wollten schließlich die jungen Akaflieger ihn auch konsequent fortsetzen. In einer Diplomarbeit von 1985 »Auslegung eines kombinierten Schlepp- und Kunstflugzeuges« wurde das Problem aufgegriffen, dass die

Mü 28

Mü 28 1983

Spannweite	12 m
Länge	6,75 m
Höhe	k.A.
Flügelfläche	13,2 m²
Rüstgewicht	315 kg
Fluggewicht	425 kg
Streckung	10,91
Flächenbelastung	32,2 kg/m²
Höchstgeschw.	380 km/h
Gleitzahl	27 bei 103 km/h

Ein beeindruckendes Kraftpaket sowohl bei Schlepps als auch im Kunstflug. Die Mü 30 der Akaflieg München.

Akaflieg kein Schleppflugzeug mit einer ansprechenden Leistung besaß und – falls sie eines besitzen würde – die überschüssige Motorleistung für effiziente Flugzeugschlepps verwendet werden könnte. Schleppen und Akrobatik vereinigte die **Mü 30** zu **»Schlacro«**. Die Konstruktion führte zu einem zweisitzigen Flugzeug in Negativbauweise, wobei nirgendwo auf fertige Komponenten zurückgegriffen wurde. Der Flügel mit Laminarprofil sollte symmetrisch sein. Also benötigte man nur eine Positivform, von der man das Negativ abnahm.

Wesentlich aufwendiger als der aus Stahlrohr aufgebaute Rumpf war der Motorträger. Entwickelt wurde der bis dahin leichteste und am höchsten belastbare Träger für ein Porsche PFM 3200 Triebwerk[32]. Aber im Jahr 1992 stellte Porsche den Bau, Vertrieb und Weiterentwicklung ein. Bei der Suche nach einem geeigneten Ersatz wurde kurzzeitig sogar erwogen, das gesamte Projekt aufzugeben. Nach sieben Projektjahren stellte der Triebwerkswechsel eine Zäsur dar.

Glücklicherweise konnte man sich für einen Lycoming Sechszylinder AEIO 540 mit 320 PS entscheiden. Nicht nur der Motorträger musste neu gebaut werden, sondern die Neuberechnungen zeigten, dass das gesamte Flugzeug schwerer wurde. So waren auch alle Lasten und Festigkeiten neu zu berechnen. Die Akaflieger witzelten, dass die Münchener eben die schwersten Flugzeuge aller Akafliegs bauen. Die Tragflächen rückten 15 cm nach vorne, der Tank für den Kunstflug (30 Liter) wanderte von den Flächen hinter den Brandschott im Rumpf. Die Tragflächen – nun vollkommen aus Kohlefaser – erhielten Querruder

Mü 30 »Schlacro« *2000*

Spannweite	8,95 m
Länge	7,4 m
Höhe	2,9 m
Flügelfläche	11,96 m²
Leergewicht	759 kg
Fluggewicht	1050 kg
Streckung	6,5
Flächenbelastung	87,8 kg/m²
Höchstgeschw.	393 km/h
Gleitzahl	7 bei 139 km/h
Lastvielfaches	+9 / -9

Vom hinteren Sitz wird die Mü 30 gesteuert.

Bruchversuch der Tragflächen für die Mü 31.

mit einer größeren Tiefe. Sie nahmen zwei weitere Tanks für Schlepp- und Überführungsflüge auf. Die Steuerung des Schlacro geschieht vom hinteren Sitz aus. Die Rollwendigkeit bei 320 km/h sollte 200 Grad pro Sekunde betragen[33]. Recht bald nach dem Erstflug im Jahr 2000 folgte die Erprobung. Doch 2003 kam das Projekt zunächst zum Stillstand, da die Projektgruppe der Bau- und Erprobungsphase die Universität und die Akaflieg verließen. Erst eine neue Gruppe griff das Projekt auf, setzen die konstruktiven Anpassungen um. Somit erfolgte dann im Februar 2007 der zweite Erstflug. Auf der ILA 2008 in Berlin stellte die Akaflieg die Mü 30 aus. In der weiteren Flugerprobung wurde sogar der Geschwindigkeitsrekord der Mü 28 mit 521 km/h überboten. Seit 2011 verfügt die Mü 30 über die Verkehrszulassung.

Die Flugleistungen insbesondere im Schlepp sind beeindruckend. Ein einsitziges 15 Meter Segelflugzeug der Standardklasse wird mit einer Steigleistung von 8 m/s geschleppt. Nach dem Schlepp werden die Klappen auf 60 Grad gesetzt und es erfolgt ein steiler Abstieg.

Nach der Entwicklung von zwei Kunstflugmaschinen hielten es die Akaflieger für geboten, sich wieder der Aerodynamik von Segelflugzeugen zu widmen. Der Schwerpunkt sollte ein verbesserter Rumpf-Flügel-Übergang sein. Die Aufgabenstellung war es, den Interferenzwiderstand zwischen Rumpf und Flügel zu minimieren, der beim Zusammenführen zweier Strömungskörper auftritt. Dazu wurde bereits 1994 ein Schulterdecker als Halbpylonkonfiguration konzipiert. Im Nahbereich des Rumpfes bekam der Flügel Profilveränderungen zur Annäherung an eine elliptische Auftriebsverteilung über den gesamten Flügel

Das Konzept der **Mü 31** basiert bei Rumpf, Leitwerk und Rumpfvorderteil auf der ASW 27 der Alexander Schleicher GmbH. Ein Model wurde 1997 im Windkanal der Uni Delft vermessen. Allerdings waren die aerodynamischen

Beeindruckende Formgebung von Rumpf und Flügelansatz bei der Mü 31.

Mü 31
2017

Spannweite	15 m
Länge	7,4 m
Höhe	k.A.
Flügelfläche	9 m²
Leergewicht	240 kg
Fluggewicht	500 kg (max.)
Streckung	25
Flächenbelastung	55,6 kg/m² (max.)
Höchstgeschw.	285 km/h
Gleitzahl	47 bei 139 km/h

Berechnungen erst 2007 beendet. Insgesamt zog sich das Projekt hin, weil die erste Generation der Studenten nach und nach ihr Studium beendete.

2009 lebte die Mü 31 wieder auf. Nun entstanden die Formen für die Holmgurte im CNC-Fräsverfahren. Eine fast vollständige Bruchzelle sowie der Bruchflügel wurde 2011 gebaut. Nach und nach wuchs das Segelflugzeug der Rennklasse mit 15 Meter Spannweite und Wölbklappen heran. Noch weitere Jahre vergingen, bis am 15. September 2017 die Mü 31 zum Erstflug in Königsdorf abhob. Seitdem befindet sie sich in der Flugerprobung.

Die laufende aktuelle Entwicklung zur **Mü 32** widmet sich erneut einem Segelkunstflugzeug der unbeschränkten Wettbewerbsklasse. Einfließen sollen die (Zwischen-) Ergebnisse aus dem vom Bund geförderten Luftfahrtforschungsprojekt (LuFo), an dem sich die Akaflieg München neben der Akaflieg Hannover beteiligt.

Ziel ist nicht nur die Erhöhung der Crashsicherheit für die Cockpits und damit für die Piloten, es wird auch die Ergonomie der Gestaltung des Cockpits behandelt. Gerade bei den hohen Beschleunigungen im Kunstflug muss die Konstruktion der Sitzschale und Rückenlehne beachtet werden, denn darunter darf nicht die Orientierungsfähigkeit der Piloten leiden. Instrumente und Bedienung im Cockpit sollten möglichst informativ, uneingeschränkt und lastunabhängig nutzbar sein.

Vermessen wurde das Abreißverhalten der Strömung anhand der bestehenden Kunstflugzeuge Swift, Fox und Mü 28. Basierend hierauf wurde ein neues symmetrisches Profil entworfen. Für die Tragflächen soll die Wölbklappenautomatik der Mü 28 übernommen werden. Momentaner Projektstand ist, dass die Gesamtgeometrie der Mü 32 ausgearbeitet vorliegt. Damit sich das Projekt nicht über einen zu langen Zeitraum hinzieht, soll ein Serienrumpf Verwendung finden. Die Flügel sollen zur Erhöhung der Rollrate Endscheiben erhalten. Es bleibt abzuwarten, wann die Akaflieg München die Mü 32 »Reißmeister« zum ersten Mal vorstellen wird.

Und sie fliegt! Die Mü 31 über Königsdorf.

So sieht eine Studie die zukünftige Mü 32 »Reißmeister«.

Von sp vielen Händen getragen wie die Mü 31 mit Pilot, wird die Akaflieg München noch lange erfolgreich sein.

Auch wenn die Akaflieg München wie andere studentische Fliegergruppen stark unter dem Bologna-Prozess[35] der Hochschulen leidet, schafft sie mit ihrer Forschung und Entwicklung beständig neue Anreize für Studenten, übermäßiger Verschulung durch Praxis zu begegnen. Selbst die letzten Projekte, die nicht konform mit den aktuellen Studienordnungen über mehrere „Studentengenerationen" laufen, sind inhaltlich immer so interessant und praxisorientiert, dass sich genügend Nachwuchs für die Akaflieg finden sollte.

1 Die Einkommen waren damals extrem niedrig. Eine Zahlung von 5 Reichsmark verlangte schon sehr viel Mut. Die extremen Auswirkungen des Versailler Vertrags schürten aber auch ebenso extreme Hoffnungen und Erwartungen auf Neues.

2 Die Figur von Wilhelm Busch ziert auch die Mü 10 »Milan« in der Flugzeugwerft des Deutschen Museums München in Oberschleißheim.

3 August Kupper war von 1927 bis 1930 für die Konstruktionen verantwortlich. In seiner persönlichen Liste war die Mü 3 die Ku 1 (»Kakadu« ist Kuppers Spitzname). Die Mü 5 »Wastl« entsprach der Ku 3. Sehr bekannt wurde Kupper mit der Ku 4 »Austria«, ein Segelflugzeug mit 30 Meter Spannweite. Bei einem Wolkenflug zerbrach sie und Robert Kronfeld konnte sich mit dem Fallschirm retten.

4 Mit der Mü 6 gelang Egon Scheibe 1933 ein Streckenflug nach Regensburg über 105 Kilometer.

5 Die Satzung musste angepasst werden, denn nun war der Vereinszweck die »Förderung der Deutschen Luftfahrt«.

6 Rudolf Ziegler stellte am 20. August 1934 einen großartigen Doppelsitzer Streckenweltrekord auf, als er in 5 ½ Stunden 327 km vom Hesselberg bis Prčice bei Tabor flog.

7 1937 erhielt der »Merlin« einen Köcher-Kröber M4-Motor mit 18 PS und wurde als Mü13 M »Motormerlin« bezeichnet. Beim Motorseglerwettbewerb in Rangsdorf zeigt die Mü 13 M beste Leistungen in der Gesamtwertung.

8 Kurt Schmidt stürzte 1943 bei der Erprobung der Me 163 tödlich ab.

9 Ein Exemplar ist im Deutschen Segelflugmuseum mit Modellflug auf der Wasserkuppe ausgestellt. 1955 beschlossen einige Mitglieder der Akaflieg München, die Mü 13d nachzubauen (Werknummer 001/Akaflieg). Diese Mü 13d wurde im April 2014 vom Landesdenkmalamt in München zum ersten Flugzeug, das als bewegliches technisches Kulturgut in die Denkmalliste von Bayern aufgenommen wurde.

10 Nicht vergessen werden darf, dass die beiden Flugzeuge von Egon Scheibe, die Mü 10 und die Mü 13 als Grundlage für die 1951 entwickelte Mü 13 E »Bergfalke« Baureihe dienten.

11 Zum Rhönwettbewerb 1939 waren insgesamt 15 Stück der Mü 13d angemeldet.

12 Mü 16 und Mü 21 hätten – falls sie gebaut worden wären – eine Bauchlage für den Piloten vorgesehen. Die Entwürfe der Mü 16 sahen eine Spannweite von 25 Metern und eine rechnerische Gleitzahl von 50 vor.

13 Lippisch bezeichnete sie als P 13 a V1, das Darmstädter Flugzeug war die erste von vier Versionen, mit denen der Überschallflug erprobt werden sollte. Bei der P 13 a handelte es sich um ein Aluminiummodell und ein Assistent an der Luftfahrtforschungsanstalt Wien überzeugte ihn, die erste flugfähige Version bei seiner Akaflieg in Darmstadt bauen zu lassen.

14 Noch im Jahresbericht 1938 äußerte sich die FFG recht positiv über die Zusammenarbeit mit dem Nationalsozialistischen Deutschen Studentenbund (NSDSTB).

15 Im Prinzip ist ein Starrsegel ein senkrecht auf dem Bootskörper stehender Flügel. Je besser die Stabilität der Konstruktion (und ihre Profilwahl) ist, desto mehr Vortrieb kann bei einer Fahrt gegen den Wind erzeugt werden. Obwohl ab 1951 der Segelflug bereits wieder erlaubt war, erbauten die Akaflieger nach einem Bruch des Segels sogar eine zweite Version.

16 Ende 1954 wurde der Name nochmals geändert in: »Akaflieg München e.V.« mit dem Untertitel »Flugtechnische Forschungsgruppe an der Technischen Hochschule München«.

17 Ein Jahr zuvor war dort bereits u.a. der Amerikaner McCready bei einem Treffen geflogen. Zahlreiche deutsche Piloten und Wissenschaftler (wie Hans Zacher) waren anwesend.

18 So stellten die Firma Schleicher die ES 49 (im Prinzip ein doppelsitziges Grunau-Baby) sowie Egon Scheibe seine Mü 13 E »Bergfalke« vor.

19 Da der Milan keine Klappen besaß, war er für Anfänger nicht leicht zu landen. So kam es 1955 zur »Milanverhunzung«, als er Störklappen erhielt. Ihr Betätigungshebel saß aber an der rechten Bordwand, da sich links hinten der Einstieg für den Passagier befand.

20 Die Mü 22 besaß das gleiche Profil wie die vier Jahre später entstandene SB 5, die Baureihen der Ka6 sowie die SDZ-24 (Foka-4).

21 Bei einem V-Leitwerk treten höhere Torsionskräfte beim Rumpf auf. Dafür hat es einen geringeren Gesamtwiderstand, besitzt eine größere Bodenfreiheit und ein geringeres Gewicht.

22 Im gleichen Jahr bauen sie eine Mü 13d »Dora« nach, weil die Alten Herren ein eigenes Segelflugzeug nutzen wollen.

23 Am 13.3.1964 hob sie das erste Mal in Prien ab. Drei Monate später kam es bei Erprobungsflügen zu einem Leitwerksbruch. Der Pilot rettete sich mit dem Fallschirm. Weil die Mü 22b nur gering beschädigt war, wurde sie recht bald war sie wieder aufgebaut. 1986 gewannen die Akaflieger mit ihr sogar die Teilnahme am Barron-Hilton-Cup.

24 Die Mü22b fliegt heute noch mit dem Kennzeichen D-1848. Auch die Mü26 wird heute noch in privater Hand eines Alten Herren betrieben.

25 1964 trat die Akaflieg als vierter Verein der Flugplatzgemeinschaft Königsdorf bei. Eine besondere Anekdote ist, wie der Platz zu seiner Asphaltpiste kam: Die Bahn war vorbereitet und der Untergrund ausgehoben. Burkhard Grob (Luftsportclub Alpenflug München, als Betriebssportgruppe wesentlich finanziert von Burkhard Grob). kam zu Mario Selss und fragte, weshalb denn nicht asphaltiert würde. Mario entgegnete, dass 25.000 DM dafür fehlen würden. Da setzte sich Burkhard Grob in den Sand der Bahn und füllte einen Scheck über den Betrag aus.

26 In der Akaflieg München ist es schon seit ihrer Gründung Tradition, zwischen den studentischen Mitgliedern (»junge Truppe«) und den ehemaligen Studenten (»Alte Herren«, mittlerweile auch »Alte Damen«) zu unterscheiden.

27 Für das Einfahren musste man zunächst mit Schwung den Hebel bedienen, damit die Verknieung überwunden wurde, im letzten Weg aber den eigenen Schwung wieder abbremsen. Das klappte am besten, wenn man dabei sein rechtes Bein auf das Gerätebrett legte.

28 Weil das Profil von Professor Wortmann entwickelt und vermessen wurde, werden diese Fowlerklappen als »Wortmann-Klappen« bezeichnet.

29 Zur Sicherheit ließ sich die Wölbklappenautomatik in jeder Stellung durch eine Vorrichtung übersteuern.

30 Es ist berichtet, dass nach 56 Minuten Schlepp auf 3600 Meter GND die Mü 28 nur 100 Sekunden nach dem Ausklinken bis zur Landung benötigte. Die Sinkrate (es ging um die Sturzflugerprobung) lag bei 110 m/s!

31 Anekdoten am Rand gibt es zu der Mü 28 viele: So testete man sie im Spiegelflug mit einer Lo 100. Dabei war die Mü mit ausgefahrenen Klappen und im Rückenflug besser als die Lo im Normalflug. Oder der Zöllner, der bei der Einreise aus Österreich am Anhänger die Aufschrift »Achtung Turnierkrokodil« entdeckte und daraufhin die tierärztliche Bescheinigung sehen wollte.

32 Der PFM 3200 wurde mit Mogas betrieben, der Nachfolgemotor benötigt Avgas.

33 Nach einigen Änderungen blieben immerhin noch 180 Grad pro Sekunde übrig.

34 Der Rumpf »beult« bereits direkt hinter der Haube ein, dies setzt sich unter den Tragflächen fort. Der Rumpf schnürt direkt ab der Flügelhinterkante weiter ein. Somit sitzt die Fläche auf einem halben Pylon.

35 Es wird aktuell immer deutlicher, dass sich in den zeitlich eng getakteten Bachelor- und Masterstudiengängen die experimentelle, ergebnisoffene Flugzeugentwicklung ebenso wenig unterbringen lässt wie der entsprechende Flugzeugbau. Theoretisch wäre beides innerhalb von Praktika zu absolvieren, doch ist der hierfür zur Verfügung stehende zeitliche Rahmen zu gering, um längerfristiges, kontinuierliches Engagement zu erlauben.

AKAFLIEG STUTTGART

DIE AKAFLIEG STUTTGART VOR 1945

Über das Gründungsdatum der Akaflieg gibt es mehrere Varianten. Eine (von seinem Sohn Helmut beschriebene Geschichte) besagt, dass Studenten am Krankenbett von Wolf Hirth 1925 beschlossen, dass es besser sei, Flugzeuge zu konstruieren und zu bauen als in einem Verein das zu nutzen, was angeboten wird. Gemeint war der Flugtechnische Verein Stuttgart (F.V.S.), in dem auch Studenten Mitglied waren und arbeiteten, jedoch eher behindert wurden. Zuvor hatte Wolf Hirth mit seinem Motorrad eine Straßenbahn gestreift, sein linkes Bein war so schwer verletzt, dass es amputiert werden musste. Trotz seines schweren Unfalls verlor er nicht die Zuversicht in die Fliegerei und fuhr sogar mit einer Beinprothese weitere Motorradrennen. Als dann nach dem zweiten Weltkrieg der Deutsche Aero Club gegründet wurde, war Wolf Hirth der erste Präsident. Die Gründungsphase der Akaflieg begann also genau aus dieser Reaktion, nicht einfach das Geschehene als Schicksal hinzunehmen, sondern mit eigener Kraft Neues zu schaffen. Genau dies prägt die Akaflieg Stuttgart bis heute.

Führte die »Rebellion« von acht Studenten unter der Leitung von Wolf Hirth zu der Bildung der Abteilung »Akademische Fliegergruppe« innerhalb des F.V.S. Anfang 1926, so macht sich zum Jahreswechsel die Akaflieg Stuttgart dann vollkommen selbstständig (unter Verzicht aller bisherigen Möglichkeiten innerhalb des Vereins). In einer Denkschrift werden die Aufgaben folgendermaßen beschrieben:

1. Konstruktion und Bau von Segel- und Motorflugzeugen,
2. Übungs- und Studienflüge mit Segel- und Motorflugzeugen,
3. Beteiligung an Wettbewerben, Preisausschreiben etc.

Später wird dies um das Thema »Forschen« ergänzt. Doch schon im Gründungsjahr der Akaflieg Stuttgart war treffend beschrieben, was akademische Fliegergruppen bis heute gegenüber Flugvereinen auszeichnet[1].

Noch innerhalb des F.V.S. wurde **»Roter Rand«** zum ersten Eigenbau der Akaflieg.

Roter Rand *1925*	
Spannweite	14 m
Länge	1,8 m
Flügelfläche	25 m²
Leergewicht	85 kg
Fluggewicht	150 kg
Flächenbelastung	6 kg/m²

Verglichen mit heute verwendeten Flächenbelastungen handelte es sich um einen extremen Leichtbau, mit dem bei sehr geringen Geschwindigkeiten geflogen werden konnte. Beim 6. Rhönwettbewerb wurde sie eingeflogen, Wolf Hirth und Alfred Besserer nahmen auch im Führersitz Platz. Erste Eigenentwicklung der jungen Akaflieg Stuttgart war der **Leichtsegler 2 (L.S. 2)**, er sollte den Studenten den Einstieg in den Segelflug ermöglichen.

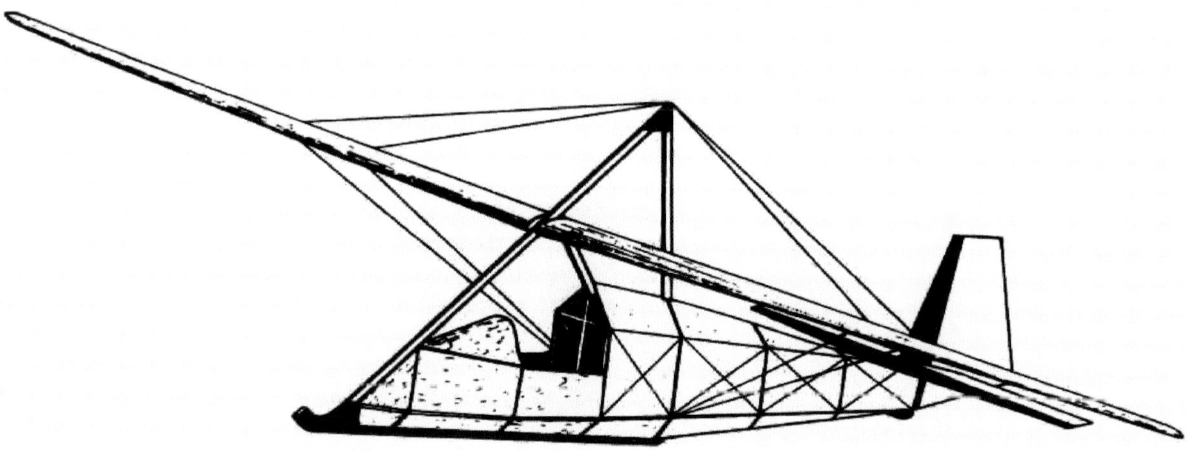

Leichtsegler 2 in einer Zeichnung der Akaflieg zu ihrem 50-jährigen Jubiläum

»Roter Rand« 1925.

1927 wurde nicht nur ein Flugzeug überholt, sondern mit der **»Stadt Stuttgart«** (Konstruktion Westpreußischer Verein für Luftfahrt) ein neues Segelflugzeug auf dem Rhönwettbewerb 1928 vorgestellt. So verfügte die Akaflieg Ende 1928 bereits über drei Segelflugzeuge und vier Motorflugzeuge (wobei der Hirth Versuchsaufbau A2 nicht zugelassen war). Es half der Gruppe sehr, als das Kultusministerium in Baden-Württemberg einen eigenen Lehrstuhl für Luftfahrt schuf und Prof. Madelung (vorher Hannover) den Ruf dorthin erhielt. Von Anbeginn an hatte er die Rhönwettbewerbe begleitet und die Akaflieg wählte ihn zu ihrem Ehrenvorsitzenden.

Mit der **F1 »Fledermaus«** entstand 1932 eine bemerkenswerte Konstruktion. Der freitragende Hochdecker mit Knickflügel besaß statt eines Seitenleitwerks zwei Endscheiben an den Tragflächen. Damit entfiel die Verwindung für den Rumpf. Hinter dem Cockpit war dieser nach oben verjüngt. Die Endscheiben dienten zugleich als Landehilfe.

Beim Rhönwettbewerb 1933 wollte die Technische Kommission die F1 hingegen erst starten lassen, wenn ein Leitwerk vorhanden sei. Über Nacht bauten die Studenten Seitenflosse an. Der Verweis auf die erfolgreiche Flugerprobung und sogar ein Flug zur Wasserkuppe konnten die TeKo damals nicht überzeugen. Tatsächlich wurden ein Jahr später mit der Fledermaus sogar Loopings geflogen.

Die F1 »Fledermaus« der Akaflieg Stuttgart.

Die fs16 »Wippsterz« beim Rhönwettbewerb 1937.

Bemerkenswert war, dass zum Ein- und Ausstieg die komplette vordere Rumpfhälfte (inkl. Instrumente) abgenommen wurde Die F1 war in der Lage noch mit 35 km/h zu fliegen Mit ihr begannen 1934 erste Flugleistungsmessungen. In ruhiger Luft ermittelte man auf dem Flugplatz Böblingen die Sinkzeiten und nutzte dazu einen Feinhöhenmesser. Doch solche Messungen standen noch am Anfang, sie entwickelten sich aber für alle Akafliegs im Rahmen der Idafliegtreffen zu einem wesentlichen Bestandteil.

Wie für alle anderen akademischen Fliegergruppen verändern sich ihre Grundlagen mit der Regierungsübernahme durch die Nationalsozialisten 1933 und den darauf folgenden Ermächtigungsgesetzen wesentlich. Den Akafliegs entzog man 1933 auf Führererlass ihre finanzielle Unterstützung, sämtliche Luftsportvereinigungen sahen sich im Deutschen Luftsportverband (DLV) ab März 1933 zwangsvereinigt. Dieser zog die fünf Motorflugzeuge der Akaflieg Stuttgart für die Landesgruppe Baden-Württemberg ein und der Werkmeister wurde entlassen. Selbst gewonnene Geldpreise waren abzugeben. Bis 1935 versuchten die Studenten ihre Akaflieg zu erhalten, letztendlich mussten sie kapitulieren und fanden unter Aufgabe des Namens als »Flugtechnische Fachgruppe Stuttgart an der Technischen Hochschule« im DVL ihren Fortbestand. Der Name »fs« (Fachgruppe Stuttgart) überdauerte bis heute als Bezeichnung aller Eigenentwicklungen.

Mit diesem Schritt besserte sich die finanzielle Ausstattung wieder und so folgte 1936 die Entwicklung eines neuen Segelflugzeugs. Konstrukteur war Hans-Friedrich Rieckert. Die Leistungsbeschreibung sah einen Kompromiss aus gutem Handling am Boden, unkompliziertem Aufbau bei gleichzeitig ansprechenden Flugleistungen vor. Inzwischen hatte man begonnen, alle jemals gebauten (auch die nicht selbst konstruierten) Flugzeuge zu zählen. Zufälligerweise besaß der Entwurf der **fs16** knapp 16 Meter Spannweite, so dass man nicht mehr genau feststellen kann, auf was sich die Zählweise bezieht.

Die guten Erfahrungen mit dem hochgezogenen Rumpf der »Fledermaus« prägte auch dieses Flugzeug. Bei einer Schiebelandung war der Sporn nicht belastet und die Bruchgefahr sank. Die aus Dural-Blech gefertigten Querruder stellten die Akaflieger ohne teure Spezialwerkzeuge her. Im Februar 1937 wurde die fs16 eingeflogen und im Mai fuhr die Akaflieg damit zum Idafliegtreffen nach Prien. Hieran schloss sich der ISTUS-Kongress in Salzburg an und gemeinsam mit den Akafliegs Aachen, Darmstadt und München bereitete sich Hermann Ruthardt ebenfalls auf die Überquerung der Alpen der fs16 vor. Am 30. Mai schaffte er dies erfolgreich bis Pieve di Cadore in den Dolomiten. Bedeutend war noch eine zweite Entwicklung der Stuttgarter. Ein batteriebetriebenes Kleinfunkgerät mit nur 3 Röhren konnte für Sprache und Telegrafie benutzt werden. Das Gerät besaß nur eine Länge von 12 cm. Ab sofort musste ein Verfolgerfahrzeug nicht mehr auf Sicht hinterherfahren, sondern konnte Standortmeldungen aus der Luft erhalten.

Standortmeldungen ganz anderer Art gab die nationalsozialistischen Führung vor. In den ersten drei Semestern hatten die männlichen Studenten Mitglied in einer Studentenkampfhilfe zu sein. Idee war die systematische Heranführung eines fliegerischen Nachwuchses an seine militärische Verwendung. Durchaus entstand gerade bei den Nachfolgeorganisationen der Akafliegs (also den FFGs) ein hoher Druck, dass ihr Organisationsgrad in der Partei besonders hoch zu sein hatte. Allerdings lag dieser in Stuttgart mit 90-95 % wesentlich über dem anderer Regionen (z.B. Berlin 22 %). Die Flugtechnische Fachgruppe Stuttgart war somit nicht frei von den politischen Einflüssen. Im Frühjahr 1937 stellten die Mitglieder der FFG den Antrag, dass alle »Alten Herren« geschlossen in die Kameradschaft »Graf Zeppelin« eintreten sollten.

Vorletzte Konstruktion der FFG vor dem Ende der nationalsozialistischen Gewaltherrschaft war die **fs17**. Als reiner Versuchsträger geplant und gebaut wies sie einige Besonderheiten auf. So lag der Pilot im Rumpf (ähnlich wie bei den Horten Segelflugzeugen). Der freitragende Tiefdecker verfügte über Luftbremsen und besaß eine extrem hohe Festigkeit: Die Bruchlastversuche führten bis zum 14-fachen Lastvielfachen! Erstflug war am 21. März 1938 an der Teck in Baden-Württemberg.

1938 – noch unter dem Einfluss des vergangenen Rhönwettbewerbs – wurde unter der Leitung von Ernst Scheible in nur vier Monaten ein Hochleistungssegelflugzeug

fs1 »Fledermaus« 1933

Spannweite	16,6 m
Länge	0,92 m
Flügelfläche	15,44 m²
Leergewicht	130 kg
Fluggewicht	210 kg
Flächenbelastung	13,6 kg/m²
Gleitzahl	22 bei 56 km/h

fs16 »Wippsterz« 1937

Spannweite	15,78 m
Länge	6,13 m
Höhe	2,24 m
Streckung	18,5
Flügelfläche	13,2 m²
Leergewicht	150 kg
Fluggewicht	230 kg
Flächenbelastung	17,5 kg/m²
Gleitzahl	24 bei 65 km/h

Gut ist die liegende Position des Piloten in der fs17 zu erkennen, der Rumpf erinnert eher an ein Großmodell als ein vollwertiges Segelflugzeug.

konzipiert und gebaut. Mittlerweile hatte sich die Erkenntnis durchgesetzt, dass eine hohe Streckung zu wesentlichen Leistungsverbesserungen führt. Der Flügel war zum Außenflügel hin trapezförmig, die Pfeilung betrug 5 Grad. Bei 4 m Halbspannweite war ein leichter negativer 3 Grad Knick, bei dem die zweiteiligen Querruder ansetzen. Mit 18 Metern Spannweite besaß der Innenflügel bis zu 30 Grad ausfahrbare Wölbklappen. Und das absolute Novum bestand in einem einziehbaren Fahrwerk, welches den Widerstand am Rumpf stark reduzierte.

Zusätzlich war die **fs18** mit einem Kleinfunkgerät ausgerüstet. Beim Rhönwettbewerb 1938 schloss sie sehr erfolgreich ab und blieb zwischen fünf bis sieben Stunden bei ihren Flügen in der Luft. Weitere Streckenflüge schlossen sich an. Im Dezember 1938 fand der Konstrukteur bei einem Unfall den Tod. Das Segelflugzeug wurde dabei zerstört. Im darauffolgenden Jahr sollte sie als **fs18b** (später als **fs19** bezeichnet) neu entstehen. Die Wölbklappen konnten nun auf 50 Grad ausgefahren werden. Die V-Stellung des Flügels wurde so gewählt, dass sich im Normalflug 5 Grad ergaben Leergewicht und Zuladung lagen leicht höher. Allerdings wurde sie nie fertiggestellt. Ein ähnliches Schicksal erlitt der Entwurf der **fs20**, eine motorisierte Version der fs17. Die Pläne hatte die FFG jedoch nach Berlin abzugegeben.

Mit Kriegsbeginn wurden zahlreiche Mitglieder eingezogen und standen während ihrer Urlauben nur noch sporadisch zur Verfügung. Die Mitteilungen über Fortschritte der fs18b blieben tatsächlich nur Ankündigung, Das Grunau Baby erhielt neue Tragflächen und eine aus in Braunschweig erworbene Goevier musste grundüberholt werden. Der Bau der fs18b (fs19) konnte noch bis zur Rohbaumontage gebracht werden. Bei Kriegsende war sie aber noch nicht fertiggestellt. Die weiteren Aufzeichnungen über die Akaflieg bis Kriegsende sind spärlich, mit Zerstörung der Hallen 1945 auf dem Hornberg ging ihr gesamte Bestand verloren.

fs17 1938		
	Spannweite	10 m
	Länge	5,1 m
	Höhe	1,82 m
	Streckung	8,33
	Flügelfläche	12 m²
	Leergewicht	84 + 6 kg
	Fluggewicht	170 kg
	Flächenbelastung	17,5 kg/m²
	Gleitzahl	19,8 bei 81 km/h

fs18 1938		
	Spannweite	18 m
	Länge	7,1 m
	Höhe	1,15 m
	Streckung	18
	Flügelfläche	18 m²
	Rüstgewicht	200 kg
	Fluggewicht	300 kg
	Flächenbelastung	16,68 kg/m²
	Gleitzahl	30 bei 70 km/h

Die fs18 beim Gummiseilstart.

Die fs18a beim Rhönwettbewerb 1938.

DIE AKAFLIEG STUTTGART NACH 1945

Mit dem Kriegsende war von den Alliierten die gesamte Fliegerei für Deutsche verboten worden. Flugmodelle mit eingeschlossen. Obwohl der Modellflugbau erst 1950 wieder erlaubt wurde, gründete sich im Juli 1947 die Modellfluggruppe »Ikarus«[2] und bereits im September fand der erste Modellflugwettbewerb statt. Bekannt waren damals die Ikarusbälle (ab 1948), viele bekannte Piloten wie Wolf Hirth oder Hanna Reitsch hielten dort Vorträge. Ähnliche Veranstaltungen gab es zum Beispiel in Köln statt. Der erste Versuch einer Umbenennung der Ikarus Vereinigung in Akaflieg Stuttgart, scheiterte am Veto der Alliierten. Am 4. August 1950 gründete sich in Gersfeld / Rhön der Deutsche Aero-Club. Wolf Hirth – einer der Urväter der Akaflieg Stuttgart – wurde zum ersten Präsidenten gewählt. Und dann am 25. November war es soweit, der Verein Ikarus durfte sich »Akademische Fliegergruppe Stuttgart« nennen. Recht bald nach der Wiederzulassung des Segelflugs am 1. September 1951 starteten die Akaflieger mit einem Grunau Baby II sowie einer Hütter 17a vom Fluggelände Hornberg.

Die ersten Nachkriegsprojekte wie die **fs19**, **fs21** und dem Doppelsitzer **fs22** stoppten bald nach ihrem Beginn. Hingegen 1953 wurde der Entwurf **fs23 »Hildalgo«** angegangen, der Erstflug folgte allerdings erst 13 Jahre später. Neue Werkstoffe wie der glasfaserverstärkte Kunststoff veränderten die technischen Möglichkeiten weitgehend, warfen aber manchmal auch Pläne über den Haufen. Entsprechend groß geriet die Anzahl der unterschiedlichen entworfenen Modelle im Lauf der Jahre. Beibehalten wurde von der Ursprungskonstruktion jedoch die Vorpfeilung der Tragflächen sowie das V-Leitwerk.

Vordringlich blieb in den Anfängen die Suche nach einer festen Werkstatt. Bis 1959 befand sie sich auf einer **»Reise«** zwischen verschiedenen Standorten und für die Entwicklung und den Bau des »Hidalgo«[3] blieb dies nicht ohne negative Folgen. Doch während die bekannten Hersteller noch in der »klassischen« Bauweise Segelflugzeuge in Holz oder Gemischtbauweise entwickelten und produzierten, zeigte sich gerade am Beispiel der Akaflieg Stuttgart, wie weit die Forschung dem Serienbau voraus war. Denn anders als kommerzielle Unternehmen standen und stehen für die studentischen Fliegergruppen wissenschaftliche und nicht kommerzielle Aspekte im Vordergrund. Gemeinsam mit dem jungen Assistenten der TH Stuttgart Richard Eppler entwickelte Hermann Nägele 1954 die Pläne für ein Kunststoffflugzeug. Weil das Landesgewerbeamt Stuttgart lieber eine Gruppe, statt zwei Einzelpersonen

Die Hütter 17a der Akaflieg Stuttgart befindet sich heute in der Flugwerft des Deutschen Museums in Oberschleißheim.

fördern wollte, trugen sie ihr Projekt der Akaflieg vor. Die von Eppler entwickelten Profile verfügten über eine längere laminare Laufstrecke, benötigten aber eine perfekte Oberflächengüte. Die **fs24 »Phönix«** veränderte den Segelflugzeugbau vollkommen. Ein Aufspachteln auf eine Holzoberfläche hätte nur zu unvernünftigen Gewichten geführt.

Der Bau fand schließlich in den Räumen der Wolf Hirth GmbH (wieder einmal half er) in Nabern/Teck statt. Unterstützt mit Geldern aus dem Forschungsauftrag entstand ein einsitziges Segelflugzeug mit GfK Rumpf und Tragflächen auf einer Balsaholzunterlage. Als Harz wurde allerdings – anders als heute – ein Polystyrolharz verwendet. Der Phönix verfügte noch über je zehn Balsarippen pro Flügel, später zeigte sich, dass dies überflüssig war. Die Schale, ein Sandwich aus GFK und Balsa war voll tragend. Die Herstellung der Flügel erfolgte in Negativmulden, je eine für Ober- und Unterschale sowie für linken und rechten Flügel. Die Phönix-Bauweise war außerordentlich leicht. Beide Flügel zusammen wogen 95 kg, der Rumpf etwas über 60 kg. Es ergab sich eine Leermasse von 164 kg und damit die geringe Flächenbelastung von 18,5 kg/m² bei einer Flugmasse von lediglich 265 kg. Die ursprüngliche Version besaß eine Kufe und das Fahrwerk war abwerfbar. Für den Flugzeugschlepp bedeutete dies ein schnelles Hochziehen nach dem Abheben. Ansonsten gab es

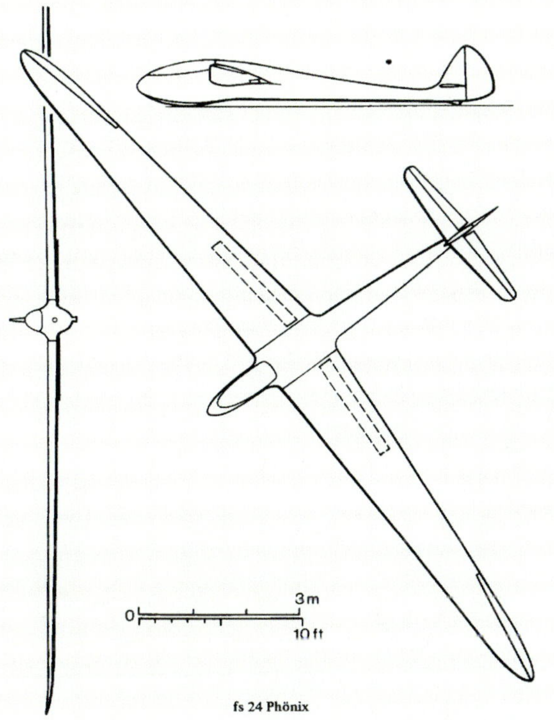

Der 3-Seiten-Riss der fs24. Es handelt sich um das erste vollkommen in Kunststoff gebaute Segelflugzeug der Welt.

Die fs24 der Akaflieg Stuttgart auf der Hahnweide vor der Teck.

Die fs24 ist heute in der Flugwerft des Deutschen Museums in Oberschleißheim ausgestellt.

Die fs-23 »Hidalgo« im Flugzeugzeugschlepp.

die Gefahr, dass das abgeworfene Rad gegen den Rumpf zurücksprang. Als Landehilfe besaß die fs24 Spreizklappen. Der erfolgreiche Erstflug im Windenstart am 27. November 1957 in Schwaighofen verlief erfolgreich. Die Leistungsvermessung später in den USA ermittelte für den Phönix eine Gleitzahl von 1:40. Als Serienflugzeug (mit verbessertem T-Leitwerk und Einziehfahrwerk) wurde es bis 1961 in acht Exemplaren bei Bölkow gebaut. Nachfolger war der Phöbus.

Angespornt durch die positiven Erfahrungen der Bauweise aus Glasfaser und Balsa wurde 1959 die **fs23 »Hidalgo«** neu berechnet. Die Werkstatt hatte mittlerweile im Keller unter der alten Mensa ihren Unterschlupf gefunden und die Akaflieg Stuttgart verstärkte sich mit dem Segelflugzeugbaumeister Karl Fritsch, der bis 1939 bei den Akafliegs in Chemnitz und Dresden angestellt war. Das Jahr war aber vom Tod des Gründungsvaters Wolf Hirth am 25. Juli überschattet. Wahrscheinlich infolge eines Herzinfarkts stürzte er im Anflug auf den Flugplatz Kirchheim/Teck mit einer Lo 150 tödlich ab. Einen Tag später wich sogar Bundespräsident Theodor Heuss von seiner Rede bei der Eröffnung der Deutschen Leichtathletikmeisterschaften von seinem Redemanuskript ab und bedauerte seinen Tod: »Wolf Hirth wird in der Sportgeschichte um seiner Leistung und seiner Menschlichkeit willen lebendig bleiben«.

Seinen letzten Entwurf, die Hi-25 »Kria« konnte die Akaflieg 1960 nach einer Spende kaufen und taufte sie auf den Namen »Wolf Hirth«. Nach dem Phoenix war die »Kria« das zweite komplett in GFK hergestellte Segelflugzeug. Wolf Hirth hatte bei der Konstruktion auf die

fs24 »Phönix« 1957

Spannweite	16 m
Länge	6,84 m
Höhe	0,95 m
Streckung	17,83
Flügelfläche	14,36 m²
Leergewicht	164,2 kg
Fluggewicht	265 kg
Flächenbelastung	18,45 kg/m²
Gleitzahl	40 bei 78 km/h

fs23 »Hidalgo« 1966

Spannweite	13 m
Länge	5 m
Höhe	0,89 m
Streckung	24,1
Flügelfläche	7 m²
Leergewicht	102,5 kg
Fluggewicht	190 kg
Flächenbelastung	27,14 kg/m²
Gleitzahl	k.A.

Die fs24 gab es auch als Sondermarke der Deutschen Bundespost 1980.

Methoden der Akaflieg Stuttgart zurückgegriffen. Mit nur 11,9 Meter Spannweite betrug ihr Leergewicht 120 Kilo. Zusätzlich gelang es, wieder ein Motorflugzeug zu erwerben. Die zweisitzige Klemm 107C war kräftig motorisiert und erfüllte die Anforderungen für Flugversuche und Flugzeugschlepps.

Nach erneuter Überarbeitung begann dann 1961 tatsächlich der Bau des Hidalgos. Das Ziel, ein Segelflugzeug aus Kunststoff, für eine mögliche Standardklasse mit 13 Meter Spannweite, und nicht schwerer als 100 Kilo zu bauen, wurde nur ganz knapp nicht erreicht. Die Anforderungen an den extremen Leichtbau führten dazu, dass gleiche Teile mehrfach in unterschiedlichen Versionen gebaut wurden. Am Ende des Jahres war zumindest der Rumpf fertig. Ein kleiner Forschungsauftrag förderte 1963 den Weiterbau und im nächsten Jahr gab es den Flügel für die Bruchversuche. Tatsächlich bestätigten sich die Festigkeitsberechnungen und 1965 konnte der Rohbau montiert werden. Am 1. Februar 1966 war es dann endlich so weit. Um 12:47 Uhr hob die fs23 auf dem Flugplatz Giebelstadt bei Würzburg zum ersten Mal ab.

Zahlreiche Details zeichneten, neben der Bauform, den »Hidalgo« aus. Die Tragflügel wurden in Negativmulden gebaut, da die Oberflächenvergütung des fertigen Flügels durch Spachteln zu viel Gewicht erbracht hätte. Jede Flügelhälfte wog so nur 27 Kilogramm. Die Gewebelagen wurden vakuumverpresst. Heute, ein halbes Jahrhundert später ist dies Standard. Die Metallbeschläge waren auf die glasfaserverstärkten Birkenfurnier-Holmstummel genietet. Viele Werte und Bauvorgänge mussten erst in Versuchsreihen erprobt werden, Literatur hierüber gab nicht. Das sichere Lastvielfache betrug 4,79 bei einer Bruchsicherheit des doppelten Wertes. Konstruktion und Bau begleiteten zahlreiche Studenten mit ihren Studien- und Diplomarbeiten.

Nach 13 Jahren war das Projekt erfolgreich abgeschlossen. Als man die Berechnungen und die einzelnen Konstruktionen in der Praxis überprüfte, gab es genügend

»Cuervo« auf der Schwäbischen Alb.

Gründe für Verbesserungen. Eine Studienarbeit hatte zuvor gezeigt, dass eine starke Einschnürung des Rumpfs hinter seinem maximalen Durchmesser die Strömungsverläufe positiv beeinflussen würde. Also Anlass genug für eine neue Konstruktion: Die **fs 25 »Cuervo«** (man bevorzugte den spanischen Namen statt »Rabe«) erhielt ein konisches Rumpfhinterteil aus Aluminiumrohr. Dieses wurde mit einem Stahlrohrgerüst verschraubt, in dem alle auftretenden Kräfte aufgenommen wurden. Das Rumpfboot selbst entstand als Sandwich aus Balsa und GFK. Das Rad war ungefedert und nicht einziehbar. Weil das Wortmann-Profil der fs23 weiterverwendet werden sollte, ließen sich deren Formmulden verwenden und man strakte ein Mittelstück ein. Der Flügel wurde wieder in der Negativbauweise als GFK-Balsa Sandwich gebaut, Rippen gab es nun keine mehr. Die Beschläge für die Flügel- und Rumpfverbindung wurden aus Titan auf den Holmstummeln aufgenietet und zusätzlich mit Araldit in die Gurte eingeklebt. Versuche zeigten, dass diese Klebeverbindungen stärker als die Nieten waren.

Erstflug war am 30. Januar 1968. Bei der Deutschen Meisterschaft flog Helmut Reichmann die »Cuervo« und äußerte sich sehr positiv über ihre Wendigkeit und die gute Ruderabstimmung. Jahre später konnten die Akaflieger mit der fs25 sowie drei weiteren Stuttgarter Fliegerkollegen den Barron Hilton Cup 1992 gewinnen. Sie wird bis heute gerne von den Mitgliedern geflogen.

Obwohl man, wieder einmal, am Rand der finanziellen Möglichkeiten stand, wurden neue Projekte angegangen. Für die Entwicklung eines Motorflugzeuges, Projekt **fs28**,

...und im Flug darüber.

fs25 »Cuervo« *1968*

Spannweite	15 m
Länge	6,48 m
Höhe	0,8 m
Streckung	26,4
Flügelfläche	8,54 m²
Leergewicht	148 kg
Fluggewicht	250 kg
Flächenbelastung	27,14 kg/m²
Gleitzahl	>38

»Mosepl« bei der Landung.

gewann man die Unterstützung von Prof. Eppler. Allerdings war dies mit dem Zugeständnis verbunden, einen kleinen Motorsegler, den er offenbar fertig in der Schublade hatte, zu bauen. Gemeinsamkeiten waren bei beiden Konstruktionen die GFK-Sandwichbauweise, ein Druckpropeller, ein veränderter Leitwerksträger und das einziehbare Fahrwerk. Tatsächlich wurde mit dem Bau der **fs28** vor dem Motorsegler **fs26** begonnen. Erneut standen Forschungsgelder zur Verfügung und nur 20 Monate nach dem Erstflug des »Cuervo« hob die **fs26 »Moseppl«** am 25.September 1970 in Aalen-Elchingen ab.

Der Tragflügel besaß ein druckpunktfestes laminares S-Schlagprofil. Das Rumpfvorderteil wurde vom Phoebus übernommen. Das schwanzlose Flugzeug besaß einen festen Mittelflügel von 1,90 m, daran wurden die beiden Außenflügel angeschlossen. Das Höhenleitwerk saß oberhalb der zwei Seitenruder und sollte die Nickdämpfung verbessern. Das verwendete Pendelhöhenruder erwies sich im Flug als zu empfindlich. Nach nur 29 Starts und knapp 20 Stunden Flugzeug wurde die fs26 außer Betrieb genommen.

Als Diplomarbeit gedacht sollte die Konstruktion der **fs25** zu einem Motorsegler mit Mantelschraube weiterentwickelt werden. Das als **fs27 geführte** Projekt wurde aber aufgegeben.

Zur Finanzierung des Motorflugprojekts **fs28** ging die Akaflieg neue Wege. So entstand eine Arbeitsgemeinschaft aus Akaflieg, dem Institut für Mechanik (Eppler), dem Institut für Flugzeugbau (Hütter) und der Firma Wolf Hirth Flugzeugbau.[4] Insgesamt erhielt die Akaflieg vom

fs26 »Moseppl« *1970*

Spannweite	12,6 m
Länge	3,94 m
Höhe	2,08 m
Streckung	12,1
Flügelfläche	13,2 m²
Leergewicht	250 kg
Fluggewicht	360 kg
Flächenbelastung	45,45 kg/m²
Gleitzahl	k.A.

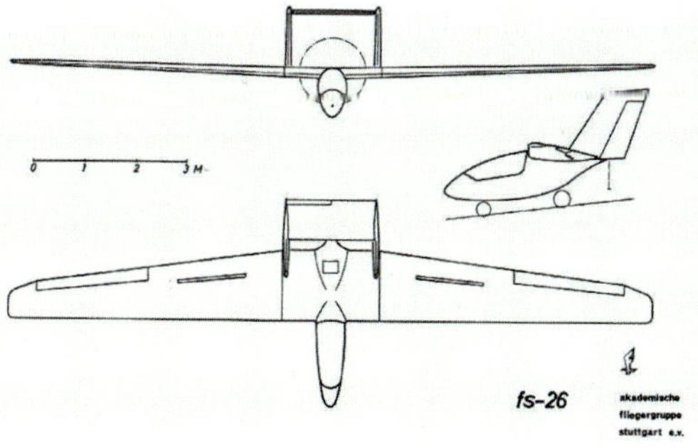

Verteidigungsministerium Forschungsgelder in Höhe von 153.250 DM für ein »aerodynamisch hochwertiges Flugzeug«[5]. Vollkommen neu war die Bauausführung ohne einen Balsakern, vielmehr wurde beim Flügel und Leitwerk Conticellschaum als Stützstoff verwendet. In die Zeit des Baus fällt auch der Umzug der Akaflieg in die neue Werkstatt nach Stuttgart-Vaihingen sowie der Wechsel vom Hornberg zum Fluggelände Bartholomä-Amalienhof. Im Sommer 1971 ereignete sich ein schweres Unglück. Der Konstrukteur des »Cuervo« Heinz Jahn verunglückte mit dem Hidalgo auf dem Hornberg tödlich.

Mit dem Bau der **fs28 »Avispa«** waren zahlreiche Studien- und Diplomarbeiten verbunden. Wissenschaftlich befasste man sich mit der Widerstandsverminderung im Schnellflug, ohne dass es zu einem übermäßig starken Absinken des Auftriebsbeiwertes kommen sollte. Das Konzept stand im Sommer 1968 fest. Das Motorflugzeug erhielt einen Druckpropeller, das Leitwerk sitzt an doppelten Alu-Rumpfröhren und war als umgekehrtes V-Leitwerk ausgeführt. Widerstandsvermindernd ist das 3-Bein-Fahrwerk einziehbar. Die Steuerung des 115 PS Motors erfolgte elektrisch.

Für die Piloten war die Sicht natürlich auch beim Rollen ausgezeichnet. Wie bei einem Versuchsträger üblich, erfuhr die fs28 zahlreiche Nachbesserungen. Sie besitzt nun eine 3-Blatt-Luftschraube, so dass immer 2 Blätter nicht durch den Rumpf abgedeckt werden. Der Erstflug war am 20. Dezember 1972 in Nabern/Teck.

Neue Mitglieder waren in der Akaflieg gerne gesehen, allerdings bedeutete dies, zuerst einmal in der Werkstatt mitzuarbeiten. Unter der Anleitung erfahrener Akaflieger lernten sie das Rüstzeug, um später vielleicht einmal selbst verantwortlich im Team ein neues Projekt begleiten zu können. Gleichzeitig stieg dadurch aber auch der Druck in der Gruppe, neue und fortschrittliche Projekte zu beginnen. Gegenentwicklung war, dass die Zahl der Aktiven auch schnell wieder abnahm. Denn der Besitz des Motorflugzeugs »Avispa« ließ einige Mitglieder ihren Motorflugschein machen. Hartnäckig hielt sich, beeinflusst durch Prof. Franz Xaver Wortmann, der Gedanke, ein Segelflugzeug mit variabler Flächengeometrie zu entwickeln. Diese Gedankenspiele entstanden bereits 1969. Der grundlegende Ansatz war, dass man mit großer Flügelfläche und geringer Flächenbelastung im Aufwind kreisen, den schnellen Vorflug jedoch mit geringerer Spannweite und höherer Flächenbelastung durchführen könnte. Wasserballast kann man während des Fluges nicht beliebig aufnehmen und ablassen. Die Umsetzung dieser Ansätze fanden ihren Niederschlag in der Konstruktion **fs29**. Sie sollte höchst variabel in unterschiedlichen thermischen Bedingungen fliegen. Grundsätzlich waren zwei Lösungen denkbar: Eine Vergrößerung der Profiltiefe oder eine variable Spannweite. Variable Profile kannte man von Wölbklappenflugzeugen. Eine veränderbare Spannweite bedeutete eine veränderbare Streckung.

Noch vor dem Erstflug der fs28 waren die Konstruktionspläne für die fs29 abgeschlossen. Bereits im Mai 1973 war die Rumpfschale fertig. Über die Kollegen der Akaflieg Braunschweig beim Bau der SB 10 konnte man auf die Erfahrungen mit Kohlefaser zurückgreifen. Die Berechnungen der Luftkräfte ergaben, dass die konstruktiven Anforderungen nicht mehr mit der GFK-Bauweise zu erreichen waren.

Der verschiebbare Außenflügel wurde über den starren Flügelteil gefahren. Berechnungen ergaben, dass ein Teleskopflügelflugzeug im Langsamflug ähnliche Qualitäten wie eine Wölbklappenflugzeug besitzt, ihm aber im Schnellflug überlegen sein sollte. Für den Bau galt es weitere Probleme zu lösen. Wie können die Biege- und Torsionsbeanspruchungen vom Innen- auf den Außenflügel weitergegeben werden und was bedeutet dies für die Schale, die ihrerseits das Profil aufdickt? Letztlich bewegte sich rollengelagert der Außenflügel über den verlängerten Holm, der als Biegeträger wirkt, auf Aluminium-Führungsschienen. Die Flugerprobung zeigte später, dass die Handkräfte bei einem Lastvielfachen von eins in vernünftigen Grenzen gehalten wurden. Eine große Herausforderung war neben der Teleskopsteuerung durch den Piloten (linke Bordwand) die uneingeschränkte Steuerbarkeit der Querruder.

Die Rumpfröhre war wieder ein konisches Aluminiumrohr, das mit dem Leitwerk (Nimbus II von Schempp-

Besonders markant war das umgekehrte V-Leitwerk der »Avispa«.

fs28 »Avispa« 1972

Spannweite	9,4 m
Länge	7,2 m
Höhe	1,3 m
Streckung	7
Flügelfläche	12,7 m²
Leergewicht	688,8 kg
Fluggewicht	900 kg
Flächenbelastung	70,87 kg/m²
Gleitzahl	k.A.

Die fs28 im Landeanflug.

Deutlich ist zu sehen, wie durch die Vergrößerung der Spannweite bei der fs29 die Flügelfläche um fast 50 % verändert werden konnte.

Hirth) verklebt wurde. Hier konnten auf die Erfahrungen der fs25 und fs28 zurückgegriffen werden.

Am 15. Juni 1975, also 3 Jahre vor der SB 11 in Braunschweig, fand der Erstflug in Bartholomä-Amalienhof statt. Das »Unmögliche« war gelungen: ein Segelflugzeug mit variabler Geometrie zu bauen. Nicht zu Unrecht erhielt die Akaflieg Stuttgart im gleichen Jahr den Preis der Deutschen Gesellschaft für Luft- und Raumfahrt für diese wissenschaftliche Teamarbeit. Immerhin flossen insgesamt 20.000 Stunden Arbeit in die **»Stadt Stuttgart«**. Heute hängt die von der Akaflieg bis 2003 genutzte fs 29 in der Flugwerft Oberschleißheim des Deutschen Museums in München.

Die schon in den fünfziger Jahren ins Leben gerufene Abteilung »Schnorr« durfte mit dem nächsten Projekt ihre Leistungsfähigkeit unter Beweis stellen. Nach dem Umzug auf das Fluggelände Bartholomä-Amalienhof wollten die Akaflieger die Errichtung eines neue Vereinsgebäudes und Werkstatt angehen. Der Bau sollte Unterkunftsmöglichkeiten bieten, einen Gruppenraum und ein Büro für Flugvorbereitung. Dieses wirklich groß angelegte Projekt **fs30** erstreckte sich von 1974 über 10 Jahre hin. Nicht zur Freude aller Akaflieger standen sehr häufig die in Eigenleistung zu erbringenden Bauleistungen vor den fliegerischen Aktivitäten. Zahlreiche Unterstützung kam von der Industrie und von Betrieben, die sowohl Material, aber auch immer wieder Arbeitsleistung stellten. Sogar der Luftsportverband Baden-Württemberg gab einen Zuschuss und am Ende entstand ein Gebäude, um das sicherlich viele akademische Fliegergruppen ihre Kollegen in Stuttgart beneiden dürften. Wer hat schon ein eigenes Fluggelände vor der Tür?

fs29
1975

Spannweite	13,3 - 19 m
Länge	7,16 m
Höhe	0,78 m
Streckung	20,67 - 28,54
Flügelfläche	8,56 - 12,65 m²
Leergewicht	357 kg
Fluggewicht	450 kg
Flächenbelastung	35,57 - 52,57 kg/m²
Gleitzahl	k.A.

fs31
»Ferdinand Porsche«
1981

Spannweite	17,5 m
Länge	8,82 m
Höhe	0,77 m
Streckung	17,2
Flügelfläche	17,76 m²
Leergewicht	350 kg
Fluggewicht	560 kg
Flächenbelastung	31,53 kg/m²
Gleitzahl	38

Trotz der Bauphase blieb ab 1977 Zeit für die Entwicklung des nächsten Flugzeugs. Die Idee eines Schulungsdoppelsitzers verfolgte die Akaflieg schon mit der nie gebauten fs22, aber aufgeschoben war eben nicht aufgehoben. Geplant und auch gebaut wurde die **fs31**, ein alltagstaugliches und gutmütiges Schulflugzeug, was sich aber durchaus für ermüdungsfreie Streckenflüge eignete. Günstig konnten die Prototypenflächen eines TwinAstirs erworben werden. Für den Rumpf zeichnete unter anderem Akaflieger Martin Heide verantwortlich und nutzte den Entwurf der starken Einschnürung später für die AS 22-2. Nicht ohne Stolz sehen die Akaflieger die **fs31 »Ferdinand Porsche«** als »Großmutter« für AS 22-2, ASH 25, EB 28 und Eta. So entstand ein Rumpf mit einem Sicherheitscockpit in einem Glasfaser-Kohle-Aramid Verbund. Mit der Armidfaser wird eine hohe Arbeitsaufnahme im Bruchfall erzielt Das ursprüngliche Konzept einer Aluröhre für den Rumpf wandelte sich in die Verbundbauweise. Im Ergebnis wurde die Röhre ein Fünftel leichter.

Allein die vorgesehenen Massen waren herausfordernd. Sogar die Querruder bestanden aus einem Kevlarsandwich und wogen nur die Hälfte der Serienruder (eines TwinAstirs). Der Rumpf lag nur auf einem Einziehfahrwerk auf und benötigte kein Bugrad. Um den Fahrwerkskasten vereinigten sich die Versteifungen der Rumpfschale, die Führungen für die Holmstummel bei der Flügelmontage, Beschläge für das Fahrwerk und der Steuerung sowie die Aufnahme der Rückenlehne für den zweiten Sitz sowie ein Gepäckfach. Ein »Universalteil« eben, heute findet man diese Konstruktion in zahlreichen Serienflugzeugen.

Kurz vor dem Jahresende stieg die fs31 am 30. Dezember 1981 vom Flugplatz Karlsruhe-Forchheim zum Erstflug auf. Öfters war sie bei den Idaflieg Sommertreffen (z.B. zur Trudelerprobung) vertreten. Ab 1983 wird sie im regulären Schulbetrieb eingesetzt und erfreut sich bis heute großer Beliebtheit. Ein sehr guter Entwurf eben.

Vier Jahre später griff die Akaflieg Stuttgart die Idee der veränderbaren Flügelgeometrie wieder auf. Viele Erfahrungen aus den Projekten fs29 und SB 11 lagen vor. Es wurde die **fs32** geplant, die in der Thermik eng und langsam kreisen kann, ohne dass hierfür eine wesentliche Flächenvergrößerung notwendig sein sollte. Der Entwurf sah vor, dass die Flügelklappen (Querruder und Wölbklappe) im Langsamflug etwas herausgeschoben und unter den Flügel abgesenkt werden. Dem Widerstandszuwachs bei gleichzeitig erhöhtem Auftriebsgewinn durch die abgesenkten Klappen soll durch einen Spalt von 6-10 mm zwischen der Flügelhinterkante und der Flügelklappe entgegengewirkt werden. Dabei strömt Luft zwischen dem Flügel und der Klappe und beschleunigt die Strömung auf der Oberseite.

Ein Blick unter Rumpf und Flügelanschluss der fs29, so wie sie in der Flugzeugwerft Oberschleißheim an der Decke hängt. Die äußere Flügelschale ist ein Stück ausgefahren.

Der Doppelsitzer fs31 »Ferdinand Porsche« mit seiner schlanken Linienführung.

fs32 »Aguila« 1992

Spannweite	15 m
Länge	6,62 m
Höhe	0,56 m
Streckung	22,64
Flügelfläche	9,94 m²
Leergewicht	285 kg
Fluggewicht	500 kg
Flächenbelastung	50,3 kg/m²
Gleitzahl	43

Die hintere Oberseite des Hauptflügels schließt sich dabei mit der Unterseite. Für den Schnellflug ist die Spaltklappe eingefahren und bildet wieder die Flügelhinterkante. Diese Anforderungen stellten sich in der Praxis als höchst komplex heraus. Weil grundsätzlich angenommen wurde, dass die Konstruktion zu Eigenschwingungen neigen würde, erfolgten noch in der Werkstatt umfangreiche Schwingungsversuche. Es zeigte sich, dass die Flügelklappen unbedingt einen Massenausgleich benötigten. Die Mechanik für die Klappensteuerung war kompliziert, aber höchst ausgefeilt. Die sieben Klappenträger pro Flügel wurden über eine Torsionswelle angetrieben, ein wesentliches Augenmerk lag auf der Steuerbarkeit der Querruder (und Klappen) beim Aus- und Einfahren.

Der rechte Flügel wurde einem Belastungsversuch unterzogen. Wie berechnet bog sich die Tragfläche kaum durch. Um die komplexe Steuerungsmechnik der Klappen leichtgängig zu erhalten, wurden die Flügel extrem steif aufgebaut. Die Haupttorsionsbelastung lag vor dem Holm, erreicht wurde dies durch Kohlefasergelege. Der Holm selbst bestand ebenfalls aus Kohlefaser.

Der Rumpf basierte auf dem Ventus b und konnte von den Akafliegern bei Schempp-Hirth in der dortigen Form hergestellt werden, war allerdings vollkommen anders aufgebaut (z.B. Kohlefaser im hinteren Rumpfsegment).

Mit Unterstützung aus der Industrie (allein jeder Flügel besaß 1500 Teile) hob die **fs32 »Aguila«** am 18. Februar 1992 in Laupheim ab. Die Mechanik der Klappen funktionierte erstaunlich leichtgängig und zuverlässig. In der Flugpraxis zeigte sich allerdings spätestens bei der Deutschen Meisterschaft 1992 in Mengen, dass die theoretischen Leistungsannahmen nicht zutreffend waren. Die Aufwinde waren doch nicht so eng wie angenommen und die übrigen Piloten waren schlicht die besseren »Profis«. Nach der Jahrtausendwende wurde fs32 nicht mehr genutzt.

Die Akaflieg Stuttgart entwickelte nicht nur ihre eigenen Prototypen, sondern leistete auch aktive Unterstützung in den neunziger Jahren bei der Entwicklung der Solarflugzeuge **icaré** und **icaré II xxl**. Für das Elektro-Flugzeug **eGenius** entstand das Leitwerk aus den Formen der fs35. Zu vermerken ist auch, dass die Akaflieger für einen großen

Die fs32 »Aguila« (Adler) war eine interessante Konstruktion, konnte jedoch die in sie gesetzten Erwartungen nicht erfüllen.

deutschen Windkraftanlagenbauer fast alle Blätter der Rotoren entwickelten. Ein angenehmer Nebeneffekt dieser nicht eigenen Projekte war, dass sie Geld einbrachten. Wie bei allen anderen akademischen Fliegergruppen besteht diese Akaflieg nicht aus einer festen Gruppe, wie dies in einem Verein die Regel ist. Vielmehr wechseln Studenten oft nach ihrem Diplom oder anderem Abschluss zu ihren späteren Arbeitgebern. Denn Akaflieger sein, bedeutet ehrenamtlich zu arbeiten. Ausnahme sind die beim Institut für Flugzeugbau angestellten Werkstattmeister der Akaflieg Stuttgart. Begleitet wird die Gruppe wie schon in den fliegerischen Anfängen durch die »Alten Herren«, also ehemalige Akaflieger, die auch später verbunden bleiben.

1993 startete mit der **fs 33** ein neues Projekt. Geplant war ein Doppelsitzer mit Wölbklappen als Flaperons. Für die damals neu eingeführte FAI 20 Meter Doppelsitzerklasse sollte ein »alltagstaugliches« Segelflugzeug entworfen werden. Es konnte auf erfolgreiche frühere Konstruktionen zurückgegriffen werden: Der Rumpf entstand in den Formen der fs31, jedoch waren die Schalen diesmal horizontal getrennt. Im Fall einer Bruchlandung sollte so vermieden werden, dass der Rumpf entlang einer horizontalen Klebenaht aufbricht. Es zeigte sich später, wie richtig diese Entscheidung war. Das Seitenleitwerk des Nimbus 4 passte rechnerisch und wurde daher komplett verwendet. Für die Tragflügel wurden die Formen der fs32 jeweils um 2,5 Meter auf der Innenseite verlängert. Jede Fläche war dreiteilig und besaß doppelstöckige Schempp-Hirth Luftbremsen. Die Fahrwerksschwinge bestand anfangs aus CFK und wurde nach einem späteren Unfall durch eine konventionelle Stahlkonstruktion ersetzt. In Zusammenarbeit mit der Firma Schleicher verwendete man sonderangefertigte Bauteile für das Cockpit. Im Gegenzug erhielt Schleicher die Rumpfformen der fs31 und Martin Heide entwickelte daraus die ASH 25.

Die Belastungsversuche mit zwei Tonnen Zementsäcken gab es Ende 1997. Nach dem erfolgreichen Abschluss der Festigkeitsuntersuchung startete der »Sperber« (**Gavilán**) am 28. Mai 1998 zum Erstflug in Aalen-Elchingen.

Bereits vier Jahre vor dem Erstflug des Gavilán nahmen die Planungen für ein neues 15 Meter Segelflugzeug **fs34** ihren Anfang. Das Vorhaben kam aber nie über die Entwicklungsphase hinaus. Einen teilweise neuen Anlauf könnte es im zukünftigen Projekt **fs36** geben.

fs33 »Gavilán« 1998

Spannweite	20 m
Länge	8,98 m
Höhe	1,5 m
Streckung	27,8
Flügelfläche	14,4 m^2
Leergewicht	396 kg
Fluggewicht	640 kg
Flächenbelastung	44,44 kg/m^2
Gleitzahl	46

Das bisher langwierigste Projekt der Akaflieg Stuttgart, die **fs35**, ein Schleppflugzeug, fand nach 16 Jahren mit dem Erstflug seinen Abschluss, auch der »Aerokurier« berichtete hierüber. Dabei gab es bei seinem Start 2003 eine recht praktische Überlegung: Porsche kündigte die Einstellung der Musterbetreuung für seinen Motor PFM 3200 an. Das Triebwerk war in der Schleppmaschine DR400 eingebaut. Doch wollten die Stuttgarter nicht nur ein Motorflugzeug mit zusätzlicher Schleppfunktion entwerfen, sondern ein optimiertes Schleppflugzeug. Während ein Motorflugzeug den größten Teil der Motorleistung für den eigenen Steigflug benötigt, kann ein Motorsegler fast identische Steigwerte bei halber Motorleistung erbringen. Nachteil des MoSe ist die längere Startrollstrecke als Folge dieser geringeren Motorleistung. Sie steigt, je schwerer das zu schleppende Segelflugzeug ist (z.B. durch Wasserballast). Ultraleichtflugzeuge besitzen wegen des geringeren Eigengewichts ein besseres Leistungsverhältnis, kritisch bleibt, dass die angehängte Last die Masse eines Ultraleichtflugzeugs leicht übersteigt. Schwierig kann dies insbesondere bei turbulenten Winden sein. Bei seitlichen oder vertikalen Ablagen ist das angehängte Segelflugzeug in der Lage, ein Ultraleichtflugzeug in Fluglage und Richtung zu beeinflussen. Die Akaflieger wollen es besser machen und konnten es auch. Also eine geringe Startrollstrecke für schwere Segelflugzeuge, eine hohe aerodynamische Güte zwischen 90-150 km/h, ein kräftiger Dieselmotor, Zulassung als doppelsitzigen Motorsegler und obendrein als Zugabe: schneller Abstieg nach dem Schlepp.

Man sah durchaus die Möglichkeit, sich mit der fs35 an eine »Super-Dimona« anzulehnen, allerdings war das Profil der Dimona nicht dick genug und die Flügelfläche war innen zu gering. Zumindest beim Rumpf konnte man Anleihen vornehmen. Der Brandspant wurde um 10 cm höher konzipiert und dies eröffnete die Möglichkeit einer breiten Motorenpalette. Das höhere Gewicht verlangte aber eine Änderung der Flügelposition sowohl nach vorne als auch nach unten. Das Seitenleitwerk wurde vergrößert und erzeugte eine bessere Richtungsstabilität.

Als Muster für die Negativformen dienten Flächen einer H38 Observer, die allerdings komplett überarbeitet wurden. 2007 wurden die ersten Formen abgenommen. Weil es zu dieser Zeit immer wieder an Personal fehlte, waren alle Teile erst ein Jahr später abgeformt. Im Folgejahr begann der Bau eines Bruchflügels. Um die Gewichtsvorgaben nicht zu überschreiten, lehnte man sich eng an die zu erbringende Mindestsicherheit an. Ärgerlich nur, dass im Belastungsversuch der Flügel bei 80 % der geforderten Last brach. Dies führte zu langwierigen Nach-

Der Doppelsitzer fs33 »Gavilán« mit seiner Spannweite von 20 Metern.

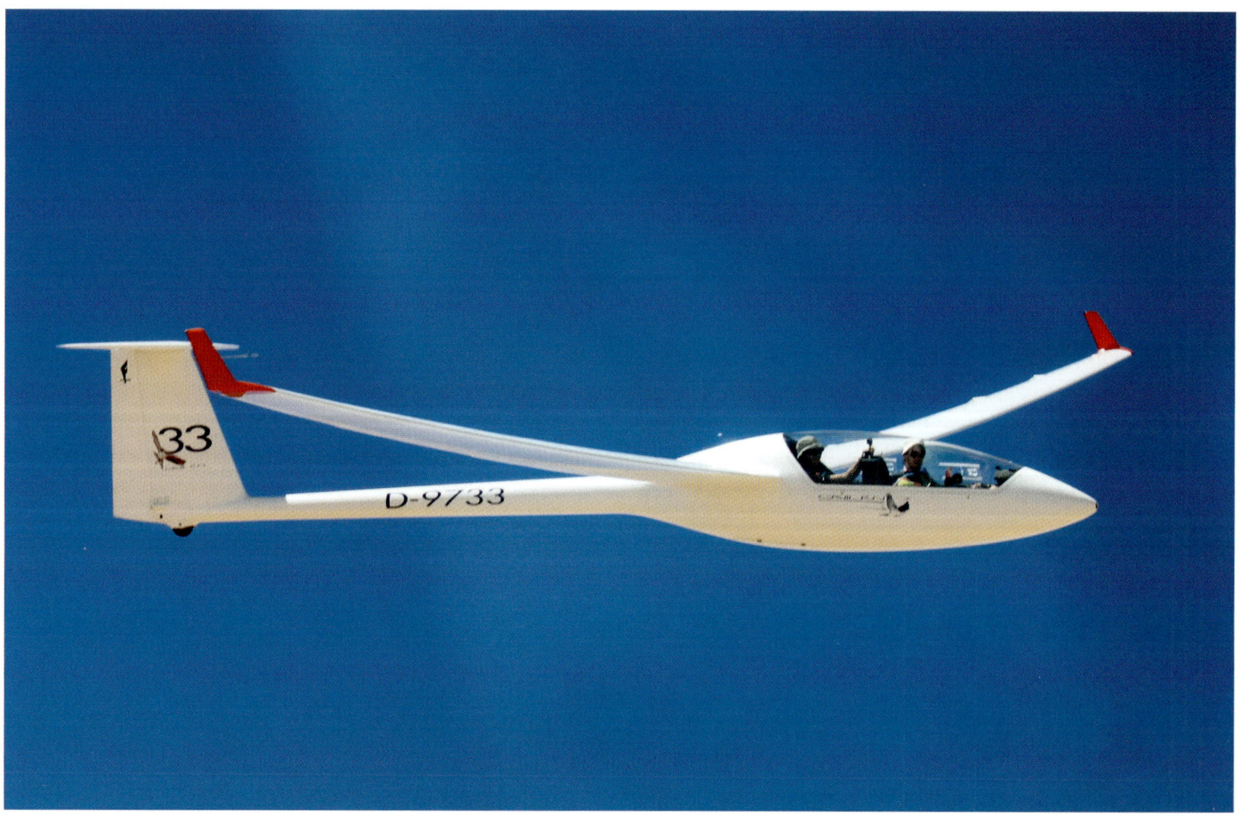

berechnungen, um sich den Bau eines zweiten Bruchflügels zu ersparen. Ebenso zog sich der Bau des Rumpfs in die Länge, weil zuerst ein Mockup gebaut werden sollte. Arbeitsschritte und Prozesse sollten geübt werden. Dieser zusätzliche Schritt ersparte später Zeit und »trainierte« die Mannschaft für den eigentlichen Rumpfbau. Der Rumpf wurde dann einem Belastungstest unterworfen.

Als Motor fand wie in der DA 40 (von ihr wurde fast die komplette Flugzeugfront übernommen) das wassergekühlte turboaufgeladene Dieseltriebwerk Continental CD-155 mit 155 PS Verwendung. Letztendlich entstand nach 16 Jahren die **fs35 »Harpyie«** (griechisch »Reißer«). 14 Studien- und Diplomarbeiten flossen in das Projekt ein. Am 13. August 2019 hob der Motorsegler in Schwäbisch-Hall ab. Mit einer Steigleistung von mehr als 4 m/s an der Dreiblattschraube kann sie sowohl mit Diesel, als auch mit Kerosin betankt werden.

Insgesamt ist die Akaflieg Stuttgart sehr lebendig, innovativ und mutig genug, weitere Projekte anzufassen. Für die geplante **fs36 FlyByWire** wurde ein Antrag im Rahmen des Luftfahrtforschungsprogramm vom Bundesministerium für Wirtschaft und Energie genehmigt. Forschungsgegenstand wird der Bau eines Segelflugzeugs sein, dessen Steuerflächen nur über elektromechanische Aktuatoren angesteuert werden. Es bleibt also spannend!

fs35 »Harpyie« *2019*

Spannweite	17,67 m
Länge	7,5 m
Höhe	2,7 m
Streckung	18,5
Flügelfläche	16,9 m²
Leergewicht	600 kg
Fluggewicht	850 kg
Flächenbelastung	50,3 kg/m²
Gleitzahl	k.A.

1 Es sollte nicht unerwähnt bleiben, dass insbesondere die Akafliegs seit 1925 Mittel über die illegale »Schwarze Reichswehr« erhielten, diese förderte über die Volkssportschulen insbesondere den Segelflug an Hochschulen.

2 Die war dem Stuttgarter Modellflugclub angeschlossen.

3 Die Bezeichnung geht zurück auf die Ariadne-Sage: Theseus tötet den Minotaurus und findet mit Hilfe des roten Fadens der Ariadne aus dem Labyrinth von Knossos wieder heraus. Den roten Faden nicht verloren zu haben spricht für das positive Ergebnis des langjährigen Projekts der Akaflieg. Übrigens kommt aus der Sage auch der gebräuchliche Begriff »roter Faden«. Hidalgo ist aber auch im Titel des »Don Quichotte« (El Ingenioso Hidalgo Don Quijote de la Mancha) enthalten und bezeichnet einen Edelmann, der es auch ohne Rücksicht auf das Schicksal auch bleibt. Hidalgo spannt also für die Akaflieg Stuttgart den Bogen über den zweiten Weltkrieg hinweg.

4 Ähnliche Kooperationen finden sich heute bei vielen Akafliegs zunehmend, denn die Kosten für Entwurf und Bau sprengen die finanziellen Möglichkeiten der studentischen Fliegergruppen. Allerdings waren – anders als häufig heute – keine Studien- oder Diplomarbeiten bei Industrieunternehmen notwendig. Die Freiheit von Lehre und Forschung war gewahrt. Auch wenn sich Industrieunternehmen mit Beiträgen am Projekt beteiligten.

5 Aus: 90 Jahre Akaflieg Stuttgart Seite 230

In ihrem Element: Start der fs35 mit einer ASK 21 im Schlepp.

BEENDETE AKAFLIEGS

AKAFLIEG (FLUWIAC) CÖTHEN

Im Jahr 1923 gaben sich die Segelflieger der technischen Lehranstalten am Friedrichs-Polytechnikum bzw. der Gewerbehochschule den Namen »Flugwissenschaftliche Arbeitsgruppe Cöthen e. V.« (Fluwiac). Obwohl die Fluwiac zu keinem Zeitpunkt einer Universität angehörte, fand sie im Dezember 1929 ihre Aufnahme in die Idaflieg[1]. Sogar Prof. Junkers sandte ein Glückwunschtelegramm. Um »Vereinsmeierei« zu unterbinden, begrenzte die Fluwiac die Anzahl der aktiven Mitglieder auf 15.[2]

1923 erwarb die Fluwiac das bei einer Landung beschädigte Segelflugzeug »Dessauer« (es gehörte zuvor dem Flugtechnischen Verein Dessau) und baute es als **»Der alte Dessauer«** mit Modifikationen wieder auf. Nach Berichten soll lediglich das Leitwerk »alt« geblieben sein. Erstflug war am 26. August 1924 während des Rhön-Treffens auf der Wasserkuppe mit dem ehemaligen Darmstädter Piloten Hübner. Es ist nicht ausgeschlossen, dass die Fluwiac in den ersten Jahren kaum eigene Piloten besaß, so startete Ferdinand Schulz mehrfach für sie auf der Wasserkuppe oder in Rossitten.

Im Oktober 1924 beteiligten sich die Akaflieger neben Darmstadt und Berlin am ersten italienischen Segelflugwettbewerb in Asiago mit »Der alte Dessauer«. Die Starts fanden am Monte Sisemol, einem von Schützengräber und Bombenkratern zerstörten denkbar ungeeigneten Gelände statt. Zumindest die deutschen Segelflugzeuge wurden nachts in Garagen des Ortes untergebracht, tagsüber wieder mühsam zum Startplatz geschleppt. Das Wetter erlaubte nur kurze Hangflüge und eigentlich gingen alle Segelflugzeuge zu Bruch – außer dem Flieger der Fluwiac. Beteiligt waren neben der Fluwiac die Akaflieg Berlin mit der »Charlotte II« sowie Artur Martens mit »Moritz« (einer Vampyr-Variante) sowie die Akaflieg Darmstadt mit »Konsul«. Interessant war, dass Otto Fuchs (Akaflieg Darmstadt) seinen längsten Flug mit dem Flugzeug der Fluwiac machte. Im Jahr darauf gewann Otto Fuchs den Küstenflugwettbewerb auf Rossitten mit einer Flugdauer von 7 Stunden und 45 Minuten. Insgesamt 25 Segelflugzeuge waren vertreten. Weil die Fluwiac unter Pilotenmangel litt, schulte man auf dem »Scherbelberg« mit der neu gebauten **Cöthen V**. Leider liegen hierzu keine weiteren Unterlagen vor. Ebenfalls erwarb man einen Doppelsitzer, der unter dem Namen **Cöthen 2** ab 1925 zum Einsatz kam.

Die Interessengemeinschaft für Segelflug in Dessau konstruierte 1926 die **»Anhalt«**, sie verfügte ebenso wie »Der alte Dessauer« über Differentialquerruder. Immerhin war die Fluwiac in der Lage, Volontäre unter der Anleitung eines eigenen Werkstattleiters einzustellen. Nach einem Schaden wurde die Cöthen 2 wieder restauriert und führte beim Rhönwettbewerb 1926 Passagierflüge durch. Zwei Jahre später startete Henkelmann dort mit der Cöthen[3]. Dabei kam es zu einem Beinahe-

Der alte Dessauer
1924

Spannweite	12,8 m
Länge	6,1 m
Höhe	1,35 m
Flügelfläche	15,5 m^2
Leergewicht	100 kg
Fluggewicht	176 kg
Streckung	10,57
Flächenbelastung	11,35 kg/m^2
Höchstgeschw.	140 km/h
Gleitzahl	19 bei 52 km/h

»Der alte Dessauer« beim Rhönwettbewerb 1924.

Die »Anhalt« in der Flugzeughalle Cöthen.

»Der Alte Dessauer« in Asiago.

zusammenstoß mit Erich Bachem von der Akaflieg Stuttgart. 1929 trat die Fluwiac dem »Sturmvogel-Flugverband der Werktätigen e.V.« bei[4]. Im gleichen Jahr feierten sie nicht nur die Taufe ihres zweiten Motorflugzeugs, sondern zugleich die Einweihung des eigenen Flugplatzes auf dem Industriegelände. Mit Hilfe von Spenden (ein wesentlicher Betrag kam von Prof. Junkers) waren sie sogar in der Lage, eine Halle zu bauen.

Die Zwangsauflösung des »Sturmvogel« unmittelbar nach der Machtergreifung 1933 fällt auch mit dem Ende der Fluwiac zusammen. Am 12. Juli 1933 hatte die Gestapo alle Niederlassungen des »Sturmvogel« aufgelöst. Die Flugzeuge wurden an die Flieger-SA (Abteilung Dessau) übergeben. Weitere Berichte liegen leider nicht vor.

Die Cöthen 2 im Flug.

1 1930 verzeichnete die Idaflieg 15 Mitglieder: Aachen, Berlin, Braunschweig, Breslau, Danzig, Darmstadt, Dresden, Frankenhausen, Graz, Hannover, Karlsruhe, Köthen, München, Stuttgart, Wien.

2 Zumindest gab es 1928 sogar 20 Mitglieder.

3 In der Zeitschrift »Flugsport« von 1928 ist nicht angegeben, mit welchem Modell genau Henkelmann startete. Wahrscheinlich handelte es sich um die Cöthen 2. Die Flugdauer ist ebenfalls nicht angegeben, er landete »außer Sicht«.

4 Der »Sturmvogel« war der Luftsportverband der Arbeiterbewegung und stand der SPD nahe. 1932 war er der größte Luftsportverband in Deutschland mit über 200 Ortsgruppen. Auf dem Flugplatz Berlin-Johannisthal unterhielt er eine Motorflugschule. Eines der bekannten Mitglieder war Walter Kreiser, der in der Zeitschrift »Weltbühne« über den heimlichen Aufbau einer Luftwaffe berichtet hatte. Herausgeber war Carl von Ossietzky.

»Der Alte Dessauer« beim Zugspitzflug 1924 nach Ende der Veranstaltung in Asiago. Den Abschlussflug absolvierte die Fluwiac erfolgreich nach Garmisch. Auf dem Seitenleitwerk ist noch das Wettbewerbskennzeichen aus Italien aufgebracht.

BEENDETE AKAFLIEGS

AKAFLIEG DANZIG

Eines der Gründungsmitglieder der Idaflieg war die Akaflieg Danzig. Ihr Beitritt geschah wenige Monate nach ihrer Taufe am 3. Juli 1923. Als freie Reichsstadt auf polnischem Gebiet unter dem Schutz des Völkerbundes[1] nahm Danzig eine Sonderstellung ein. Erst 1921 legte der Völkerbund fest, dass Fluggerät gebaut werden durfte, sofern es nicht militärischen Zwecken diente. Polnischen Studenten blieb der Zugang zur technischen Hochschule verwehrt. Die meisten Mitglieder der Akaflieg gehörten (neben den Schiffsbauern) der studentischen Verbindung »Latte« an. Ein Jahr nach der Akaflieg wurde die Danziger Gesellschaft für Segelflug aus der Taufe gehoben. Mit der **Dz-1**, gebaut auf dem Schnürboden der Hochschule, nahm die Akaflieg am Küstenflugwettbewerb 1924 in Rossitten teil. Allerdings verfügten sie zu dieser Zeit selbst noch über keinen eigenen Piloten. So stand die Ausbildung im Vordergrund und bereits im gleichen Jahr schulten sie mit der Dz-1 auch auf der Rhön.

Gewappnet für mögliche Wasserlandungen in Rossitten sollte sie mindestens für kurze Zeit schwimmfähig gewesen sein. So entstand der Spitzname »Boot Danzig«. Bis 1927 war sie im Einsatz und am Ende landete sie nach argen Strapazen in der Werkstatt. Letztlich entschieden die Akaflieger, dass sich eine Überholung nicht mehr lohnen würde und so starb das erste Flugzeug der Danziger einen »Alterstod« – was damals eher selten war. Über die Jahreswende 1924/1925 wurde die **Dz-2 »Libelle«** geplant und wahrscheinlich ihr Bau bei einer Firma in Auftrag gegeben. Entworfen hatte sie hauptsächlich Prof. Lienau. Weil er aber offenbar um die nicht immer günstigen Schulflugzeugeigenschaften seiner Dz-2 wusste, entwickelte er zusätzlich ein Gestell mit oben aufliegender runder Platte. Hier konnte die »Libelle« mit ihren zwei Kufen gesetzt werden. Dieser **»Wackeltopf«** konnte, im Freien bei etwas Wind aufgestellt, auf einer kugelgelenkähnlich gelagerten drehbaren Scheibe ein Übungsflugzeug tragen. Dies war der »Trockenkursus« für angehende Flieger und sie erfuhren mindestens die grundlegenden Steuerbewegungen. Der erste Einsatz war im Mai 1925 in Rossitten und weil der Schulgleiter nicht so einfach auf der Platte zu befestigen war, griffen die Akaflieger zum Hammer und nagelten die Libelle mit den Kufen auf der Platte fest.

Neben den Fliegerlagern in Rossitten fand ein Flugbetrieb im nahegelegenen Willenberg (Wielbark) bei Marienburg (Malbork) statt. Die von Prof. Lienau gewählte Steuerung des abgestrebten Hochdeckers blieb allerdings sehr gewöhnungsbedürftig. War das Seitenruder noch normal mit den Füßen zu bedienen, wurde das Höhenruder durch eine Vor- und Rückwärtsbewegung der Fußspitzen gesteuert. Die Querruder wurden über Hebel jeweils an der linken und rechten Bordwand bedient und Prof. Lienau war der Ansicht, dass man ja auch beide im Sinne von Landeklappen nach unten ausschlagen könne.

Die Dz-2 über den Dünen in Rossitten.

Sogar Wolf Hirth versuchte sich mit einem kurzen Flug. Nachdem bei einem weiteren Versuch Wilhelm Cuno eine Steckladung im Sand machte und mit den Füßen den Sand berührte, konstruierten die Akaflieger in einer Nacht- und Nebelaktion die Steuerung um. Als dann am nächsten Tag Wolf Hirth erneut flog und sich lobend über die Flugeigenschaften äußerte, war auch Prof. Lienau zufrieden.

Das von Ferdinand Schulz entwickelte Modell »Pegasus« bauten die Akaflieger 1927 nach und benannten es nach ihm: **Dz 3 »Onkel Ferdinand«**. Bis zu seinem Tod bei einem Absturz im Jahr 1929 war er auch ihr erster Motorfluglehrer. In einer Anekdote wird berichtet, dass man in Willenberg mit »Onkel Ferdinand« bei kräftigem Wind startete wollte. Das Gummiseil war bereits ausgelegt, doch plötzlich hoben in einer kräftigen Böe Flieger und Pilot ab. Fast 15 Meter hoch standen beide wie ein Drachen angebunden am nicht ausgezogenen Seil. Durch beherztes Drücken gelang es mit »Onkel Ferdinand« genau wieder an der Stelle zu landen, von der er zuvor abgehoben hatte. Nunmehr strebten die Akaflieger nach einem Segelflugzeug mit besseren Leistungen. Als die Luftraumüberwachungspolizei Königsberg ihren Selbstbau »Lüwa II« zum Kauf offerierte, bot die Konservenfabrik Dagoma an, dies für 300 Reichsmark zu kaufen, falls es ihren Namen tragen würde. So flogen sie ab 1928/29 »Onkel Ferdinand« und **»Dagoma«** in dem mittlerweile zum Segelfluggelände erweiterten Willenberg. Am bis zu 40 Meter hohen Steilufer der Nogat blieb Ferdinand Schulz mit der »Dagoma« mehr als eine halbe Stunde in der Luft[2].

Fünf Jahre, von 1925 bis 1929, beteiligte sich die Akaflieg Danzig mit eigenen Konstruktionen am Rhönwettbewerb. Nach dem Bruch der »Dagoma« im Dezember 1929 (der Pilot überlebte mit einer Gehirnerschütterung) kam der Segelflug für einige Jahre zum Erliegen. Als dann die Gruppe bei einem Flugtag auf dem Rennplatz in Zoppot intensiver mit dem Motorflug in Berührung kam, verlagerte die Akaflieg Danzig ihren Schwerpunkt. Mit der »GWG« des Westpreußischen Vereins für Luftfahrt und ihrem Lehrer Ferdinand Schulz begannen die ersten Schulungen auf Motorflugzeugen. Das zweisitzige leichte Flugzeug

Der Wackeltopf (hier auf der Rhön).

Rechte Spalte: »Onkel Ferdinand« mit Ferdinand Schulz am Steuer.

war ein abgestrebter Hochdecker mit einem 35 PS Dreizylindermotor. Mit der »GWG« verunglückte Schulz bei der Einweihung eines Ehrenmals im Sommer 1929 tödlich, als beide Flügel brachen und er mit dem flügellosen Rumpf vor dem soeben enthüllten Ehrenmal aufschlug.

Förderer und Gönner der Akaflieg Danzig gründeten die »Danziger Gesellschaft für Luftfahrt« und finanzierten der Akaflieg eine M-23 als deren erstes eigenes Motorflugzeug. Im März 1930 holten sie es bei Messerschmitt in Augsburg ab. Mit dem Sommer 1930 begann auf der VM-AAL der planmäßige Schulbetrieb. Der Motorflug bescherte der Akaflieg in Danzig einen Aufschwung. Ihr Ansehen stieg und dies zog weitere Förderer und Gönner nach sich. So konnten sie bereits im Herbst eine Raab-Katzenstein »Schwalbe« erwerben. Der stabile Doppeldecker YM-AAM war nicht leicht zu starten oder zu landen, wies aber gute Kunstflugeigenschaften auf. Kurz nach dem Idafliegtreffen in Berlin-Johannisthal erlitt er im Regen einen Bruch. Nach dem Wiederaufbau erhielt er einen stärkeren Siemens-SH-12-Motor. Zumindest die Starteigenschaften verbesserten sich deutlich. Drittes Motorflugzeug war die 1931 vom Reichsverkehrsministerium überlassene Argus-Klemm mit dem Danziger Kennzeichen YM-AAN. Im Winter 1932 wechselte man den Motor gegen einen Siemens-SH-13 aus. Getauft auf den Namen **»Peter von Danzig«** überdauerte dieses Flugzeug nur bis zum Sommer des Folgejahres. Ein blockiertes Höhenruder führte zum Absturz. Es wurde total zerstört, doch beide Piloten kamen mit nur geringen Verletzungen davon.

Seit 1931 beteiligten sich die Akaflieger am Deutschlandflug. Einige dieser Flüge dienten, insbesondere der Flug im Januar und Februar 1933 von Danzig über Berlin, der Propaganda. Das Reichsverkehrsministerium zeigte sich ab jenem Jahr dafür erkenntlich und zahlte jährlich einige tausend Reichsmark an die Akaflieg[3]. Spätestens mit der Regierungsübernahme durch die Nationalsozialisten zeigten diese nun auch verstärkt in Danzig Präsenz.

1935 wurde die Akaflieg in den DLV als Ortsgruppe Danzig-Langfuhr integriert. Noch durfte sie ihren Namen »Akaflieg Danzig« behalten, kam sie doch den neuen Machthabern durch Ausbildung der Fliegerstürme in der Wehrsportausbildung entgegen. Ungeachtet dessen nahmen die finanziellen Schwierigkeiten zu, eine Unterstützung durch den DVL war (noch) nicht möglich. Danzig war devisenrechtlich Ausland. Die angespannte Situation verschärfte sich für die Akaflieg im Frühjahr 1936, als einer ihrer Piloten die M23b auf dem Flug nach Rossitten in einem Wald so zerlegte, dass zeitgenössische Berichte von »handgroßen« Einzelstücken sprachen. Unverletzt stieg er aus, soweit man noch von einem Ausstieg sprechen konnte[4].

Mit dem Kunstgriff der Gründung »Gesellschaft der Freunde der TH Danzig« gelang es schließlich neue Gelder für Flugzeuge einzuwerben. Schließlich konnte die Gruppe wieder eine eigene Werkstatt aufbauen. Im Rahmen seiner Diplomarbeit entwarf Helmut Lugner 1937 ein Hochleistungs-Segelflugzeug. Detailzeichnungen und Konstruktion übernahmen weitere Studenten und so entstand der **»Pinguin«** als **Dz-4**[5]. Die Mitglieder der Akaflieg hatten nunmehr mindestens 200 Baustunden zu erbringen, davon die Hälfte vor dem ersten Flug. Zeitweise wuchs die Akaflieg sogar bis auf 80 Mitglieder an.

Aufgrund seines eher massiven äußeren Erscheinungsbildes erhielt das Segelflugzeug von den Studenten den Spitznamen »Betonbomber«. Zudem war es in Danzig (Kennzeichen »YM«) erlaubt, dass Segelflugzeuge einen Namen als Kennzeichen führen durften. So erhielt die Dz-4 das Kennzeichen »YM-Pinguin«. Der Erstflug erfolgte 1938. Die Ruderabstimmung war harmonisch, doch blieb der längste Überlandflug mit 160 Kilometern hinter den gesteckten Erwartungen zurück.

Ab 1930 Im Dienst der Akaflieg Danzig, eine Messerschmitt M 23b.

Die Raab-Katzenstein »Schwalbe« VM-AAM.

Die auf den Siemens-Motor umgerüstetete Klemm SH 13a L26 YM-AAN der Akaflieg Danzig. Rechts Hans-Joachim Matthies, Fluglehrer der Akaflieg und später Testpilot bei den Junkers Flugzeugwerken.

Deutschlandflug 1934.

Wohl eines der ganz wenigen überlieferten Bilder der Dz4 Pinguin im Flug.

war harmonisch, doch blieb der längste Überlandflug mit 160 Kilometern hinter den Erwartungen zurück.

Der Einsitzer verfügte über Spreizklappen, die in drei Stufen gerastet werden konnten. Ihre Wirksamkeit bei der Landung war laut Berichten recht deutlich, so dass extrem steile Anflüge möglich waren. Ab 1939 unternahmen die Akaflieger Messflüge, nachdem die Dz-4 wieder aufgebaut worden war. So hatten im Vorjahr die Danziger Akaflieger beim Idaflieg Vergleichstreffen in Göttingen einem Berliner Kollegen die Dz-4 überlassen. Beim Start brach der »Pinguin« nach links aus schlug in einen Startwagen ein. Die Reste wurden verpackt und nach Danzig verfrachtet.

Später sollten **Dz-5** und im Jahr darauf **Dz-6**, ein an die meist an mäßige Thermik in Danzig angepasstes Streckenflugzeug, folgen. Beide wurden aber nicht mehr fertiggestellt. Mit Ausbruch des zweiten Weltkriegs vor den Toren von Danzig änderte sich die Lage für die Akaflieg schlagartig. Einer der ersten Schritte war die Umwandlung der Akaflieg Danzig[6] in FFG Danzig. Ihre Werkstatt wurde beschlagnahmt und als Unterkunft für die Wehrmacht genutzt. Als dann im Juni 1940 die Werkstatt wieder freigegeben war, griffen sie den Auftrag für einen Messflügel für das Gemeinschaftsprojekt der Mü 18 »Meßkrähe« auf. Die nicht zum Kriegsdienst eingezogenen Studenten versuchten ein Fortbestehen aufrecht zu erhalten. Die Gruppe sank bis auf 5 Mann ab. Eine der letzten Aktivitäten blieb die Beteiligung an Idaflieg Vergleichsfliegen im August 1941 in Prien, wo sich die Akaflieger besonders interessiert an den Konstruktionen der FFG Aachen »Rheinland«, der FFG München »Mü-13« sowie der »AFH 10« der FFG Hannover zeigten.

Der Fachbereich Flugtechnik bestand noch bis zum Umzug der TH kurz vor Kriegsende nach Schmalkalden in Thüringen. Hiermit endet die Geschichte der Akaflieg Danzig. Nach dem Krieg trafen sich die überlebenden und versprengten ehemaligen Mitglieder der Akaflieg Danzig weiterhin und feierten 1963 deren 40. Geburtstag.

1 Der Völkerbund entstand als Ergebnis aus dem Versailler Vertrag nach Ende des ersten Weltkriegs und wurde 1920 gegründet. Ihm gehörten 32 Staaten (alles Siegermächte) an. 1948 löste sich der Völkerbund auf und ging in die Vereinten Nationen (UNO) über.

2 Der 1927 neu zur Technischen Hochschule Danzig hinzugekommene Prof. Herbert Wagner wollte sich 1929 in Willenberg ebenfalls im Segelflug versuchen. Ähnlich dem Flug eines Schülers zwei Jahre zuvor stand auch er mit »Onkel Ferdinand« bei Null Vorwärtsgeschwindigkeit in 15 Metern Höhe auf der Stelle. Erstaunlicherweise fiel die Landung relativ sanft – bis auf ein paar gerissene Spanndrähte – aus. Als Wagner meinte: »Ich hatte das Gefühl, es bis zu einem gewissen Grade doch in der Hand gehabt zu haben«, konterten die Studenten: »Ja, der war aber sehr klein«.

3 1931 waren dies noch 5400 RM, ein Jahr später bereits 7600 RM.

4 In: »Die Geschichte der Akaflieg Danzig von 1923-1963«, SLUB Dresden.

5 Bemerkenswert war die deutliche Ähnlichkeit der Dz-4 mit der russischen Konstruktion »Rot Front 7« von Antonow.

6 Am 13.10.1939 wird das deutsche Luftrecht in Danzig eingeführt und die Stadt dem Luftamt Königsberg zugeordnet.

idaflieg
INTERESSENGEMEINSCHAFT DEUTSCHER AKADEMISCHER FLIEGERGRUPPEN e.V.

IDAFLIEG

DIE IDAFLIEG BIS 1945

Vier Akafliegs aus Aachen, Berlin, Darmstadt und Hannover fanden sich beim Rhönwettbewerb 1922 zusammen und gründeten die Interessengemeinschaft der deutschen akademischen Fliegergruppen. Dachten sie zunächst nur an einen Erfahrungsaustausch und eine gegenseitige Unterstützung, wuchs die Idaflieg im Lauf der Jahre und umfasste bereits 1930 folgende Mitglieder:

Aachen, Berlin, Braunschweig, Breslau, Danzig, Darmstadt, Dresden, Frankenhausen, Graz, Hannover, Karlsruhe, Cöthen, München, Stuttgart und Wien. Mitglied konnten nur die akademischen Fliegergruppen werden, die einen »luftfahrttechnischen Arbeitsinhalt« besaßen und dies nachweisen konnten. Damit war eine Aufnahme reiner Hochschulsportgruppen nicht möglich. Eine Beteiligung der Flugtechnischen Arbeitsgemeinschaften an den Ingenieurschulen (keine akademische Ausbildung) war nicht vorgesehen. Es gab in einzelnen Akafliegs durchaus Bezüge zu studentischen Verbindungen, sie waren je nach Hochschule unterschiedlich ausgeprägt.

Schon recht früh veranstaltete die Idaflieg gemeinsame Treffen ihrer Mitglieder. Flugveranstaltungen richteten sich anfänglich überwiegend an Motorflugzeuge.

Während in der Folge der Machtübernahme durch die Nationalsozialisten 1933 die Akafliegs per Dekret vom 11. April 1933 ihre Piloten und ihr Fluggerät an die Flieger-SA (oder ähnliche Gruppierungen) und letztlich dem neu gegründeten Deutschen Luftsport Verband (DLV) zu unterstellen hatten, wurde die Idaflieg ihrer Aufgaben entbunden. Nun gedachten aber die politischen Machthaber nicht unbedingt auf die Fachkompetenz der Akafliegs zu verzichten. Gleichzeitig darf die Wichtigkeit deren Bedeutung mit ihren damals etwa 400 Piloten nicht überschätzt werden. Der Druck auf die Akafliegs wurde daneben dadurch aufgebaut, dass ihnen die finanzielle Unterstützung entzogen wurde. Prinzipiell betrachtete man in Berlin die studentischen Akaflieger als Störenfriede.

Als Kompromiss wurde durch Ministerialrat Adolf Bäumker im Reichsluftfahrtministerium eine Abteilung für »Ingenieurnachwuchs« eingerichtet. Der ehemalige Darmstädter Akaflieger Otto Fuchs wurde 1934 Abteilungsleiter bei der Deutschen Versuchsanstalt für Luftfahrt in Berlin Adlershof-Johannisthal. Die in Flugtechnische Fachgruppen umbenannten Akafliegs konnten weiter existieren, allerdings war die Eingliederung in den DLV die Voraussetzung. Diese Nische existierte bis zum 17. April 1937, als der Deutsche Luftsport Verband aufgelöst und gleichzeitig das NS-Fliegerkorps gegründet wurde.

Entbunden und ohne Vereinsstatus bedeutete aber nicht, dass sich die Idaflieg aufgelöst hatte. Vielmehr wurde sie von den flugtechnischen Fachgruppen nun erneut zum Erfahrungsaustausch und gemeinsame Plattform genutzt. Als den akademischen Fliegergruppen Mitte der 30er-Jahre die Teilnahme am Rhönwettbewerb untersagt wurde[1], fanden sie sich zum ersten Sommertreffen

Obwohl die Akaflieg Leipzig nie Mitglied der Idaflieg war, beteiligte sie sich am Idafliegtreffen 1932 in Kiel-Holtenau. Allerdings – wie man auf dem Bild sieht – mit mäßigem Erfolg.

der Idaflieg 1935 in Hannover zusammen. Aus diesem ersten Treffen erwuchs zwei Jahre später im August 1937 das erste Idaflieg-Vergleichsfliegen in Aachen-Merzbrück. Hier fanden zum ersten Mal Vergleichsmessungen statt. Über ihre Mitglieder, die akademischen Fliegergruppen, war die Idaflieg am ISTUS-Kongress[2] 1937 beteiligt.

Eine für die militärische Führung besonders wichtige Frage waren die aufgetretenen Schwierigkeiten bei der Umschulung von Segelfliegern auf Motorflugzeuge. Lag doch die Orientierung des Reichsluftfahrtministeriums darauf, grundsätzlich eine militärische Verwendung der Flugzeugführer vorzusehen. Ein Vorschlag sah die Entwicklung eher schwach motorisierter Flugzeuge mit Ähnlichkeiten im Flugverhalten zu Segelflugzeugen vor[3]. Dies floss bei einigen flugtechnischen Fachgruppen in ihre konstruktiven Entwicklungen ein. Daneben wurde zu einer Vergleichbarkeit sowohl in der Leistungsfähigkeit als auch der Bedienung geraten.

Zunächst waren die ersten Vergleichsmessungen noch recht unsystematisch, erste Schritte zu einer Systematisierung begannen beim nächsten Treffen zwei Jahre darauf in Göttingen. So stellte man ein für alle Piloten gültiges Programm auf, erkannt aber schnell, dass dies alleine nicht ausreichen war. Auch wenn sich alle an die Vorgaben hielten, wirkten sich natürlich unterschiedliche fliegerische Fähigkeiten, aber auch körperliche Bedingungen wie Gewicht, Größe etc. auf die Flugleistungen aus.

Mitteilungsblatt Nr. 6
der Internationalen Studienkommission für den motorlosen Flug
(ISTUS) Juni 1938

Vorträge
über motorlosen Flug

gehalten auf der Istus-Tagung Mai 1937
in Wien und Salzburg

Herausgegeben vom Präsidium der Internationalen Studienkommission
für den motorlosen Flug, Darmstadt, Flughafen

MÜNCHEN UND BERLIN 1938
VERLAG VON R. OLDENBOURG

Titelblatt des ISTUS Kongresses 1937.

Startaufstellung beim Idafliegtreffen 1941 in Prien.
Die Flugzeuge sind:

D-4-660	**B8**	**FFG (Akaflieg) Berlin**
D-14-252	**Mü 17V2**	**FFG (Akaflieg) München**
D-11-255	**Habicht**	
D-14-126	**Mü 10 Milan**	**FFG (Akaflieg) München**
D-4-603	**B5**	**FFG (Akaflieg) Berlin**
D-13-403	**Grunau Baby II**	
D-4-647	**Kranich II**	
D-14-250	**Mü 15**	**FFG (Akaflieg) München**
D-9-826	**AFH 10**	**FFG (Akaflieg) Hannover**
D-9-539	**G2**	**FFG Göttingen**
D-15-932	**fs 17**	**FFG (Akaflieg) Stuttgart**
D-15-943	**Gö-4 II**	
D-12-462	**FVA 10 Rheinland**	**FFG (Akaflieg) Aachen**
D-11-3	**D 28**	**FFG (Akaflieg) Darmstadt**
D-4-1400	**FAB 3**	**FAG Berlin**

Der Prozess in der Entwicklung einer Vergleichbarkeit setzte sich 1941 mit dem darauffolgenden Treffen in Prien fort (»Priener Programm«). Zunächst bildete noch die »DVL-Flugeigenschaftsrichtlinie« (sie galt für Motorflugzeuge) die Basis. Ein zentraler Punkt war, dass nunmehr mehrere Piloten ein Segelflugzeugmuster zu fliegen hatten, sodass statistische Auswertungen ermöglicht wurden.

Den tatsächlichen Abschluss in der Entwicklung eines Programms zur Vergleichbarkeit vom Flugleistungen und Flugeigenschaften geschah erst beim letzten (vierten) Idaflieg Vergleichsflugtreffen 1943 in Darmstadt, als Hans Zacher seine Vorschläge für Flugeigenschafts- und Flugleistungsvermessungen vorstellte[4].

Teilauswertung des Idaflieg Vergleichsfliegen 1941 in Prien.

	AFH 10	B 5	B 8	D 28	D 30 2)	FVA 10 b	Meise	Mü 15	Mü 17
G kg	250	225	260	152	306 3)	240	255	450	255
F m^2	13,0	11,0	15,6	11,4	12,0	11,7	15,[illegible]	18,8	13,3
b m	15,0	15,0	15,0	12,0	20,0	16,0	15,0	19,0	15,0
l_i/l_a	2,66	2,7	2,3	3,0	4,0	3,7	2,6	2,4	2,8
V-Form/Pfeilform	Knick/-4°	Knick/0°	5°/0°	0°/0°	-4,4°÷8,5°/0°	Knick/0°	2,3°/0,3°	3°/4°	3°/5°
F_Q m^2	2,6	1,7	3,9	1,4	1,1	1,9	2,2	3,5	2,0
F_S m^2	1,0	0,9	1,2	0,7	1,2	0,8	1,3	1,5	1,0
F_{LK} m^2	—	0	0	1,3	2,0	0	0	4,9	0
F_{BK} m^2	0,45	0,28	0,44	0	0,20	0,30	0,34	0,96	0,53
schädl. QR.-Giermoment $\psi°$	10° ÷ 15°	5°	10°	0° ÷ 5°	0° ÷ 30°	10°	0° ÷ 5°	30°	5° ÷ 10°
Rollzeit φ = -30° ÷ +30°	2,0"	2,5"	2,8" ÷ 3,0"	1,5"	~ 4,5"	3,5"	3" ÷ 3,3"	5,5" ÷ 6,0"	3,5"
Slip $\beta°/\varphi°$	15°/10°	20°/10°	15°/10° ÷ 15°	7°/4°	10° ÷ 40°/5° ÷ 20°	25°/15°	5°/10°	30°/15°	20°/25°
Kurvenwechsel φ = -45° ÷ +45°	5,0"	4,0"	4,5"	3,5"	4,2" ÷ 6,2"	4,3"	4,2"	8,0"	4,5" ÷ 5,0"
BK-Wirkung Δw_S m/s	1,5	~ 1,5	~ 1,0	—	1,5 ÷ 3,0	1 ÷ 1,8	~ 1,0	~ 1,0	~ 1,0
Schieberollm. φ=0° ÷ 30°/30° ÷ 0°	— 1)	2,5"/2,5"	3"/3,5"	— 1)	10"/11,5"	5"/6"	4"/5"	4,5"/3,0"	3"/4"

1) nicht gestoppt, Flügel mit 0° V-Form, sehr kleine Schieberollmomente 2) Daten unter Einschluß aller Verstellmöglichkeiten im weiten Geschwindigkeitsbereich 3) Meßfluggewicht

TEILAUSWERTUNG DES PRIENER VERGLEICHSFLIEGENS 1941

DIE IDAFLIEG NACH 1945

Mit der Kapitulation Deutschlands endete zunächst die Geschichte der FFGs und FAGs und somit auch der Idaflieg. Flugzeuge waren entweder zerstört oder wurden deportiert. Es scheint, dass die Alliierten diesmal aus den Folgen des ersten Weltkriegs gelernt hatten und so verboten sie auch den Flug ohne Motor. Drei Jahre nach Kriegsende gründete sich die OSTIV als internationaler Segelflugverband. Mit der Wiederzulassung erster Akafliegs ab der Neuzulassung des Segelflugs 1951 lebte auch die Idaflieg am 25. August wieder auf. Wie schon vor 1945 begonnen, kristallisierte sich in der Idaflieg immer mehr der fachliche und wissenschaftliche Transfer zwischen Akafliegs als zentraler Bestandteil heraus. War das erste Idaflieg Sommertreffen 1952 in Prien noch eher ein geselliges Beisammensein, wandelte es sich ab 1954 (in Egelsbach) allmählich zum dem bis heute bestehenden dreiwöchigen Treffen. Inhalte sind unter anderem die Standardmessungen der Flugleistungen und Flugeigenschaften von Segelflugzeugen. Hinzu kommen individuelle andere Messungen. Die Idafliegtreffen werden durch das Deutsche Zentrum für Luft- und Raumfahrt (DLR) unterstützt. Bis 1971 war das Vergleichsflugzeug eine kalibrierte Ka 6 CR. Ein Cirrus der damaligen DFVLR (heute DLR) ersetzte das Holzflugzeug ab dem Sommertreffen 1971 in Aalen-Elchingen. Einigen ist das Segelflugzeug noch unter dem Begriff »Der heilige Cirrus« bekannt. Dies rührte daher, dass er als vermessenes und kalibriertes Flugzeug ausschließlich für Vergleichsmessungen genutzt werden durfte. Eine Beschädigung (mit anschließender Reparatur) hätte dann die erflogenen Vergleichsprotokolle ungültig gemacht, bzw. eine Neukalibrierung wäre notwendig gewesen. Erst 1986 ersetzte die Forschungsanstalt ihn durch eine DG 300/17. Seit 2015 hat das DLR einen Discus 2c mit 18 m Spannweite für die Vergleichsmessungen im Einsatz.

Die Flugleistungsvermessungen bedeuten für die Studenten ein recht frühes Aufstehen. Sie sind nicht an einem Tag »erledigt« und somit wird auch die Leistungsfähigkeit der Teams gefordert. So müssen die Vergleichsflüge in ruhiger Luft in möglichst stabiler Schichtung durchgeführt werden und beginnen in größer Höhe. Bis 6:30 Uhr sollen die Schleppzüge abflugbereit an der Startposition stehen. Nach dem Flug wird das zu vermessende Flugzeug mitsamt dem Piloten zur Ermittlung von Flächenbelastung und Schwerpunktlage gewogen.

Die Flugleistung wäre mit den zwei Zahlenwerten »Bestes Gleiten« und »Geringstes Sinken« nur höchst unvollständig beschrieben. Erflogen und vermessen wird die Polare[5] an vielen Geschwindigkeitspunkten und, wenn

Auszug aus dem Meßprotokoll der AFH 24 der Akaflieg Hannover.

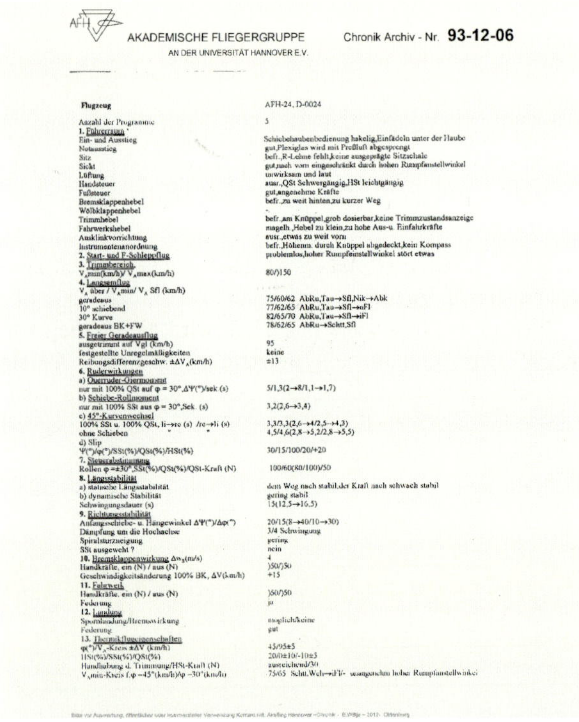

AKADEMISCHE FLIEGERGRUPPE AN DER UNIVERSITÄT HANNOVER E.V. Chronik Archiv - Nr. **93-12-06**

Flugzeug	AFH-24, D-0024
Anzahl der Programme	5
1. Führerraum	
Ein- und Ausstieg	Schiebehaubenbedienung hakelig,Einfädeln unter der Haube
Notausstieg	gut,Plexiglas wird mit Preßluft abgesprengt
Sitz	befr.,R-Lehne fehlt,keine ausgeprägte Sitzschale
Sicht	gut,nach vorn eingeschränkt durch hohen Rumpfanstellwinkel
Lüftung	unwirksam und laut
Handsteuer	ausr.,QSt Schwergängig,HSt leichtgängig
Fußsteuer	gut,angenehme Kräfte
Bremsklappenhebel	befr.,zu weit hinten,zu kurzer Weg
Wölbklappenhebel	-
Trimmhebel	befr.,am Knüppel,grob dosierbar,keine Trimmzustandsanzeige
Fahrwerkshebel	mangelh.,Hebel zu klein,zu hohe Aus-u. Einfahrkräfte
Ausklinkvorrichtung	ausr.,etwas zu weit vorn
Instrumentenanordnung	befr.,Höhenm. durch Knüppel abgedeckt,kein Kompass
2. Start- und F-Schleppflug	problemlos,hoher Rumpfeinstellwinkel stört etwas
3. Trimmbereich	
$V_A$min(km/h)/ $V_A$max(km/h)	80/)150
4. Langsamflug	
V_A über / $V_A$min/ V_A Sfl (km/h)	
geradeaus	75/60/62 AbRu,Tau→Sfl,Nik→Abk
10° schiebend	77/62/65 AbRu,Tau→Sfl→nFl
30° Kurve	82/65/70 AbRu,Tau→Sfl→iFl
geradeaus BK+FW	78/62/65 AbRu→Schtt,Sfl
5. Freier Geradeausflug	
ausgetrimmt auf Vgl (km/h)	95
festgestellte Unregelmäßigkeiten	keine
Reibungsdifferenzgeschw. $\pm\Delta V_A$(km/h)	±13
6. Ruderwirkungen	
a) Querruder-Giermoment	
nur mit 100% QSt auf $\varphi = 30°$,$\Delta\Psi$(°)/sek (s)	5/1,3(2→8/1,1→1,7)
b) Schiebe-Rollmoment	
nur mit 100% SSt aus $\varphi = 30°$,Sek. (s)	3,2(2,6→3,4)
c) 45°-Kurvenwechsel	
100% SSt u. 100% QSt, li→re (s) /re→li (s)	3,3/3,3(2,6→4/2,5→4,3)
ohne Schieben " "	4,5/4,6(2,8→5,2/2,8→5,5)
d) Slip	
Ψ(°)/φ(°)/SSt(%)/QSt(%)/HSt(%)	30/15/100/20/+20
7. Steuerabstimmung	
Rollen $\varphi = \pm 30°$,SSt(%)/QSt(%)/QSt-Kraft (N)	100/60(80/100)/50
8. Längsstabilität	
a) statische Längsstabilität	dem Weg nach stabil,der Kraft nach schwach stabil
b) dynamische Stabilität	gering stabil
Schwingungsdauer (s)	15(12,5→16,5)
9. Richtungsstabilität	
Anfangsschiebe- u. Hängewinkel $\Delta\Psi$(°)/$\Delta\varphi$(°)	20/15(8→40/10→30)
Dämpfung um die Hochachse	3/4 Schwingung
Spiralsturzneigung	gering
SSt ausgeweht ?	nein
10. Bremsklappenwirkung Δw_z(m/s)	4
Handkräfte, ein (N) / aus (N)	)50/)50
Geschwindigkeitsänderung 100% BK, ΔV(km/h)	+15
11. Fahrwerk	
Handkräfte, ein (N) / aus (N)	)50/)50
Federung	ja
12. Landung	
Spornlandung/Bremswirkung	möglich/keine
Federung	gut
13. Thermikflugeigenschaften	
φ(°)/V_A-Kreis $\pm\Delta V$ (km/h)	45/95±5
HSt(%)/SSt(%)/QSt(%)	20/0±10/-10±5
Handhabung d. Trimmung/HSt-Kraft (N)	ausreichend/30
$V_A$min-Kreis f.φ =45°(km/h)/φ =30°(km/h)	75/65 Schtt,Weh→iFl/- unangenehm hoher Rumpfanstellwinkel

vorhanden, bei verschiedenen Wölbklappenstellungen, was die Angelegenheit ziemlich zeitaufwendig gestaltet.

Begleitet wird das zu vermessende Segelflugzeug von einem höhenstufenvermessenen und damit kalibrierten Vergleichsflugzeug. Im Formationsflug ergeben sich so nach einer gewissen Zeit Höhenunterschiede[6]. Die Ausgangslage und die Höhendifferenz am Ende der Messstufen zwischen beiden Flugzeugen wurden früher fotografisch dokumentiert und an einem speziellen Auswertegerät ausgewertet. Die Verfeinerung dieser fotografischen Methoden mündete ab 1995 in eine GPS-unterstützte Dokumentation.

Der zweite Standardteil der Messungen bei den Idafliegtreffen liegt in der Vermessung der Flugeigenschaften. Neben den durch Vergleichsflüge ermittelten Leistungen zeigen diese Messwerte das Handling des Segelflugzeuges auf. Diese Messungen werden auch bei Thermik ausgeführt. Aus dem »Priener Programm« ging ein systematisches Messverfahren, das »Zacherprotokoll« hervor. Der Verdienst von Hans Zacher ist die Entwicklung dieses Flugeigenschaftsprotokolls, das es ermöglicht, mit einfachen Werkzeugen diese vergleichenden Messungen an den Segelflugzeugen vornehmen zu können.

Und so sieht es dann in der AK-8 im Flug aus. Auf dem rechten Knie liegt das zu fliegende Protokoll, das Maßband ist am Steuerknüppel befestigt und an der Haubeninnenseite ist das Phi-Psi-Theta angebracht.

Diese Mittel sind im »Zacherbesteck« zusammengefasst:

- Ein Kniebrett für das Messblattprotokoll.
- Zwei Kraftmesser (grob und fein) zur Ermittlung der Knüppelkräfte sowie derer für Luftbremsen, Wölbklappen und Fahrwerk bei unterschiedlichen Geschwindigkeiten.
- Eine Stoppuhr zur Bestimmung der Kurvenwechselzeiten und der Schwingungsdauer (Phygoide).
- Das Phi-Psi-Theta. Die durchsichtige und mit Strichen versehene Plexiglasscheibe zur Bestimmung von Rollwinkel, Schiebewinkel und Bahnneigungswinkel ist im Sichtbereich des Piloten mit Saugnäpfen in der Haube befestigt.
- Ein Rollbandmaß, befestigt am Steuerknüppel und am Instrumentenbrett, dient zur Messung der Knüppelwege.

Neben den Idafliegsommertreffen finden weitere Zusammenkünfte in den Wintermonaten statt. Sie dienen der gegenseitigen Unterrichtung über aktuelle Projekte und wissenschaftliche Arbeiten. Weitere Angebote (wie Konstruktionsseminare sowie weitere Lehrgänge) kamen in den letzten Jahren hinzu. Während die Sommertreffen auf Flugplätzen (seit 2019 in Stendal) stattfinden, richten einzelne Akafliegs die Wintertreffen an ihren Heimatorten aus. Der Vorsitz der Idaflieg wechselt dabei jährlich zwischen ihren Mitgliedern.

Wesentlich, besonders finanziell, wird die Idaflieg von dem DLR in Braunschweig unterstützt. Im Prinzip ist sie eine »akademische Außenstelle« des DLR. Oder die »akademische Nachwuchsliga«. Die Idaflieg ist das Bindeglied zwischen den Akafliegs.

Starttafel beim Idaflieg Sommertreffen 2015 in Aalen-Elchingen.

Auszug aus den Messprotokollen

Vergleichsflugprotokoll Messanlagen — IFF Institut für Flugführung — idaflieg — DLR — Datum:________ Flug -Nr.:____

Checkliste

Vor dem Start:
- Messanlagen im Referenz- und Vergleichsflugzeug überprüft und eingeschaltet. Speichermedien richtig eingeschoben!
- Kniebrett, Stift und Uhr (eingestellt auf GPS -Zeit)

Vor dem Ausklinken:
- Messanlagen messbereit (gelbe GPS -Lampen blinken)
- Aufzeichnung starten (rote REC -Lampen blinken)

Zwischen den Messabschnitten:
- Messanlagen laufen (Lampen blinken)
- Ausgangsposition der Flugzeuge (lateral min. 2 Spannweiten)

Nach der Landung:
- Wägung Vergleichsflugzeug (Motorsegler)

Begleitflugzeug

Typ	Kennzeichen	Pilot	Versuchsleiter

Referenzflugzeug (Ref)

Typ	Kennzeichen	Pilot	Messflugmasse
			kg

Wasserballast Flügeltank	Wasserballast Hecktank
Liter	Liter

Vergleichsflugzeu g (Vgl)

Typ	Kennzeichen	Pilot	Messflugmasse
			kg

Wasserballast Flügeltank	Wasserballast Hecktank
Liter	Liter

Spannweite / Winglets	verbrauchter Treibstoff
	Liter

Flugdaten

QNH	Startzeit	Landezeit
hPa	UTC	UTC

Vergleichsflugmessung

Nr	IAS Mittel	Beginn	Ende	WK	Bemerkung
1	km/h	_:_:_ GPS	_:_:_ GPS		
2	km/h	_:_:_ GPS	_:_:_ GPS		
3	km/h	_:_:_ GPS	_:_:_ GPS		
4	km/h	_:_:_ GPS	_:_:_ GPS		
5	km/h	_:_:_ GPS	_:_:_ GPS		
6	km/h	_:_:_ GPS	_:_:_ GPS		
7	km/h	_:_:_ GPS	_:_:_ GPS		
8	km/h	_:_:_ GPS	_:_:_ GPS		
9	km/h	_:_:_ GPS	_:_:_ GPS		
10	km/h	_:_:_ GPS	_:_:_ GPS		
11	km/h	_:_:_ GPS	_:_:_ GPS		
12	km/h	_:_:_ GPS	_:_:_ GPS		
13	km/h	_:_:_ GPS	_:_:_ GPS		
14	km/h	_:_:_ GPS	_:_:_ GPS		
15	km/h	_:_:_ GPS	_:_:_ GPS		

idaflieg DLR

Schwerpunktwägung (Flugzeuge mit einem Hauptrad und einem Sporn(rad))

Flugzeug:________ Kennzeichen:______ Werknummer:______

Datum:________ Verantwortlicher:____________

Waagen

Farbe der verwendetenWaagen: Waage 1:_____ (Hauptrad) Waage 2:_____ (Sporn)

Kontrollwaage:_____

Waagenkontrolle: Belastung mit Referenzmasse à Alle 3 Waagen müssen selben Wert anzeigen.
Waagenkontrolle durchgeführt? ja ¨

Piloten	ohne Fallschirm	mit Fallschirm
vorn:________	Gewicht:____kg	Gewicht:____kg
hinten:________	Gewicht:____kg	Gewicht:____kg

Bei mehreren Piloten neues Formular verwenden.

Ausrüstung

GPS -Anlage:	Masse:____kg	Hebel:____mm h. BP
Trimmgewichte:	Masse:____kg	Hebel:____mm h. BP
Fallschirm:	Masse:____kg	Typ:________

Flugzeugabmessungen (Die Vollständigkeit der Angaben ist wichtig!!)

a = ______ mm b = ______ mm

c = ______ mm l = ______ mm

Spannweite:_____m Flügelfläche:_____m² Fluglage gem. Handbuch 1 : _____

Wägung

-- Rüstmasse -- (mit Akku, ohne Fallschirm u. Trimmgewichte)

GPS -Anlage: ja ¨ nein ¨

$G_{1R brutto}$ ____ kg, $- G_{1R tara}$ ____ kg, G_{1R} ____ kg

$G_{2R brutto}$ ____ kg, $- G_{2R tara}$ ____ kg, G_{2R} ____ kg

$G_{Rüst} = G_{1R} + G_{2R} =$ ____kg

$x_{SL} = (G_{2R} * b) / G_{Rüst} + a =$ ____ mm h. BP

-- Flugmasse -- (mit Pilot u. Fallschirm u. Trimmgewichten)

GPS -Anlage: ja ¨ nein ¨

$G_{1F brutto}$ ____ kg, $- G_{1F tara}$ ____ kg, G_{1F} ____ kg

$G_{2F brutto}$ ____ kg, $- G_{2F tara}$ ____ kg, G_{2F} ____ kg

$G_{Flug} = G_{1F} + G_{2F} =$ ____kg

$x_{SF} = (G_{2F} * b) / G_{Flug} + a =$ ____ mm h. BP

Protokoll auf Vollständigkeit und Richtigkeit prüfen!! (Wenn möglich mit alten Wägungen vergleichen.)

idaflieg DLR

Zustandsprotokoll

Flugzeug:________ Kennzeichen:______ Werknummer:______

Starts/Stunden:____/____(ggf. seit Grundüberh./Neulackierung) Baujahr:______

Vereinsflugzeug ¨ Privatflugzeug ¨ Herstellerflugzeug ¨

Datum:________ Verantwortlicher:____________

Zustand der Flugzeugoberfläche (z. B. Dellen, Abzeichnung von Spanten/Rippen/Gurten, Lackrisse...)

Flügeloberflächen:________

Rumpf + Leitwerk:________

Beschreibung der Ruderabdichtbänder (Breite, Wölbung, Zustand...)

Querruder:________

Wölbklappe:________

Höhenruder:________

Seitenruder:________

Beschreibung der Turbulatoren (Art, Zustand, Position in % Flügeltiefe, Ober- oder Unterseite, bei Blasturbulatoren Art und Position der Luftquelle...)

Tragflügel:________

Höhenleitwerk:________

Seitenleitwerk:________

Beschreibung der Stau-Statik -Anlage

Art und Lage der Gesamtdruckabnahme:________

Art und Lage der Statikdruckabnahme:________

Hersteller und Durchmesser des Fahrtmessers:________

Art der Düse für die Variometerkompensation:________

Sonstige Bemerkungen/Zusammenfassung

[1] Die Entscheidung hielt aber nur ein Jahr und wurde zurückgenommen. Beim Rhönwettbewerb wurden fortan die Teilnehmer der FFGs als »Gruppe DVL« geführt. Der Druck auf Teilnehmer war groß, dass man beim Wettbewerb in DLV-Uniform zu erscheinen hatte. Für Abweichungen gab es Strafpunkte im Wettbewerb. Die meisten Strafpunkte sammelten Peter Riedel, Wolf Hirth, Heini Dittmar und einige andere.

[2] ISTUS: Internationale Studienkommission für Segelflug, Vorsitzender Prof. Walter Georgii. Die OSTIV gilt als ihr Nachfolger.

[3] Ein entsprechender Artikel befindet sich in der Zusammenfassung des ISTUS-Kongresses.

[4] Siehe auch den Artikel über Hans Zacher: 1943 begann durch seinen Einfluss eine Entwicklung, die sich bis heute in der Systematik der Vergleichsfliegen fortsetzt.

[5] Unter einer Polare eines Segelflugzeugs versteht man den Zusammenhang zwischen der Geschwindigkeit und dem dabei vorhandenem Eigensinken. Das Ergebnis gibt Hinweise auf die aerodynamische Leistungsfähigkeit. Es gilt sie bei unterschiedlichen Zuladungen (= Flächenbelastung) und eventuellen Wolbklappenstellungen über den zu fliegenden Geschwindigkeitsbereich zu ermitteln. Die Polare gibt Aufschluss über die Grenzen und Wirkungsgrade eines Segelflugzeugs.

[6] Damit sich die beiden Segelflugzeuge nicht gegenseitig beeinflussen und die Ergebnisse verfälscht werden, ist ein bestimmter Abstand einzuhalten. Bekannt ist das Phänomen vom Vogelzug: Versetzt dahinter fliegende Vögel sparen bis zu 25% Energie im Formationsflug ein.

Der »heilige« Discus beim Vergleichsflug mit der mini LAK 2018.

AKAFLIEG FRANKFURT

Ende der 1950-iger Jahre war die 1929 gegründete Akaflieg Frankfurt zumindest kooperierendes Mitglied in der Idaflieg. Weder die Aufzeichnungen der Idaflieg noch der Akaflieg selbst lassen genauere Aussagen zu.[1]

Wiedergegründet im Jahr 1951 betrug die Zahl der ordentlichen Mitglieder (von der Akaflieg selbst als Optimum bezeichnet) 15 Mitglieder. Zusammen mit den Alten Herren kam man 1958 auf beachtliche 7.000 Baustunden pro Jahr.

Im Gründungsjahr führte die Akaflieg Frankfurt (sie bezeichnete sich damals selbst als Akademischer Fliegerclub »Panair«) einen Segelflugtag auf dem Flughafen Frankfurt durch. Sogar Oskar Ursinus wohnte der Veranstaltung bei und es dürfte sich um das einzige Schauspiel dieser Art für Segelflugzeuge dort gehandelt haben.

1958 schaffte sich die Akaflieg für die Rückholung der Windenseile eine Horex 350 an und bezeichnete die eigene Ka7 sowie die Mü 13E als »Leistungsdoppelsitzer«. Übungsflugzeug war eine 1957 im Bausatz erworbene Ka-4 »Rhönlerche«. .

In bester Akaflieg-Tradition wurden innerhalb der Akaflieg Forschungsarbeiten erfüllt. So widmete man sich der Entwicklung eines elektrischen Variometers (damaliger Erfolg: Gewicht weniger als 1 Kilogramm), der Untersuchung von Ziellandungen bei einseitig verbundenem Auge, Wärmefühler zu Thermikortung und zum Aufspüren atmosphärischen Störungen.

Ab 1957 richteten die Studenten ihren Focus auf die Konstruktion eines eigenen Segelflugzeugs. Unter dem Namen F1 Urubu[2] (portugiesisch »Geier«) sollte ein Einsitzer in Holzbauweise entstehen. Der einholmige Flügel mit Torsionsnase verfügte über einen engen Rippenabstand für eine hohe Oberflächengüte der bespannten Fläche. Die Baupläne mit Zeichnungstand 1963 sahen eine berechnete Gleitzahl von 32,7 bei 80 km/h vor. Die Akaflieger begannen mit dem Bau von Rumpf und Tragflächen, führten diese Entwicklungsarbeit jedoch nicht bis zur Fertigstellung fort. Im Gegensatz zu ähnlichen Bauprojekten anderer Gruppen existiert die nie fertiggestellte Urubu bis heute.

Gründe für die Einstellung der Bautätigkeiten kann man nur vermuten, wahrscheinlich ist, dass die Fertigstellung der F1 Urubu von Typen wie Ka6 oder SF 27 schlicht »überholt« wurde.

[1] Es existiert aber in einem Jahresbericht eine Abrechnung, die Einnahmen von der Idaflieg ausweist.

[2] Unter der Bezeichnung Urubu sind zwei weitere Flugzeuge bekannt: Die nach dem Krieg in Argentinien entstandene doppelsitzige Horten XVc (oder I. Ae. 41) sowie die 1932 bei Schleicher gebaute Urubu OBS (den Rumpf entwarf Egon Scheibe), einem dreisitzigen Forschungsflugzeug mit 26 Metern Spannweite, konstruiert von Alexander Lippisch.)

Bau der Rhönlerche an der Universität Frankfurt.

Wiederholung wahrscheinlich ausgeschlossen: Segelflugtag auf dem Flughafen Frankfurt/Main 1951.

Am 19. August durften die Segelflugzeuge der Akaflieg Frankfurt »Panair« beim »1. Rhein-Main Segelflugtag« abheben. Immerhin kam auch Oskar Ursinus, es war eines seiner letzten öffentlichen Auftritte.

Tatsächlich existiert die nie fertiggestellte F-1 »Urubu« noch heute. Sogar die Pläne mit Datum vom 23.2.1963 sind noch teilweise verfügbar.

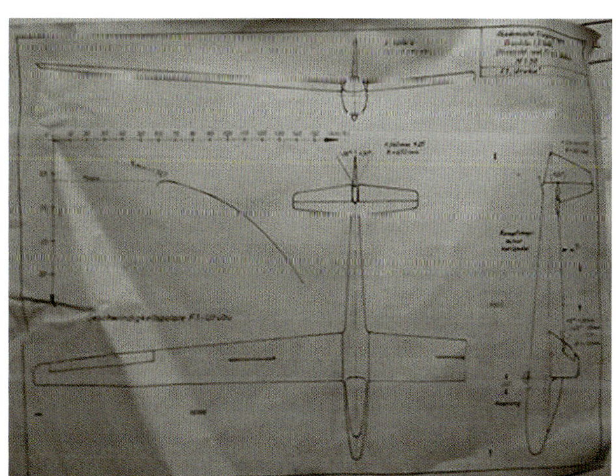

AKAFLIEG Köln e.V.

AKAFLIEG KÖLN

Auch wenn die Akaflieg Köln zu keinem Zeitpunkt Mitglied der Idaflieg war, leistete sie mit ihren Eigenentwicklungen und baulichen Aktivitäten wesentliche Beiträge. Die Aufzeichnungen beginnen mit der Wahl des ersten Vorstandes 1971. Im Unterschied zu den studentischen Gruppen war ihr erster Vorsitzender Professor (für Medizin) an der Hochschule. Wenige Jahre später wurde ein Umzug zum Flugplatz Dahlemer Binz in der Eifel notwendig, da der Verkehrslandeplatz Köln Butzweilerhof nach jahrelangen Auseinandersetzungen am 30. September 1980 geschlossen wurde. Die Stadt Köln hatte bereits jahrelang zuvor die Ausweitung eines Gewerbegebiets betrieben.

Recht bald begannen die Akaflieger sich über das Angebot des Hochschulsports hinaus mit eigenen Entwicklungen zu beschäftigen. So versahen sie ihren Doppelsitzer SF 34 mit einem Einziehfahrwerk, was in der Originalkonstruktion nicht vorgesehen war und einer nach hinten öffnenden Klapphaube. Auch vor einer LS 4 machten sie nicht Halt und gaben ihr Winglets. Diese Weiterentwicklungen wurden wie bei den übrigen Akafliegs konstruktiv berechnet und nicht einfach gebaut.

Allerdings bestanden sehr wohl Kontakte zu den Mitgliedern in der Idaflieg und so wagte man sich 2003 an die Entwicklung des nie umgesetzten Doppelsitzers[1] von Rolladen-Schneider. Mehrere Elemente unterschiedlicher LS-Segelflugzeuge wurden kombiniert: Hatte die Akaflieg Darmstadt bereits 1989 die Flügel der LS 6 für die D-41 auf 18 Meter verlängert, so nutzen die Kölner die Formen der Spannweitenverlängerung 2001 in ihrer eigenen Werkstatt. Unterstützung erhielten die Akaflieger direkt von Wolf Lemke.

Zusätzlich konstruierten und bauten sie Ansteckflügel, so dass Spannweiten von 19, 20 und sogar 21 Meter möglich waren. Die Festigkeit des CFK-Hauptholms ließ diese zusätzlichen Belastungen zu.

Die Wölbklappen ziehen sich über die komplette Spannweite, die Querruder wurden zu dabei Flaperons. Das Konzept ähnelt allerdings der Überlagerung der Klappen bei der ASW 27. Während im steilen Endanflug Wölbklappen bis auf 75 Grad rasten können, bleiben die Querruder bei maximal +3 Grad stehen. So ist die Anfluggeschwindigkeit mit 80 km/h recht gering, während gleichzeitig das Segelflugzeug immer noch eine sehr gute Steuerbarkeit behält. Ganz praktisch können die Ansteckflügel für den Transport vorne im Cockpit gelagert werden.

LS 11 / AFK 1 (18-Meter-Version)

Spannweite	18 m
Länge	k.A.
Flügelfläche	13,4 m²
Streckung	24,2
Leergewicht	360 kg
Fluggewicht	670 kg
Flächenbelastung	50 kg/m²
Gleitzahl	46 bei 100 km/h

Die beeindruckend lange Haube der LS 11 /AFK 1 öffnet nach hinten. Recht praktisch ist, dass die Ansteckflügel mit Winglets im Cockpit gelagert werden können.

An der Haube der LS 11 /AFK 1 sind für beide Piloten Seitenfäden beidseitig angebracht.

Das Konzept für das T-Leitwerk entspricht der LS 8, die Spannweite des LS 8 Höhenruders wurde innen erweitert, die Formen hierfür entstanden in der eigenen Werkstatt. Der Leitwerksträger greift modifiziert die Konstruktion der LS 4 auf, das insgesamt höhere Seitenruder verfügt über eine größere Tiefe, wie sie für den Doppelsitzer erforderlich ist.

Den Rumpf aus Kohlefaser und Aramid bauten die Akaflieger komplett in Eigenregie. Das Platzangebot beider hintereinander liegenden Sitze ist ähnlich einer LS 4, da es sich bei dem Cockpit ein verlängertes Vorderteil einer LS 4 handelt. Das große, gefederte und einziehbare Rad liegt fast im Schwerpunkt und machte deshalb ein ebenfalls einziehbares Bugrad erforderlich.

Nach sechs Jahren Entwicklungs- und Bauzeit stellten die Akaflieger die weitgehend fertiggestellte LS 11 / AFK 1 im Jahr 2005 auf der Aero in Friedrichshafen aus. Zum Erstflug starteten sie am 5. November 2005 auf der Dahlemer Binz in der Eifel.

Die Vorstellung des Seitenfadens 2008, stellte eine einfache und zugleich zusätzliche Sicherheit für Segelflugzeuge dar, die in der Regel nicht über eine Überziehwarnung verfügen. Mit einem einfachen Wollfaden, angebracht etwa 5 cm oberhalb des Haubenrahmens wird der aktuelle Zustand des Anstellwinkels verzögerungsfrei dargestellt.

Angebracht im vorderen Sichtfeld des Piloten außen an der linken und/oder rechten Seite der Haube lassen sich nach einer Kalibrierung die wesentlichen Anstellwinkel masseunabhängig ablesen. Weil zudem durch einen »Lupeneffekt« der Strömung am Rumpf die Anzeige größer ist als der Anstellwinkel am Flügel, lässt sich der, bezogen auf die gewählte Wölbklappenstellung, korrekte Strömungszustand besonders leicht an der Fadenstellung ablesen. Als Überziehwarnung oder auch als Hinweis zum optimalen Steigflug im Windenstart dient der Seitenfaden ebenso.

Haubenausschnitt Seitenfaden

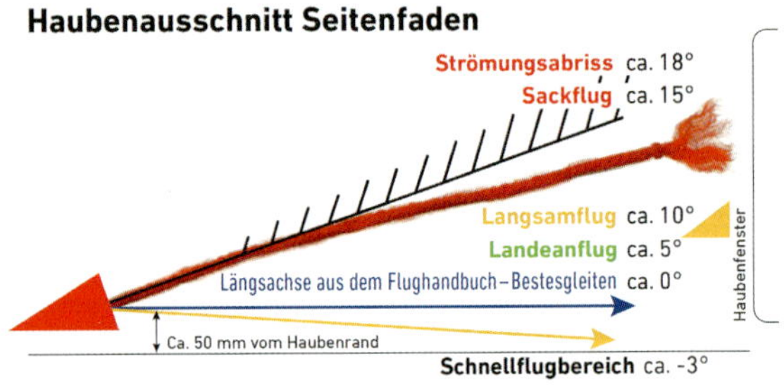

Faden an Haube anbringen: EINFACHE AUSFÜHRUNG.

Der Faden ist mit doppelseitigem Klebeband am Ende eingefasst.
Schutzfolie abziehen und den Faden nach Bildvorgabe ankleben.
Auf der Rückseite der Schutzfolie ist noch die Klebemarke für den Landeanflug angebracht. Diese wird bei der späteren Eichung benötigt.
Der Seitenfaden muss auf den Strömungsabriss geeicht werden (Schraffur), sonst ist er als optische Überziehwarnung wertlos!!!

Seitenfadenlänge ca. 25-30 cm.
Der Seitenfaden sollte im vorderen Sichtbereicht des Piloten liegen.

Literaturnachweis

Akaflieg Berlin	100 Jahre Akaflieg Berlin	Lukas Verlag	2010
Akaflieg Braunschweig	SB 5 – SB 15	Appelhans-Verlag	2012
Akaflieg Dresden	Akademische Fliegergruppe Dresden	Stolle	1932
Alles-Fernandez	Klassiker der Lüfte : berühmte Oldtimer 1913 – 1935	Bernard u. Graefe	1987
Brehmer	Luftfahrt in Sachsen: ein historischer Abriss	UniMedia	1998
Breiler	Vom Fliegen und Landen	Passage-Verlag	2012
Brinkmann/Zacher	Die Evolution der Segelflugzeuge	Bernard u. Graefe Verlag	1999
Brütting	Geschichte des Deutschen Aero Clubs e.V.	Wirtschaftsverlag	1987
Brütting	Die Geschichte des Segelflugs	Motorbuch	1972
Büttner	Die Geschichte der Akaflieg Danzig : 1923 -1963	Eigenverlag	1963
Cohausz	Deutsche Flugzeuge bis 1945	Aviatic Verlag	2001
Cordts	Junge Adler	Bechtle	1988
Eisenlohr	Der motorlose Flug	Richard Carl Schmidt & Co	1922
Flieger-Revue	Magazin für Luft- und Raumfahrt	DDR	bis 1989
Flughafen Dresden Hg.	Flughafen Dresden	Michael Sandstein Verlag	2000
Georgii	Forschen und Fliegen	Hauschild	1997
Georgii	Bauvorschriften für Gleit- und Segelflugzeuge	DFS	1934
Gymnich	Der Gleit- und Segelflugzeugbau	Richard Carl Schmidt & Co	1925
Haka	Flügel aus schwarzem Gold	Springer Basel	2011
Hirth	Handbuch des Segelfliegens	Franck'sche Verlagsanstalt	1938
Hummel	Luftsport in der Region Braunschweig	Appelhans	2014
Idaflieg	Berichtsheft 2018		2018
ISTUS	Vorträge über motorlosen Flug	R. Oldenbourg	1938
Jacobs	Werkstattpraxis f. d. Bau v. Gleit- u. Segelflugz.	Otto Maier	1935
Lemke	Segelflugzeugbau in der DDR	Verlag Rockstuhl	2018
Lemke	Die Akademischen Fliegergruppen in Deutschland bis 1945 (Sonderdruck 1-3)		2015
Loerzer	Wunder des Segelflugs	Bilderstelle Lohse	1935
Meyer	SB 5 – SB 15, Segelfl.Zeugentw der Akaflieg Braunschweig nach 1951	DLR Kongress	2016
NN	Hochschulführer Danzig 1931	Danzig	1931
Ocker	Hans Jabobs, Pionierleben im Flugzeugbau Bd. 1 und 2	Vincenza Verlag	2012
Ohne	Handbuch des Aero-Clubs von Deutschland	Berlin	1929
Ohne	VGC News Nr. 3-116		2004
Ohne	Olympia Heft	Braun & Co	1936
Ohne	90 Jahre Akaflieg Stuttgart	Akadem. Fliegergr. Stuttg.	2016
Pohlmann	Prof. Junkers nannte es die Fliege	Motorbuch	1983
Riedel	Vom Hangwind zur Thermik	Motorbuch	1988
Riedel	Über sonnige Weiten	Motorbuch	1990
Riedel	Start in den Wind	Motorbuch	1986
Schesky	Jubiläumskolloquium, Dresden, 5. November 1999	Inst. F. Luftfahrt	2000
Schmitt	Als die Oldtimer flogen	Transpress	1987
Schneider	"75 Jahre idaflieg, Studenten forschen, bauen und fliegen ; eine Chronik der Jahre 1922 – 1997"	Wehle	1997
Schneider	Flugzeugtypenbuch A+B	Herm. Beyer Verlag	1936
Schultze	Luftfahrtforschung und -ausbildung in der DDR	ibidem Verlag	2012
Seifert	Die Chemnitzer Akademie und ihre Flugzeuge	NoRa	2011
Selinger	Segelflugzeuge 1935-1985	Motorbuch	1978
Selinger	Rhön-Adler	R.G.Fischer Verlag	2002
Simons	Segelflugzeuge 1920-1945	Eqip	2001
Simons	Segelflugzeuge 1945-1965	Eqip	2017
Simons	Segelflugzeuge 1965-2000	Eqip	2017
Stamer	12 Jahre Wasserkuppe	Reimar Hobbing	1933
Thomas	Grundlagen für den Entwurf von Segelflugzeugen	Motorbuch	1998
Ursinus	Zeitschrift Flugsport 1909-1944	Frankfurt am Main	1944
v. Langsdorf	Das Segelflugzeug (1923 + 1931)	F. J. Lehmanns Verlag	1931
Vogelsang	Handbuch des Motor- und Segelfliegens	Akad. VA. Potsdam	[illegible]
Watzinger	Gedenke des Anfangs Flugversuche der Darmstädter Jugend	Justus von Liebig Verlag	1973
Wefeld	75 Jahre Akaflieg Berlin	Akadem. Fliegergr. Berlin	1995
Wefeld	Berliner Hochschüler am Himmel	Akadem. Fliegergr. Berlin	1993
Wefeld	Mitteld. Hochsch. am Himmel 1920–1945	Akadem. Fliegergr. Berlin	1996
Wefeld	Ostd. Hochsch. am Himmel 1920–1945	Akademi. Fliegergr. Berlin	1994
Zipper	Falkenhorst - Die Geschichte der Scheibe-Flugzeuge	Weishaupt Verlag	[illegible]
Zuerl	Deutsche Segelflugzeuge	Aero Verlag	1954

Weitere Dokumente

Protokolle der Nürnberger Prozesse, Verhandlung 15.1., 16.3., 24.5.1946
Vertragsprotokoll Lipzk vom 15.4.1925

Report 116:	"Flugtechnische Fachgruppe Prototype Glider"	Office of publication board	1945

Bildnachweis

Der Autor hat sich intensiv bemüht, die Nachweise für die verwendeten Fotos zusammenzutragen. Teilweise blieb die Urheberschaft trotzdem unklar. Soweit es nicht gesondert erwähnt ist, stammen alle Bilder aus dem Bildarchiv Alexander Willberg.

Einleitung
Bild Nr. 2 Sammlung Carsten Karge

FTAG Aachen
Bild 1-9, 11-22,24-40: Archiv FTAG Aachen

Akaflieg Berlin
Bild 1-12, 14-15 Archiv Akaflieg Berlin, 13, 18-19 Sammlung Carsten Karge, 17 Burkhard Wittje, 20-21 Vivian Waldheim

Akaflieg Braunschweig
Bild 1, 3-10, 12-16, 18-33, 35-36 Archiv Akaflieg Braunschweig / Sammlung Bernd Junker / Sammlung Halu Meyer,
11 Fluggruppe DLR Braunschweig

Hans Zacher
Archiv Akaflieg Berlin

Akaflieg Darmstadt
4-5, 8-10, 15-17, 19-23, 25-26, 28, 30-33, 36-37 Archiv Akaflieg Darmstadt, 12 Archiv ETH Zürich

Akaflieg Dresden
1-8, 10, 12, 17-18 Archiv Akaflieg Dresden, Ludwig Koch, 9,11 , 14-15 TU Dresden

Oskar Ursinus
Zeitschrift Luftsport

FTAG Esslingen
5-14 Archiv FTAG Esslingen, Walter Gronbach

Akaflieg Hannover
Alle bis auf 21-22 Archiv Akaflieg Hannover, Burghard Wittje

Akaflieg Karlsruhe
1-4, 6-8, 10-11, 14-22 Archiv Akaflieg Karlsruhe, 13 Wikipedia Alec Wilson from Khon Kaen, Thailand

Akaflieg München
1-9, 11, 14-17, 19- 38 Archiv Akaflieg München Michael Mittermaier, 18 Akaflieg Darmstadt, 35 Andreas Hoddergott / TUM

Akaflieg Stuttgart
5-6, 9-10, 11, 12, 14-18, 21-25 Archiv Akaflieg Stuttgart, 11, 19 Wikipedia John McCullagh 2006

FLUWIAC Köthen (Cöthen)
3, 5 Sammlung Carsten Karge

Akaflieg Danzig
6 ETH Zürich, 8 Sammlung Carsten Karge

Idaflieg
3-5, 8-10 Burghard Wittje, 6, 11 Idaflieg

Akaflieg Frankfurt
Alle Archiv Akaflieg, Tobias Kemmerer

Akaflieg Köln
Alle Archiv Akaflieg Köln

Piloten landen hier
04/2021 Deutschland € 6,50 / Österreich € 7,40 / Schweiz sfr 10,80 / BeNeLux € 7,70 / Italien € 9,20
www.aerokurier.de / 65. Jahrgang
aerokurier
DAS MAGAZIN FÜR PILOTEN
BREXIT
Praxis
Was Piloten wissen müssen
D-EMUA
Eleganz in Holz
Jodel DR 1050 M1 Sicile Record
Unfallanalyse
Was geschah beim Absturz der HB-HOT?
AirLeben
Wie ein VIP nach London
Segelflug
Rettungsschirme im Fokus
Familienflieger Kitfox • Firmenporträt Clouddancers • Ausflottung Lama
www.aerokurier.de